中国页岩气勘探开发技术丛书

页岩气开发优化技术

谢 军 吴建发 钟 兵 杨洪志 等编著

石油工业出版社

内容提要

本书从气藏工程的角度入手，通过静态与动态、微观与宏观、物理模拟与数值模拟、跟踪与研究相结合的方式，系统总结了"十三五"期间中国页岩气在川南地区大规模开发过程中形成的一系列开发优化技术，充分展示了中国页岩气在开发理论、气藏工程设计方面的技术创新，对中国页岩气资源的高效开发利用，具有重要的示范、指导和借鉴价值。

本书可供从事页岩气勘探开发及相关工程领域的管理及技术人员阅读与使用。

图书在版编目（CIP）数据

页岩气开发优化技术 / 谢军等编著．—北京：石油工业出版社，2021.5

（中国页岩气勘探开发技术丛书）

ISBN 978-7-5183-4461-1

Ⅰ.①页… Ⅱ.①谢… Ⅲ.①油页岩–油气田开发–研究 Ⅳ.① P618.130.8

中国版本图书馆 CIP 数据核字（2020）第 267343 号

出版发行：石油工业出版社

（北京安定门外安华里 2 区 1 号　100011）

网　　址：www.petropub.com

编辑部：（010）64523537　　图书营销中心：（010）64523633

经　　销：全国新华书店

印　　刷：北京中石油彩色印刷有限责任公司

2021 年 5 月第 1 版　2021 年 5 月第 1 次印刷
787×1092 毫米　开本：1/16　印张：14.5
字数：300 千字

定价：120.00 元
（如出现印装质量问题，我社图书营销中心负责调换）
版权所有，翻印必究

《中国页岩气勘探开发技术丛书》

编委会

顾　问：胡文瑞　贾承造　刘振武

主　任：马新华

副主任：谢　军　张道伟　陈更生　张卫国

委　员：（按姓氏笔画排序）

　　　　王红岩　王红磊　乐　宏　朱　进　汤　林

　　　　杨　雨　杨洪志　李　杰　何　骁　宋　彬

　　　　陈力力　郑新权　钟　兵　党录瑞　桑　宇

　　　　章卫兵　雍　锐

专家组

（按姓氏笔画排序）

朱维耀　刘同斌　许可方　李　勇　李长俊　李仁科

李海平　张烈辉　张效羽　陈彰兵　赵金洲　原青民

梁　兴　梁狄刚

《页岩气开发优化技术》

编写组

组　长：谢　军

副组长：吴建发　钟　兵　杨洪志

成　员：（按姓氏笔画排序）

于　伟	王守毅	王颂夏	方　圆	邓　琪	叶长青
冯江荣	朱怡晖	李武广	吴天鹏	吴　侃	余　帆
邱云婷	沈羞月	宋　毅	张成林	张　鉴	张德良
陈　月	陈家晓	陈　娟	季春海	岳圣杰	赵圣贤
胡晓华	钟文雯	段　洋	桂俊川	夏自强	徐尔斯
高铭翌	黄　山	黄浩勇	常　程	蒋　鑫	谢维扬
熊　杰	樊怀才	黎俊峰	魏林胜		

序

FOREWORD

美国前国务卿基辛格曾说："谁控制了石油，谁就控制了所有国家。"这从侧面反映了抓住能源命脉的重要性。始于20世纪90年代末的美国页岩气革命，经过多年的发展，使美国一跃成为世界油气出口国，在很大程度上改写了世界能源的格局。

中国的页岩气储量极其丰富。根据自然资源部2019年底全国"十三五"油气资源评价成果，中国页岩气地质资源量超过100万亿立方米，潜力超过常规天然气，具备形成千亿立方米的资源基础。

中国页岩气地质条件和北美存在较大差异，在地质条件方面，经历多期构造运动，断层发育，保存条件和含气性总体较差，储层地质年代老，成熟度高，不产油，有机碳、孔隙度、含气量等储层关键评价参数较北美差；在工程条件方面，中国页岩气埋藏深、构造复杂，地层可钻性差、纵向压力系统多、地应力复杂，钻井和压裂难度大；在地面条件方面，山高坡陡，人口稠密，人均耕地少，环境容量有限。因此，综合地质条件、技术需求和社会环境等因素来看，照搬美国页岩气勘探开发技术和发展的路子行不通。为此，中国页岩气必须坚定地走自己的路，走引进消化再创新和协同创新之路。

中国实施"四个革命，一个合作"能源安全新战略以来，大力提升油气勘探开发力度和加快天然气产供销体系建设取得明显成效，与此同时，中国页岩气革命也悄然兴起。2009年，中美签署《中美关于在页岩气领域开展合作的谅解备忘录》；2011年，国务院批准页岩气为新的独立矿种；2012—2013年，陆续设立四个国家级页岩气示范区等。国家层面加大页岩气领域科技投入，在"大型油气田及煤层气开发"国家科技重大专项中设立"页岩气勘探开发关键技术"研究项目，在"973"计划中设立"南方古生界页岩气赋存富集机理和资源潜力评价"和"南方海相页岩气高效开发的基础研究"等项目，设立了国家能源页岩气研发（实验）中心。以中国石油、中国石化为核心的国有骨干企业也加强各层次联合攻关和技术创新。国家"能源革命"的战略驱动和政策的推动扶持，推动了页岩气勘探开发关键理论技术的突破和重大工程项目的实施，加快了海相、海陆过渡相、陆相页岩气资源的评价，加速了页岩气对常规天然气主动接替的进程。

中国页岩气革命率先在四川盆地海相页岩气中取得了突破,实现了规模有效开发。纵观中国石油、中国石化等企业的页岩气勘探开发历程,大致可划分为四个阶段。2006—2009年为评层选区阶段,从无到有建立了本土化的页岩气资源评价方法和评层选区技术体系,优选了有利区层,奠定了页岩气发展的基础;2009—2013年为先导试验阶段,掌握了平台水平井钻完井及压裂主体工艺技术,建立了"工厂化"作业模式,突破了单井出气关、技术关和商业开发关,填补了国内空白,坚定了开发页岩气的信心;2014—2016年为示范区建设阶段,在涪陵、长宁—威远、昭通建成了三个国家级页岩气示范区,初步实现了规模效益开发,完善了主体技术,进一步落实了资源,初步完成了体系建设,奠定了加快发展的基础;2017年至今为工业化开采阶段,中国石油和中国石化持续加大页岩气产能建设工作,2019年中国页岩气产量达到了153亿立方米,居全球页岩气产量第二名,2020年中国页岩气产量将达到200亿立方米。历时十余年的探索与攻关,中国页岩气勘探开发人员勠力同心、锐意进取,创新形成了适应于中国地质条件的页岩气勘探开发理论、技术和方法,实现了中国页岩气产业的跨越式发展。

为了总结和推广这些研究成果,进一步促进我国页岩气事业的发展,中国石油组织相关院士、专家编写出版《中国页岩气勘探开发技术丛书》,包括《页岩气勘探开发概论》《页岩气地质综合评价技术》《页岩气开发优化技术》《页岩气水平井钻井技术》《页岩气水平井压裂技术》《页岩气地面工程技术》《页岩气清洁生产技术》共7个分册。

本套丛书是中国第一套成系列的有关页岩气勘探开发技术与实践的丛书,是中国页岩气革命创新实践的成果总结和凝练,是中国页岩气勘探开发历程的印记和见证,是有关专家和一线科技人员辛勤耕耘的智慧和结晶。本套丛书入选了"十三五"国家重点图书出版规划和国家出版基金项目。

我们很高兴地看到这套丛书的问世!

中国工程院院士 胡文瑞

前 言
PREFACE

页岩气是一种赋存于富有机质泥页岩及其夹层中，以吸附态或游离态存在的非常规天然气。2000年以美国为代表的北美国家掀起页岩气革命，成功实现了大规模商业化开发，改变了世界能源格局。随着我国能源对外依存度的不断增加，以及"绿水青山就是金山银山"发展理念的不断深入人心，清洁能源供给与社会发展的矛盾凸显，页岩气作为一种低碳、环保的优质能源，在保障能源安全、优化能源结构、促进节能减排方面，地位日益突出。

我国具有丰富的页岩气资源，据国土资源部《全国页岩气资源潜力调查评价及有利区优选》，中国陆域页岩气地质资源潜力为 $134.42 \times 10^{12} m^3$，可采资源量约为 $25.08 \times 10^{12} m^3$，位居世界前列。但页岩气开发技术难点多，环保要求高，在地表地质条件复杂的南方实现海相页岩气商业开发更是世界性难题。为了突破南方海相页岩气的开发技术瓶颈，推动我国页岩气产业发展，2012年国家发改委、能源局及国土资源部设立涪陵、长宁—威远、昭通三个国家级页岩气示范区。依托多项国家重大科技攻关项目，通过近十年的不懈努力，示范区建设成效显著，创新形成了南方海相页岩气开发技术，高效、快速、绿色地实现了南方海相页岩气的规模化效益开发，我国也成了继美国、加拿大之后，世界上第三个完全掌握页岩气开发核心技术的国家。

南方海相页岩气的成功开发作为页岩气工业发展的里程碑，其开发技术和实践经验对于我国其他页岩气资源的开发具有重要的借鉴意义。为此，我们把科研工作者和建设者的智慧、经验集合起来，系统总结了南方海相页岩气开发的相关成果，并编写成书，以期为从事页岩气开发的工作者提供借鉴与参考。

作为《中国页岩气勘探开发技术丛书》的一个分册，本书共分为八章，从页岩气特殊流动机理和多尺度非线性流动规律入手，对页岩气动态监测技术、地质工程一体化建模与数值模拟技术、水平井开发优化设计技术、全生命周期动态分析技术和采气工艺技术进行了系统的介绍和总结，凸显了南方海相页岩气开发的理论与技术创新，对我国页岩气资源的高效开发利用，具有重要的示范、指导及借鉴价值。

本书编写组由谢军担任组长，吴建发、钟兵、杨洪志担任副组长。第一章及第二章由李武广、张德良、黄山编写，第三章由张德良、赵圣贤、季春海、常程、黄浩勇、王颂夏、王守毅、邓琪、桂俊川编写，第四章及第五章由常程、樊怀才、谢维扬、张鉴、宋毅、夏自强、张成林、于伟、吴侃、徐尔斯、黎俊峰、陈娟编写，第六章由谢维扬、张德良、吴天鹏、朱怡晖、蒋鑫、胡晓华、岳圣杰、方圆、冯江荣、段洋、陈月、邱云婷、高铭翌编写，第七章由叶长青、熊杰、魏林胜、余帆、陈家晓、钟文雯编写。

中国石油勘探与生产分公司原书记吴奇、中国石油勘探开发研究院油田化学所企业技术专家夏静对稿件进行了审查，提出了建设性的修改意见，在此深表感谢。

目前针对页岩气开发的理论与实践还处于不断探索和完善之中，本书难免存在一些不足和有待探讨之处，恳请读者在参阅本书时提出宝贵意见。我们将在今后的科研与生产实践中，不断完善技术、总结经验，为加快中国页岩气开发进程贡献绵薄之力。

目 录
CONTENTS

| 第一章 | 绪论 | 1 |

第二章 页岩气特殊流动机理实验 4
 第一节 吸附与解吸 4
 第二节 扩散与滑脱 13
 第三节 裂缝中的流动规律 24
 参考文献 33

第三章 页岩气多尺度非线性流动理论 34
 第一节 气体在页岩基质中的非线性流动 34
 第二节 基质—裂缝耦合多尺度流动模型 41
 第三节 多区流固耦合两相流动模型 60
 参考文献 73

第四章 地质工程一体化建模与数值模拟技术 74
 第一节 三维建模技术 74
 第二节 三维地质力学建模 81
 第三节 压裂缝网模拟 89
 第四节 水平井组数值模拟 95
 第五节 地质工程一体化优化设计 102
 参考文献 113

第五章 水平井开发优化设计技术 115
 第一节 井位优化部署设计 115
 第二节 开发技术政策优化设计 117

参考文献 ……………………………………………………………………………… 127

第六章　页岩气动态监测技术 …………………………………………………… 128
第一节　常规动态监测技术 ……………………………………………… 128
第二节　地应力监测技术 ………………………………………………… 138
第三节　人工裂缝监测技术 ……………………………………………… 144
第四节　页岩气井产出剖面监测技术 …………………………………… 158
第五节　页岩气井全生命周期动态监测设计 …………………………… 167
参考文献 ……………………………………………………………………………… 171

第七章　页岩气井全生命周期动态分析技术 …………………………………… 173
第一节　排采与试气 ……………………………………………………… 173
第二节　页岩气井全生命周期动态分析及 EUR 预测 ………………… 180
参考文献 ……………………………………………………………………………… 188

第八章　页岩气采气工艺技术 …………………………………………………… 190
第一节　页岩气采气工艺面临的问题 …………………………………… 190
第二节　页岩气主要采气工艺技术措施 ………………………………… 192
第三节　页岩气井采气工艺现场应用效果 ……………………………… 211
参考文献 ……………………………………………………………………………… 220

第一章 绪 论

页岩气藏是重要的非常规天然气资源，具有普遍含气、自生自储的特点，以游离气、吸附气和溶解气三种方式赋存，其储层低孔隙度、低渗透率，需要进行人工压裂增产才能实现工业化开发。页岩气开发关键技术主要是"水平井+水力压裂"技术。水平井能够扩大井筒与地层的接触面积，增加储层泄流面积，提高产量。在直井中水力压裂技术可以将井筒与储层的接触面积扩大数百倍，而水平井中的井筒与储层的接触面积则会呈指数增长。美国是目前页岩气开发最成熟的国家，从1970年开始进行页岩气工业开采，20世纪90年代后期水力压裂技术发展迅速，21世纪以来水平井技术逐渐成熟，产量增长迅速。

中国页岩气资源十分丰富，大力发展页岩气产业，对保障国家能源安全、降低对外依存度、促进经济社会发展、保护生态环境等均具有重大战略意义。2012年4月，国家发展和改革委员会、国家能源局在四川盆地设立了"长宁—威远国家级页岩气示范区"和"昭通国家级页岩气示范区"，自此中国石油正式开始大规模开发页岩气。然而与北美相比，四川页岩气藏埋深更大、成熟度更高、构造特征更复杂、天然裂缝更加发育、地应力更大，无论是地质工程条件，还是地面条件均与北美有较大差异，北美成熟的经验和技术无法简单复制。经过十余年不懈探索和持续攻关，中国石油在以五峰组—龙马溪组页岩为代表的海相页岩气富集规律认识方面取得了显著进展。北美页岩气成功开发经验启示我们，页岩气开发一旦取得井点突破就可以大规模复制。通过消化、引进、吸收国外页岩气开发的先进理念和技术，历经三轮优化调整，本土化技术不断进步、单井产量不断提高。2016年四川盆地南部地区（川南）累计投产井155口，年产量达到$28 \times 10^8 m^3$，超额完成了示范区建设任务。2019年川南地区累计投产井596口，日产气量迈上$3000 \times 10^4 m^3$新台阶，建成了国内最大的页岩气生产基地。2020年累计投产井775口，日产气量突破$4000 \times 10^4 m^3$，年产能超过$120 \times 10^8 m^3$。

从气藏工程的角度来看，页岩气开发机理十分复杂，开发技术政策设计难度较常规气更大。页岩储层普遍发育微—纳米尺度孔隙，由于纳米级孔隙具有巨大的比表面积和较强的吸附势能，能吸附大量的甲烷气体，导致富有机质页岩中甲烷主要以游离气和吸附气两种形式存在，吸附气比例可达20%～80%。在页岩气的开发过程中，储层中赋存的气体经历了游离气释放、吸附气解吸和游离气再释放的动态过程。页岩吸附能力及气体赋存机理的研究通常沿用煤层气的方法，采用等温吸附实验法来定量研究页岩基质中甲烷的吸附及解吸过程。针对页岩的吸附解吸现象，国内外学者开展了大量的研究，研究发现页岩储层的吸附能力受多因素控制，不仅与埋深（温度、压力）有关，还受总有机碳含量、有机质的类型及成熟度、黏土矿物含量和孔隙结构等诸多因素的影响。明确页岩储层中流体的流动机理，对于生产动态预测以及开发方式优化极为重要。国内外学者通过对常规储层岩心驱替实验方法进行改进，形成了一系列适合于页岩储层的流动规律研究方法，同时还建立了配套的数据处理计算模型，能够对页岩气的扩散系数和滑脱因子等关键参数进行准确计算，从而实现对其复杂流动规律的定量表征。随着地层压力下降，页岩储层表现出极强的应力敏感特征，进一步增加了流动规律的复杂性。研究初期，通过开展基质岩心和未充填支撑剂人造裂缝岩心的应力敏感实验，初步明确了基质和裂缝的应力敏感特征。为了更符合地下人工裂缝的实际情况，学者们针对含有支撑剂的裂缝岩心开展了研究，进一步探索了支撑剂的嵌入、运移以及不同支撑剂浓度对裂缝应力敏感特征的影响。

在产量历史特征上，页岩气藏不同于常规油气藏，页岩气井通常有较高的初始产量，但会快速递减。介于页岩气的成藏机理、孔隙结构、油气渗流等的特殊性，页岩气藏储层的特征描述，生产历史的分析及开发优化设计也有其独特的方法和工作流程。其中对于多段压裂水平井压后效果的评估，地层物性参数（孔隙度、渗透率等）随时间的变化而变化的评价计算也不同于常规气藏。比如通过裂缝诊断注入测试（DFIT），可以获取地层的闭合压裂和原始孔隙压裂信息，运用产量不稳定分析方法可以获取动态的裂缝长度及导流能力，采用微地震监测可以获得人工裂缝的几何形态空间展布，通过井筒分布式光纤监测可以获得每一压裂段的产气产水变化。总的来说，在页岩气井经过大型水力分段压裂改造后，综合运用多种手段尽可能弄清储层的人工裂缝特征、井筒周围的气水分布关系、各段各簇产气能力是开展气井压后效果评估和生产动态分析的基本前提。随着地层能量不断衰竭，气井进入低压小产阶段，气井自身能量不足导致井筒积液，影响气井正常生产。此时，需优化采气工艺技术解除并改善井筒积液状况，实现气井的复产、增产和稳产，提高气井采收率。

北美在 2000 年首次提出了地质工程一体化的相关理念及设想，即打造一体化平台、培养一体化团队、开展一体化研究，建立地球物理、地质、钻井、压裂、开发、地面多学科融合、多技术集成的创新发展模式。以常规油气建模和数值模拟技术基础，针对天然裂缝刻画、三维地应力表征、复杂缝网压裂模拟等重点方向进行攻关，通过近 10 年的不懈努力与技术集成，北美已建成了 Petrel RE、Jewelsuit、Landmark 等一体化平台，斯伦贝谢、贝克休斯、哈里伯顿等多家油服公司均建立了一体化研究团队，实现了 Barnett、Marcellus、Haynesville、Eagle ford 等多个页岩油气田的高效开发。

2012年以来，一批具有开拓精神的页岩气工作者将地质工程一体化的先进理念引入国内，中国石油西南油气田公司积极践行"一体化"的理念，通过多专业多信息有效融合，工程技术相互协同，初步实现了多学科研究与现场实施的动态结合。针对川南页岩气"一薄、两低、三高、三发育"的特征，形成了一套川南特色的"地质+工程"全要素精细三维建模技术，实现了复杂地质体的"定量化、可视化"表征，掌握了考虑天然裂缝和地应力场的压裂缝网和产能模拟技术，具备了在三维空间内进行井位部署、钻井压裂设计、优化调整和效果评价的能力，有力支撑了井位部署、工程参数优化、开发技术政策设计等相关工作，实现了从无到有、从定性到定量、从研究到应用的突破。

页岩气开发是一个复杂系统工程，必须充分发挥勘探开发一体化、地质工程一体化优势，才能实现规模效益开发。

第二章
页岩气特殊流动机理实验

页岩气具有自生自储的特点，通常聚集在富有机质泥页岩中，主要以吸附态、游离态及少量溶解态赋存在页岩孔隙中。页岩储层主要发育微纳米尺度孔隙，导致其渗透率极低，需要大规模水力压裂改造才能实现经济有效开发[1]。压裂后形成基质与复杂人工缝网相互交织的多尺度耦合介质。页岩不同尺度空间中气体赋存方式和传输机理不同，裂缝自由气为达西流动，孔隙自由气以连续流动、滑脱流动和过渡流为主，孔隙壁面吸附气发生吸附/解吸和扩散。随着气体的采出，地层孔隙压力下降，储层表现出极强的应力敏感特性，进一步增加了流动规律的复杂性。本章采用室内物理实验的方法，对页岩气特殊流动机理进行研究和剖析。

第一节　吸附与解吸

一、页岩气吸附特征

固体对气体的吸附主要包括物理吸附和化学吸附。物理吸附是吸附质分子与吸附剂表面原子或分子间以范德华力进行的吸附作用，化学吸附是吸附质分子与吸附剂表面原子间发生电子的交换、转移或共有，形成吸附化学键的吸附作用。页岩中的有机质和黏土矿物对于天然气的吸附属于单分子层物理吸附。Langmuir吸附等温线方程是最早提出和应用最广的单分子层吸附等温式，其基本假设是：吸附剂表面是均匀的，因而吸附热与覆盖度无关；吸附分子间无相互作用；吸附是单分子层的。根据这些假设可从热力学、动力学或统计力学导出Langmuir吸附等温式[2-3]：

$$V = \frac{V_m bp}{1+bp} \quad (2-1)$$

式中　V——在气体平衡压力为p时的吸附量，mmol/g；

　　　V_m——单分子层饱和吸附量，mmol/g；

　　　b——与温度和吸附剂有关的常数，MPa^{-1}。

页岩气吸附特征通常采用等温吸附实验的方法研究，即在恒温条件下，测试不同

压力下气体的吸附量,由压力和吸附量绘制出吸附等温线,根据 Langmuir 模型计算吸附气含量。其计算公式为:

$$V = \frac{V_L p}{p_L + p} \tag{2-2}$$

式中　V——吸附量,cm³/g;

　　　p——气体压力,MPa;

　　　V_L——Langmuir 体积,代表最大吸附能力,其物理意义是:在给定的温度下,页岩吸附甲烷达到饱和时的吸附气含量,cm³/g;

　　　p_L——Langmuir 压力,即 Langmuir 体积的一半所对应的压力,其值相当于式(2-1)中的 $1/b$,MPa。

由式(2-2)可知:当压力足够低时,吸附量与气体平衡压力成正比;当压力足够大时,吸附量为常数,吸附剂表面近于被单分子层吸附质所饱和;当压力适中时,V 与 p 是曲线关系(图 2-1)。

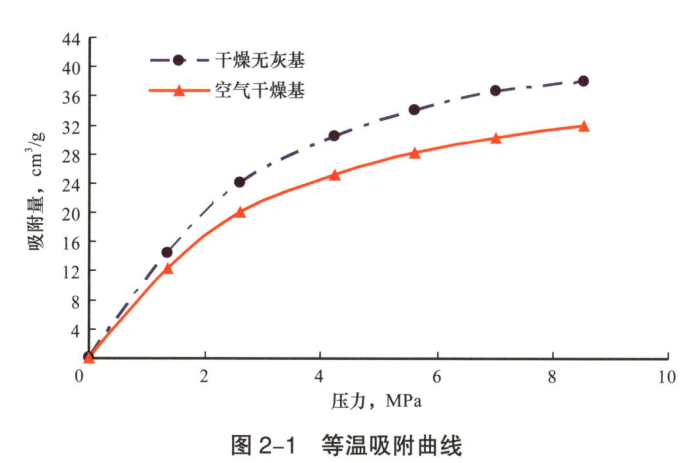

图 2-1　等温吸附曲线

1. 等温吸附实验方法

1)实验样品及装置

实验设备为自主设计的页岩气吸附解吸实验装置。该装置实验压力范围为 0~60MPa;控温范围为 0~200℃,控温精度为 ±0.5℃。主要由恒温装置、温度传感器、压力传感器、样品缸、参照缸和数据采集装置等部件组成。压力采集范围为 0~60MPa,精度为 ±0.001MPa;温度采集范围为 0~200℃,精度为 ±0.5℃。整个装置可实现页岩气吸附解吸实验过程中全程温度、压力自动记录功能,保证实验实时监控和数据的准确性。实验设备流程如图 2-2 所示。

实验岩心取自川南地区志留系龙马溪组页岩样品(图 2-3 和表 2-1);实验用气

为纯度 99.9% 的甲烷气体或者纯度为 99.9% 的氮气。实验温度选择 30～90℃，实验压力最高到 25MPa。

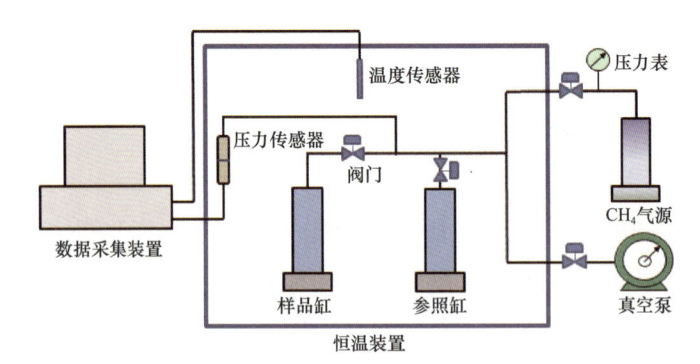

图 2-2 实验设备流程图

图 2-3 岩样取心样本

表 2-1 页岩样品基本性质

岩心编号	长度 cm	直径 cm	孔隙度 %	渗透率 mD	TOC %	R_o %	黏土含量 %	质量 g
FY-1	6.54	2.48	4.2	0.067	3.51	2.56	13.72	41.65
FY-2	6.36	2.49	7	0.059	2.74	2.62	8.16	41.96
FY-3	6.43	2.48	7.74	0.046	3.17	2.52	9.24	42.53
FY-4	6.29	2.48	4.9	0.061	2.46	2.61	8.64	41.68
FY-5	6.25	2.50	6.88	0.053	2.45	2.57	8.71	41.66

2）实验步骤

（1）对岩心进行实验前预处理，烘干 12h，除去样品中水分。

（2）样品放入样品缸中，将整个体系抽真空 12h；根据波义耳定律，在样品缸中加入氮气，测定缸内自由空间的体积值。

（3）将甲烷气体加入参考缸，测定参考缸压力值。

（4）打开样品缸和参考缸之间阀门，连通两缸，体系压力稳定一段时间之后视为吸附达到平衡状态，记录平衡压力，然后根据实验原理计算气体在该压力下的吸附量。重复该步骤，逐步提高实验压力，即完成吸附实验测试。

3）实验数据处理

（1）岩样体积和样品缸内自由空间体积。

岩样的体积计算：

$$V_s = \frac{(p_2 \times V_2)/(Z_2 \times T_2) + (p_3 \times V_3)/(Z_3 \times T_3) - (p_1 \times V_1)/(Z_1 \times T_1)}{p_3/(Z_3 \times T_3) - p_1/(Z_1 \times T_1)} \quad (2-3)$$

式中 V_s——岩样体积和样品缸内自由空间体积，cm^3；

p_1——平衡后压力，MPa；

p_2——参考缸初始压力，MPa；

p_3——样品缸初始压力，MPa；

T_1——平衡后温度，K；

T_2——参考缸初始温度，K；

T_3——样品缸初始温度，K；

V_1——系统总体积，cm^3；

V_2——参考缸体积，cm^3；

V_3——样品缸体积，cm^3；

Z_1——平衡条件下气体的压缩因子；

Z_2——参考缸初始气体的压缩因子；

Z_3——样品缸初始气体的压缩因子。

求得岩样的体积，计算出样品缸内自由空间体积：

$$V_f = V_0 - V_s \quad (2-4)$$

式中 V_f——自由空间体积，cm^3；

V_0——样品缸总体积，cm^3；

V_s——岩样的体积，cm^3。

（2）各压力点吸附量。

根据参考缸、样品缸的平衡压力及温度，利用气体状态方程可计算不同平衡压力点的吸附量：

$$pV = nZRT \quad (2-5)$$

式中 p——气体压力，MPa；

V——气体体积，cm^3；

n——气体物质的量，mol；

Z——气体的压缩因子；

R——摩尔气体常数，J/（mol·K）；

T——热力学温度，K。

求出各压力点平衡前样品缸内气体物质的量（n_1）和平衡后样品缸内气体物质的量（n_2），则岩样吸附气体物质的量（n_i）为：

$$n_i = n_1 - n_2 \tag{2-6}$$

各压力点的吸附气体体积应进行标准状态校正，换算到温度0℃、压力101.325kPa下。吸附气体体积为：

$$V_i = n_i \times 22.4 \times 1000 \tag{2-7}$$

式中　V_i——吸附气体的总体积，cm^3。

各压力点的吸附量为：

$$V_a = V_i / m_d \tag{2-8}$$

式中　V_a——吸附气量，cm^3/g；

m_d——干燥基样品质量，g。

2. 实验数据分析

为了研究页岩储层吸附特征的影响因素，对FY-1至FY-5号岩心进行了等温吸附实验。

1）地层压力

鉴于压力在页岩气吸附中的影响要远大于温度，因此，可利用页岩样品的等温吸附实验来模拟不同压力阶段页岩的吸附气量。在温度为30℃、湿度为1.56%～3.12%，甲烷浓度为99.999%的实验条件下进行的等温吸附实验表明，龙马溪组页岩具有较强的吸附气体的能力，不同的样品页岩吸附气含量达到饱和时所需要的最小压力（临界压力）不同，TOC越小，其临界压力越大。当压力值在某一压力（定义该点为吸附饱和压力）以下时，各岩心的吸附气含量随压力增加的幅度很明显，而在达到吸附饱和压力之后，增加的幅度便逐渐减小直至平稳（图2-4）。

2）温度

页岩岩样分别在30℃、60℃和90℃情况下的等温吸附曲线如图2-5所示。从图中可以看出吸附量与温度成负相关关系。即在同一压力点下，温度越高，吸附气量越低，而且30℃与60℃曲线之间的差值（该差值反映吸附气量降低程度）小于60℃与90℃曲线之间的差值。这个现象从热化学平衡的角度来看，吸附是放热过程，故随着温度升高，将阻碍吸附过程，吸附量相应会降低[4-5]。

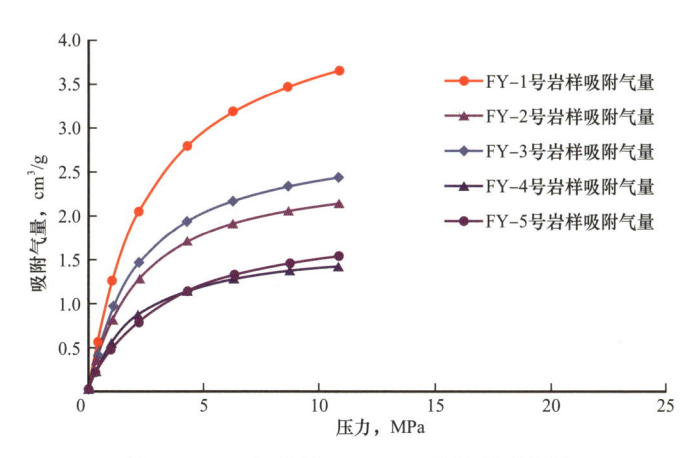

图 2-4　FY 组岩样 Langmuir 等温吸附曲线

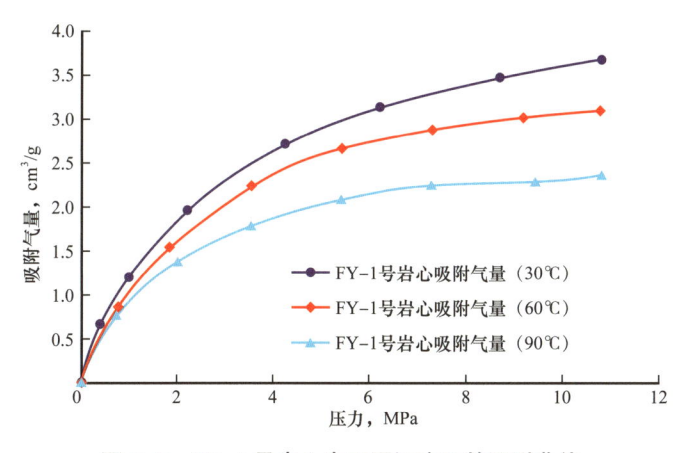

图 2-5　FY-1 号岩心在不同温度下的吸附曲线

3）有机碳含量

有机碳含量是衡量页岩储层生烃潜力最重要的参数，有机质作为吸附气的核心载体，含量高低往往决定了吸附气量的多少。龙马溪组泥页岩厚度大、分布面积广且有机质丰度高，具备形成页岩气的物质基础。丰富的有机质不仅为页岩气大量生成提供了良好的物质基础，也为页岩气的富集成藏提供了大量优质载体。从实验的结果看（图 2-6），有机碳含量的高低直接影响最大吸附气含量，有机碳含量越高，最大吸附气含量越大，两者有很好的正相关性。

4）成熟度

有机质的成熟度直接控制着有机质的生烃演化阶段和生烃量的大小。富有机质泥页岩在生烃的过程中生成的天然气先满足页

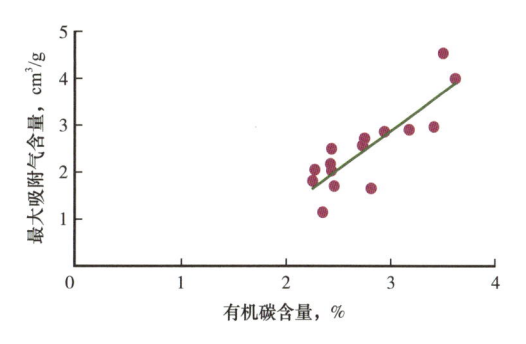

图 2-6　页岩有机碳含量与最大吸附气含量关系

内有机质和黏土颗粒的吸附,当吸附气量达到饱和后才出现游离态的天然气,且在生气过程中,生烃作用导致了地层压力的增加,进而导致页岩中吸附气量不断增加。但是有学者通过实验证实,在进入湿气阶段后,随着天然气中乙烷、丙烷等气体组分的增加,活性炭吸附甲烷的能力明显下降;并且在生气过程中,随着地层温度的增加,页岩吸附天然气能力也迅速下降,故随着热演化程度的增加,页岩中吸附气含量不一定增加。四川地区龙马溪组泥页岩成熟度与吸附气含量实验测定结果显示,页岩对气体的吸附能力与页岩的成熟度之间存在一定的相关性,即对于某一温度来说,在相同压力下,成熟度高的岩心,吸附气量大一些,但总体来说这种相关性比有机碳TOC对页岩气吸附能力相关性要弱很多,如图2-7所示。

5)矿物组分

泥页岩矿物成分复杂,主要由黏土矿物(伊利石、高岭石、蒙皂石等)组成,其次为碎屑矿物(石英、长石、云母等)以及碳酸盐矿物(方解石、白云石等)。实验发现,黏土矿物具有大量的微孔隙,相对页岩中其他矿物成分具有较强的吸附能力,在有机质含量接近和压力相同的情况下,黏土含量高的页岩吸附的气体量要比黏土含量低的页岩高,而且随着压力增大,差距也随之增大。在有机碳含量较低的页岩中,页岩也具有一定的吸附能力,其中伊利石的吸附作用至关重要,伊利石含量高,吸附气含量相对高。碳酸盐矿物和石英碎屑含量增加,会减弱岩层对页岩气的吸附能力,但随着石英、碳酸盐矿物含量的增加,岩石的脆性提高,使页岩在外力作用下极易形成天然裂缝和诱导裂缝,有利于页岩气的流动,并增大了游离态页岩气的储集空间。总体来看,页岩气储层中黏土矿物的含量与吸附气含量具有一定关系,如图2-8所示,其中最主要的是伊利石。

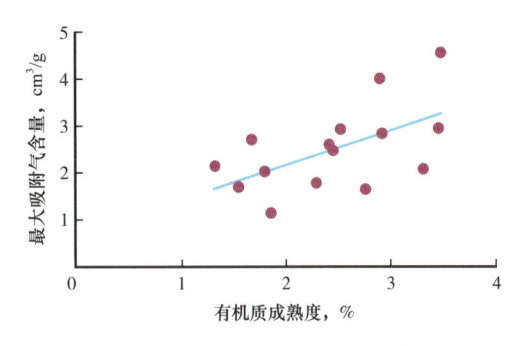

图2-7 有机质成熟度与最大吸附气含量关系 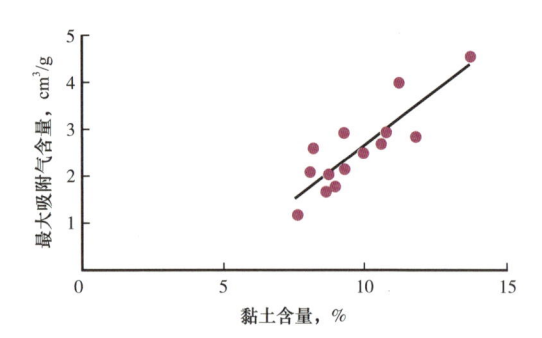 图2-8 黏土含量与最大吸附气含量关系

6)孔隙度与渗透率

孔隙度、渗透率与页岩最大吸附量关系曲线如图2-9和图2-10所示,孔隙度和渗透率与页岩最大吸附气量关系不明显。

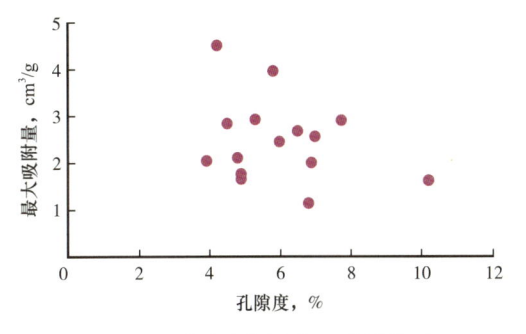

图 2-9　孔隙度与最大吸附量关系 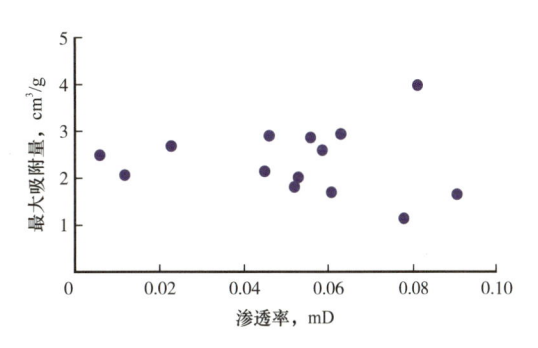　　　　　图 2-10　渗透率与最大吸附量关系

二、页岩解吸附特征

页岩气主要采用衰竭式开发，当地层压力降低至临界解吸压力以下时，吸附在页岩孔隙壁面上的气体开始解吸，并向微细裂缝中扩散。页岩储层中主要以吸附气为主，比例为 20%～80%，吸附气解吸对于页岩气井中后期产量的贡献十分显著。因此，研究页岩气解吸附规律，确定临界解吸压力，对于页岩气藏的有效开发具有重要意义。

1. 解吸附实验方法

1）实验样品及装置

页岩吸附气解吸特征同样采用实验方法进行研究，实验材料和实验设备与吸附气测定实验相同，实验用岩心为 FY 组页岩岩样。

2）实验步骤

（1）参考缸放出一定气体，缓慢打开样品缸阀门，放出气体至参考缸。当样品缸压力达到脱附压力点的设定压力时，关闭样品缸阀门。

（2）达到平衡条件后，采集样品缸和参考缸内的时间、压力、温度等相关数据。

（3）由高到低逐个压力点进行测试，重复步骤（1）和步骤（2），直至最后一个压力点测试结束。

3）实验数据处理

解吸附后各压力点的吸附量：根据参考缸、样品缸的平衡压力及温度，计算脱附后不同平衡压力点的吸附量。

根据式（2-5），分别求出各压力点平衡前样品缸内气体物质的量（n_1）、平衡后样品缸内气体物质的量（n_2）、平衡前参考缸内气体物质的量（n_3）和平衡后参考缸内气体物质的量（n_4），则吸附缸放出的气体物质的量 n_f 为：

$$n_f = n_4 - n_3 \tag{2-9}$$

样品缸内释放出的游离气物质的量 n_y 为：

$$n_y = n_1 - n_2 \quad (2\text{-}10)$$

样品脱附的气体物质的量可由下式计算：

$$n_i = n_f - n_y \quad (2\text{-}11)$$

$$n_i = (n_4 - n_3) - (n_1 - n_2) \quad (2\text{-}12)$$

式中 n_i——气体物质的量，mol；

n_1——平衡前样品缸内气体物质的量，mol；

n_2——平衡后样品缸内气体物质的量，mol；

n_3——平衡前参考缸内气体物质的量，mol；

n_4——平衡后参考缸内气体物质的量，mol。

脱附过程各压力点的吸附气体体积（V_i）可由式（2-7）求出，吸附量（V_a）可由式（2-8）求出。

2. 实验数据分析

对 FY-1 号页岩分别在恒温 30℃、60℃和 90℃情况下进行了吸附解吸实验，吸附解吸曲线如图 2-11 所示。

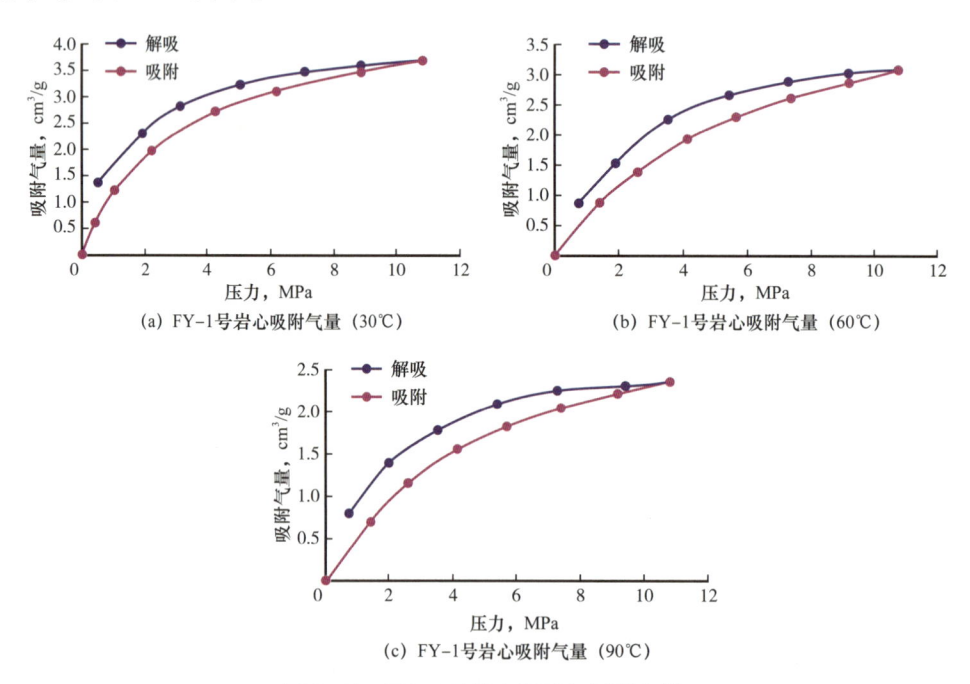

图 2-11 FY-1 号岩心吸附与解吸曲线

由吸附解吸曲线可见，解吸量能从同一曲线中高压与低压之间的吸附量之差来计算，并且可以看出解吸曲线和吸附曲线变化趋势大致相同，但是吸附曲线与解吸曲线并不重合，具有明显的滞后性，故可以判定页岩气的吸附过程为不完全可逆的物理过程。这个现象可以从热力学角度进行解释：解吸过程是吸热过程，在页岩气自然解吸过程中，基质系统的孔隙表面温度会有一定的下降，阻碍了解吸作用的持续进行。此外，随着压力降低后，气体并不是立即全部从页岩内表面中解吸出来，而是存在一定的解吸时间，在该段时间之内解吸气量逐渐上升至稳定状态。

实验数据表明，在不同温度条件下，压力降低相同时页岩解吸时间有很大的区别，温度高的页岩解吸时间比较短。根据实验测得平衡压力为5MPa左右、温度分别为60℃和30℃时解吸量与对应时间的关系曲线，如图2-12所示。

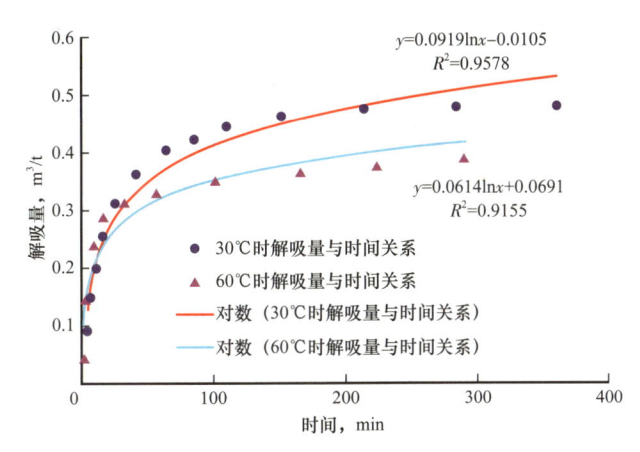

图2-12 不同温度下解吸量与时间关系曲线

可以看出，甲烷解吸量随时间的变化曲线近似符合对数曲线。一开始解吸量迅速增加，随后增加的幅度慢慢变缓。在同一时间段内，60℃较30℃的吸附量要小，因为在温度高的情况下，页岩本身吸附量小，相应解吸量也小。很明显，在60℃时，从页岩解吸量与时间曲线可以看出，在迅速增加阶段曲线更陡，所用解吸时间更短，解吸速度更快。这是由于30℃时吸附量大于60℃时吸附量造成的。在现场，一般将解吸程度达到65%时所用的时间定义为解吸时间。页岩解吸时间是衡量页岩解吸速度的一个重要参数，在预测页岩气井产量时，解吸时间的确定直接影响气井早期产量的预测精度。因此，准确确定页岩气的解吸时间非常重要。

第二节 扩散与滑脱

一、页岩气扩散特征

页岩储层发育大量孔径小于50nm的孔隙，占总孔隙数量的90%以上，孔隙连通性和流动能力差，页岩气体以解吸—扩散方式为主进行广义扩散流动。在页岩气井生产过程中，气体的解吸—扩散作用是页岩气产出的根本机理，在生产过程中，随着页岩中的游离气产出，地层原始压力降低，促使气体解吸过程发生。解吸的气体通过扩散作用进入裂缝系统，然后在地层压差的驱动下，经裂缝网络流向井筒。页岩基质中气体扩散作用是非常重要的流动机理（图2-13），因而气体扩散能力评价是页岩气井产能预测、递减规律分析以及开发方案制定必不可少的重要技术。

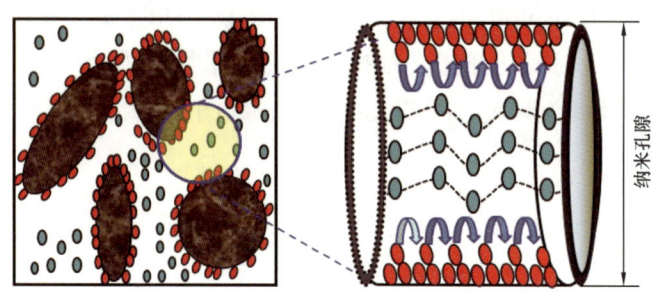

图2-13 页岩气扩散示意图

1. 扩散实验方法

1）实验样品及装置

实验样品采用的页岩岩心均取自川南地区志留系龙马溪组页岩，其孔隙度、渗透率均小，样品物性参数数据见表2-2。

表2-2 页岩岩心基本物性参数

样品编号	取心深度 m	长度 cm	直径 cm	密度 g/cm³	孔隙度 %	脉冲渗透率 mD	克氏渗透率 mD	平均渗透率 mD
231	2329.01	3.812	2.541	2.61	2.01	0.0035	0.0003	0.0004
219	2317.69	3.727	2.542	2.67	2.30	0.0040	0.0011	0.0014
242	2341.30	3.815	2.544	2.64	1.85	0.0409	0.0162	0.0236

由于页岩具有很强的吸附特性，在实验过程中为了减小吸附作用对气体流动的影响，选择吸附性非常小的惰性气体氦气（纯度为99.99%）进行相似物理模拟扩散能力评价实验。为了进行对比分析，同时开展了纯度为99.99%的甲烷气体扩散能力评价实验。

扩散实验装置采用自主研发的扩散能力自动测定仪器（图2-14）。仪器中包括恒温箱（最高温度可达150℃）、高压岩心夹持器（最高压力可达120MPa）、六通阀、直通阀、液压泵、压力传感器（精度为0.0001MPa）、气体中间容器（最高压力60MPa）、流量计、管线、时间和压力显示器及微型电脑等。

实验采用先饱和氦气或甲烷后自由扩散，测定气体扩散量随时间变化关系曲线，实验在温度为50℃情况下进行，模拟原始地层条件下上覆岩石压力50MPa，饱和气体压力30MPa。

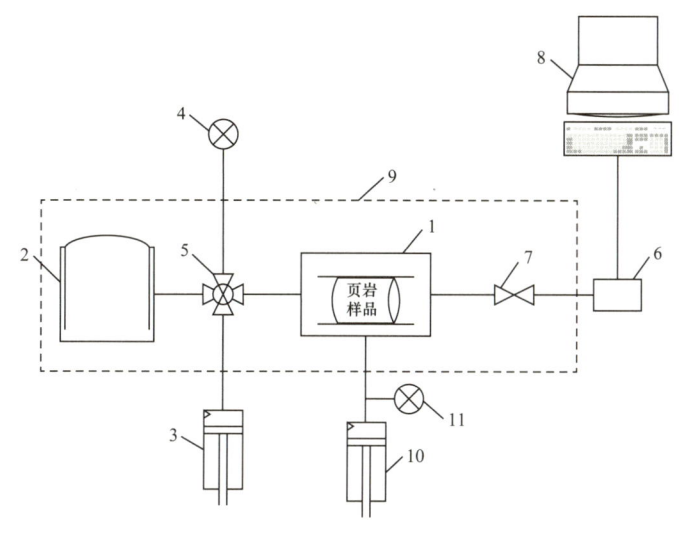

图 2-14 扩散能力评价实验装置

1—高压岩心夹持器；2—气体中间容器；3，10—液压泵；4，11—压力表；5—六通阀；
6—流量计；7—直通阀；8—微型电脑；9—恒温箱

2）实验步骤

页岩气体扩散能力评价实验主要分为以下 6 个步骤[6]：

（1）120℃温度下烘干48h，测定页岩样品直径、长度、干重；

（2）测定页岩样品孔隙度和渗透率；

（3）测量岩心夹持器及管线死体积；

（4）按照实验流程图连接仪器，并将岩心放入岩心夹持器中，给一定的围压和轴向压力，并校正仪器，包括校正压力表和检查仪器是否漏气，关闭所有阀门；

（5）打开阀门利用液压泵给岩心饱和气体，待液压泵压力不变后继续饱和1~2d；

（6）打开出口端进行实验，记录时间和扩散量。

实验过程中有以下 4 个关键点及难点：

（1）做实验前一定要放空，确保仪器内没有空气的混入以减小实验误差，同时一定要保证整个实验系统不漏气；

（2）饱和甲烷气体的时间要足够充分，让其两端的压力达到平衡，并准确地记录实验数据；

（3）在给样品加围压时，一定要确保足够大的压力，以使岩样中由于压力释放产生的微裂缝闭合，让气体能在扩散系统中自由扩散；

（4）尽可能减小实验系统中的死体积，处理实验数据时死体积的标定及死体积的处理要准确合理。

3）实验数据处理

页岩样品是页岩储层相似物理模型，页岩样品中无数多个纳米孔隙构成了页岩多孔介质储集体，是气体的主要存储空间，气体主要以扩散的方式流动，根据流动特点建立相应的扩散模型评价页岩气体扩散能力。

（1）控制模型。

在初始条件中给定页岩样品足够大的围压，即页岩样品的侧面不产生气体扩散，仅沿着浓度差方向扩散，即浓度在同一截面是相同的，浓度仅与位置 x 和时间 t 有关，则气体在岩样中流动可用下列一维扩散模型表征：

$$\frac{\partial N}{\partial t} = D\frac{\partial^2 N}{\partial x^2} \quad (t>0, 0<x<L) \quad (2\text{-}13)$$

$$N(x,0)\big|_{0<x<L} = N_0 \quad (2\text{-}14)$$

$$-D\frac{\partial N}{\partial x}\bigg|_{x=0} = 0 \quad (2\text{-}15)$$

$$-D\frac{\partial N}{\partial x}\bigg|_{x=L} = \sigma N \quad (2\text{-}16)$$

式中　N_0——页岩在初始吸附平衡下的页岩气浓度，kg/m³；

　　　L——岩样长度，m。

综合式（2-13）至式（2-16）共同构成了页岩气一维扩散数学模型的综合本构方程组。

（2）模型求解。

用分离变量法求解方程组可得到页岩气浓度分布表达式为[6]：

$$N(x,t) = \sum_{k=1}^{\infty} \frac{N_0 \sin(\lambda_k L)}{M_k \lambda_k} e^{-D\lambda_k^2 t} \cos(\lambda_k x) \quad (2\text{-}17)$$

根据式（2-17）可得任意时刻累计扩散气体质量 Q：

$$Q = \int_0^L \oiint \left[N_0 - N(x,t) \right] dx = \frac{\pi d^2}{4}\left[N_0 L - \int_0^L \sum_{k=1}^{\infty} \frac{N_0 \sin(\lambda_k L)}{M_k \lambda_k} e^{-D\lambda_k^2 t} \cos(\lambda_k x) dx \right]$$

$$= \frac{\pi d^2 N_0 L}{4} - \frac{\pi d^2}{4} \times \sum_{k=1}^{\infty} \frac{N_0 \sin^2(\lambda_k L)}{M_k \lambda_k^2} e^{-D\lambda_k^2 t} \quad (2\text{-}18)$$

由于式（2-18）中存在因子 $e^{-D\lambda_k^2 t}$，对于任意的 $t \geq 0$ 时，级数收敛。因此，取第一项可满足要求，则得到：

$$Q - \frac{\pi d^2 N_0 L}{4} = -\frac{\pi d^2 N_0 \sin^2(\lambda_1 L)}{4 M_1 \lambda_1^2} e^{-D\lambda_1^2 t} \qquad (2\text{-}19)$$

式（2-19）两边求对数并化解可得线性关系式：

$$y = a + bt \qquad (2\text{-}20)$$

其中

$$\ln\left(\frac{\pi d^2 N_0 L}{4} - Q\right) = y$$

$$\ln\left[\frac{\pi d^2 N_0 \sin^2(\lambda_1 L)}{4 M_1 \lambda_1^2}\right] = a$$

$$-D\lambda_1^2 = b$$

利用 y 和 t 值通过最小二乘法拟合可得到式（2-20）中系数 a 和 b 的值，再联立上述方程即可解得扩散系数 D。

2. 实验数据分析

1）气体扩散规律分析

通过页岩气体扩散物理模拟实验获得了页岩气体扩散能力评价实验数据，分别绘制了累计产气量、压力和时间的关系曲线，如图 2-15 和图 2-16 所示。

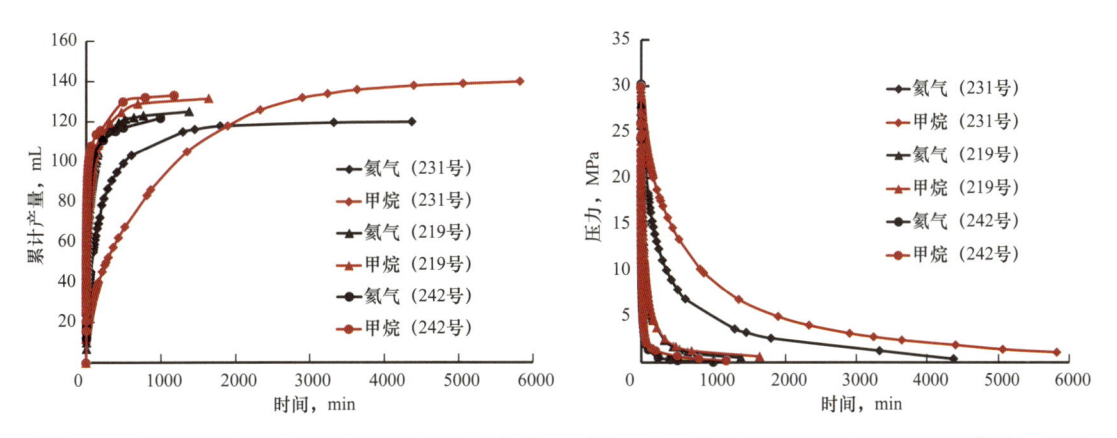

图 2-15　页岩气体扩散时间与累计气量关系曲线　　图 2-16　压力随页岩气体扩散时间变化关系曲线

由图 2-15 所知，甲烷扩散的最终累计气量大于氦气扩散的最终累计气量。同一时刻，除 231 号样品外，甲烷气体的扩散气量均大于氦气扩散气量。分析认为，甲烷与页岩相互作用时具有强吸附特性，大量的甲烷气体以吸附的方式存在于页岩样品中，相反氦气吸附性不强（<5%），几乎所有的氦气都是以游离的方式存在于页岩中，

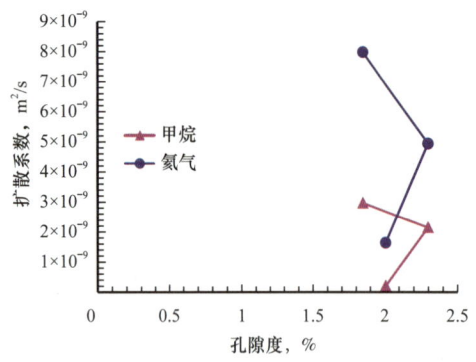

在浓度差的作用下，游离气先从样品中扩散出来，氦气不断地扩散直到有非常小的气体产出，甲烷在游离气扩散出之后，压力降低导致吸附气开始解吸成游离气，游离气再不断地产出，是一个边解吸边扩散同时进行的过程，231号样品的曲线是比较合理的一个产出过程，甲烷和氦气会相交于某一时间点，在这个等量时间点以前由于有大量的游离氦气，游离气的不断扩散就形成氦气的累计扩散气量大于甲烷的累计扩散气量的局面，在这个等量时间点以后由于有大量的甲烷吸附气，吸附气不断解吸扩散，甲烷累计产出气会大于氦气累计产出气。而对于219号和242号两个样品，从渗透率数据可以知道，这两个样品的渗透率比较大，可能存在一些比较微小的裂缝，裂缝中的气体不断地产出，就出现了甲烷扩散累计量始终大于氦气扩散累计量的情况，对于这种情况，需要提高样品的选取质量。由于测定渗透率的围压仅有9MPa，实际地层上覆压力为50MPa，导致一些微小裂缝没有闭合，主要以裂缝中的达西流动为主，扩散现象不明显。从图2-16中也可以得出相同结论，3块样品的饱和气体压力随时间的关系曲线可以看出，渗透率越大的样品，气体孔隙压力下降得越快，氦气实验过程中孔隙压力比甲烷实验过程孔隙压力下降更快。

2）气体扩散能力影响因素分析

页岩扩散能力的影响因素有很多，包括孔隙度、渗透率、有机质成熟度、有机碳含量、脆性矿物含量及黏土含量等。已有发表文献表明，页岩有机质成熟度、有机碳含量、脆性矿物含量与渗透率成正相关，而黏土含量与渗透率成负相关关系。图2-17和图2-18分别为孔隙度与扩散系数、渗透率与扩散系数关系对比曲线，利用渗透率与其他因素相关性，从中可以对页岩气体扩散能力的影响因素进行分析。

图2-17 孔隙度与扩散能力评价参数关系　　图2-18 渗透率与扩散能力评价参数关系

从图2-17和图2-18可以看出，页岩气体扩散能力与渗透率相关性好，渗透率越大扩散能力越强，与孔隙度关系不明确。研究认为，温度越高解吸气量越大，游离气量增加导致扩散能力增强。因此，温度也是页岩气体解吸的主要影响因素，同时也是页岩扩散能力的主要影响因素。

二、页岩气滑脱特征

早在 20 世纪 40 年代初，Klinkenberg 在实验中发现气体在微毛细管中流动时存在滑脱效应，并得出考虑滑脱效应的气测渗透率数学表达式[7-9]：

$$K_g = K_\infty \left(1 + \frac{b}{p}\right) \approx K_\infty \left(1 + \frac{2b}{p_1 + p_2}\right) \quad (2-21)$$

式中　K_g——Klinkenberg 表观渗透率，mD；

　　　K_∞——绝对渗透率（即克氏渗透率），mD；

　　　b——滑脱因子，MPa。

滑脱因子在某种程度上表明了 Klinkenberg 效应的强弱程度。b 值越大，Klinkenberg 效应越明显，若 $b=0$，则气测渗透率与绝对渗透率相等，Klinkenberg 效应可忽略不计。

由式（2-21）可以看出，页岩渗透率随地层平均压力下降而增大，平均压力达到一定值才会发生页岩滑脱流动，这个值就是页岩滑脱流动现象发生的限定条件。以往关于低渗透/特低渗透砂岩的研究结果表明特低渗透储层（小于 0.01mD）和低渗透储层（0.1mD 左右）在极低的孔隙压力下会出现强滑脱引起的非线性流动特征；较高渗透率储层（大于 0.1mD）仅在高孔隙压力下表现出高速非线性流特征；而页岩的渗透率大都小于 0.01mD，因此主要表现为低孔隙压力条件下页岩的滑脱效应。

1. 滑脱流动实验方法

1）实验样品及装置

实验岩心取自川南地区志留系龙马溪组页岩，实验所用气体为高纯度氮气，实验装置如图 2-19 所示。

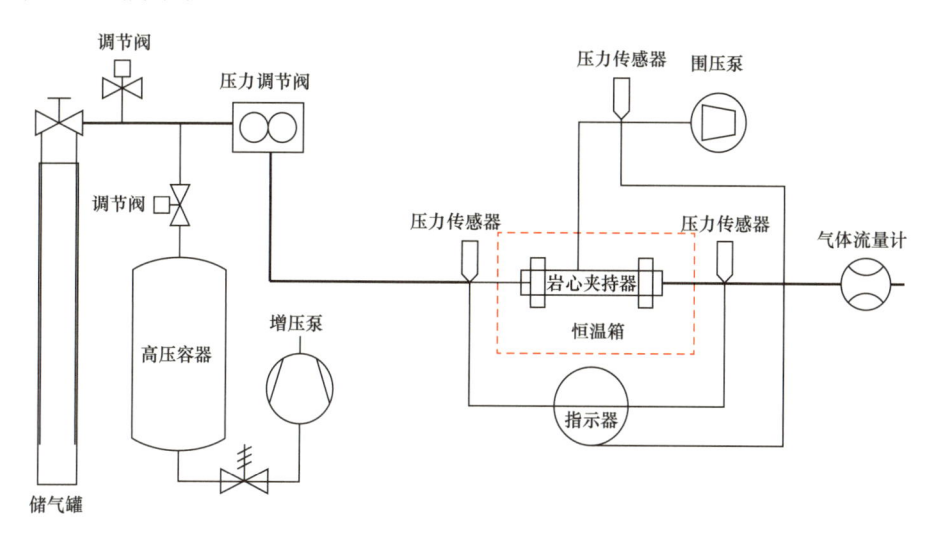

图 2-19　页岩气滑脱流动物理模拟系统

2）实验步骤

页岩气体滑脱实验主要分为以下 5 个步骤：

（1）将测完孔隙度和渗透率数据的岩心烘干后装入岩心夹持器中进行不同驱替压力下的气体流动实验；

（2）岩心入口端注入气体的压力由精密气压控制调节阀来控制，出口压力为大气压；

（3）通过气体流量计来记录岩心出口端的瞬时流量和累计流量，当气体流量达到稳定状态时，记录岩心入口压力和出口流量；

（4）改变入口压力，记录对应的稳定流量，如此重复多次，记录不同压力下对应的不同流量；

（5）根据气体渗透率计算公式计算每一个测试点对应的气体渗透率值，并绘制渗透率与孔隙平均压力倒数的关系曲线，分析研究不同渗透率范围的岩心的滑脱流动规律。

2. 实验数据分析

用氮气作为工作气体获取了 6 块非主力层岩心的流态曲线，其中岩心 240、岩心 242、岩心 215 及岩心 250 实验进口表压从 0.0050MPa 到 18MPa，岩心 221 和岩心 246 实验进口表压从 0.0050MPa 到 30MPa，出口表压为一个大气压，最后根据所获取的压力、流量数据绘制流态曲线。

图 2-20 为 6 块岩心的氮气流态曲线，从图中可以看出平均压力在 0.1025MPa 到 2MPa 范围内渗透率变化十分明显，该过程的流动属于过渡型扩散。平均压力在 2MPa 到 15MPa 范围内时渗透率随平均压力增加而降低的速率明显减缓，下降趋势近似于线性，明显属于滑脱流动阶段。岩心 240、岩心 242、岩心 215 和岩心 250 的流态曲线在平均压力达到 9.1MPa 时曲线仍呈线性递减趋势；又根据岩心 221 和岩心 246 的流态曲线看出，当平均压力达到 15.1MPa 时流态曲线仍尚未达到平稳，说明在实验压力范围内流动尚未达到分子自由流动阶段，仍然处于过渡型扩散和滑脱流动阶段。岩心 240 的渗透率明显高于其他 5 块岩心的渗透率，其滑脱段渗透率下降趋势比其他 5 块明显；其余 5 块渗透率接近，它们的滑脱流动段渗透率下降趋势也接近，说明渗透率对滑脱段渗透率的衰减趋势有重要影响。此外还可以发现渗透率越高滑脱段与过渡型扩散段之间的分界点压力越大。

从岩样渗透率与平均压力倒数关系曲线可以看出，低压段、高压段均会出现非达西流动，各岩心低压段、高压段出现非达西流动的临界压力值均不相同（图 2-21），高压段为高速非达西流动，不是由滑脱效应引起的，而低压段的非达西流动是由滑脱效应引起的。通过对比可以发现渗透率越低在相同的压力条件下越容易出现滑脱效应。

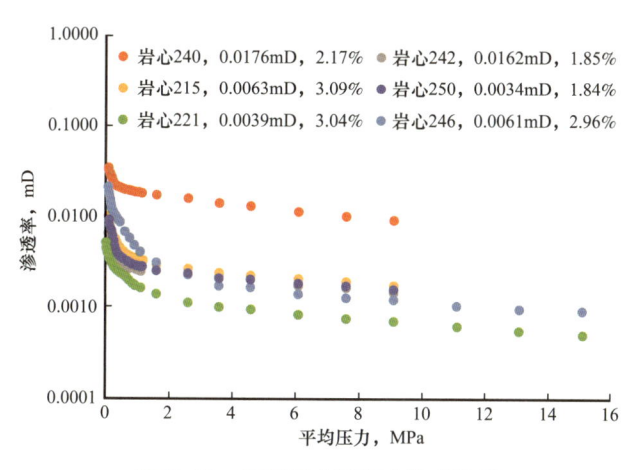

图 2-20 页岩岩心流态曲线对比图

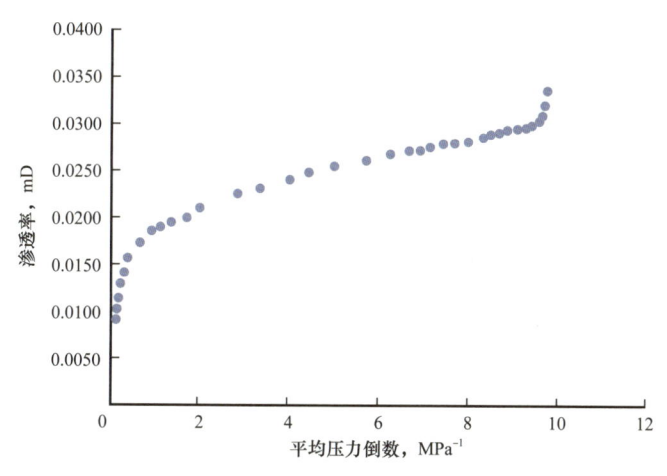

图 2-21 岩心 240 氮测渗透率与平均压力倒数间的关系曲线

分析不同阶段非达西临界压力与孔隙度的关系可以发现，岩心在高压段有着十分接近的非达西临界压力值，而且在低压段孔隙度、渗透率与非达西临界压力间也毫无规律可循，说明低压段滑脱效应的非达西临界压力值受微观孔隙结构的影响，与宏观物性相关性小（图 2-22 和图 2-23）。

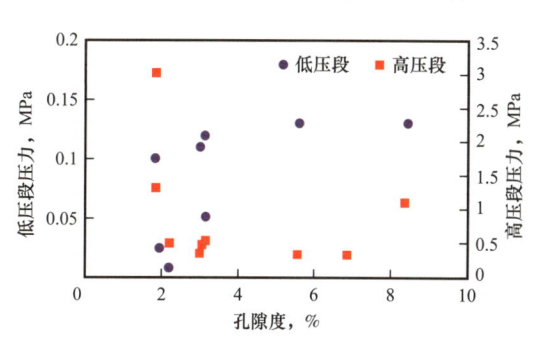

图 2-22 临界压力与孔隙度的关系

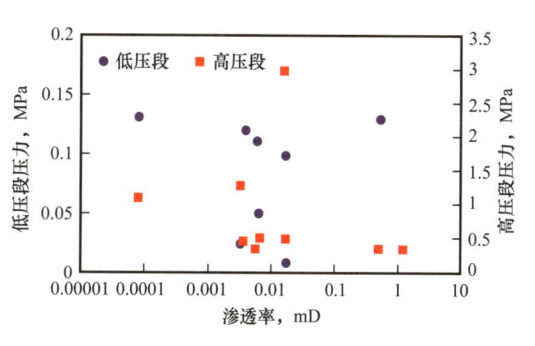

图 2-23 临界压力与渗透率的关系

根据克氏渗透率的表达式可得到滑脱因子的计算式：

$$b = \bar{p}(K_g/K_\infty - 1) \tag{2-22}$$

那么通过实验所获取的气测渗透率数据、克氏渗透率数据及实验平均压力就可得到相应的滑脱因子。

理论上滑脱因子的定义为：

$$b = \frac{4c\lambda p}{r} \tag{2-23}$$

$$\lambda = \frac{k_B T}{\sqrt{2}\pi d^2 p} \tag{2-24}$$

式中　c——比例因子，通常取值 1；
　　　λ——气体分子的平均自由程，m；
　　　p——压力，Pa；
　　　r——孔喉半径，m；
　　　k_B——波尔兹曼常数，取 1.3805×10^{-23} J/K；
　　　T——温度，K；
　　　d——气体分子直径，m。

通过实验得出的滑脱因子并不是常数，只有在一定压力范围内才是常数，在高孔隙压力下滑脱因子出现负值说明滑脱现象消失。将负值的滑脱因子除去后，以滑脱因子的对数为纵坐标作出滑脱因子与平均压力倒数间的关系，发现相同压力下渗透率越大，滑脱系数越小，说明渗透率越大滑脱效应越不明显（图 2-24）。

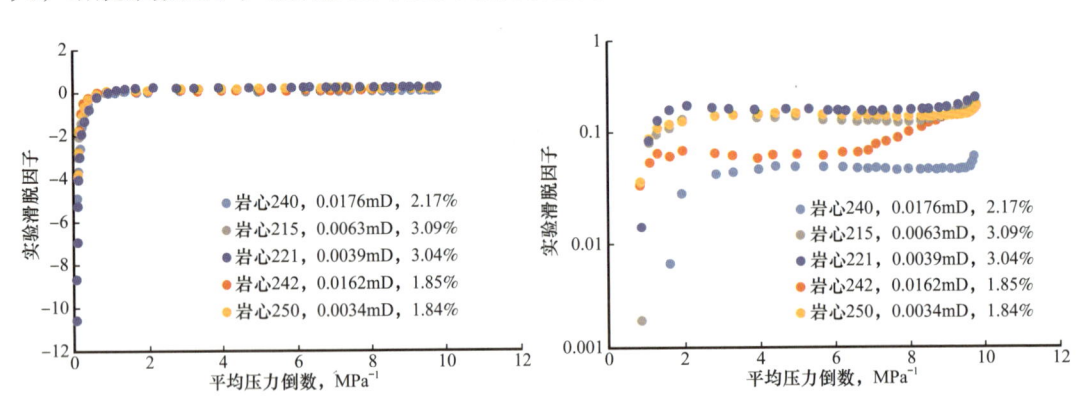

图 2-24　实验滑脱因子与平均压力倒数间的关系

克氏渗透率与实验平均滑脱因子的相关性比与理论平均滑脱因子之间的相关性更好（图 2-25），随着渗透率的增大滑脱因子逐渐减小；孔隙度与两种滑脱因子间的相关性都较差（图 2-26）；同时克努森数与克氏渗透率、孔隙度间的关系也都较差（图 2-27），但是与两种滑脱因子间的相关性都较高（图 2-28）。由于高压压汞获得的孔径分布中存在可信度较低的部分（孔径<20nm），除去这部分孔径后显然会比之前计算理论滑脱因子中的平均孔喉半径小，那么相应的滑脱因子将更大，这时理论滑脱因子与实验滑脱因子相差更远。除非能获取样品较为准确的整个孔径分布曲线，否则无法保证理论滑脱因子更接近实际值。

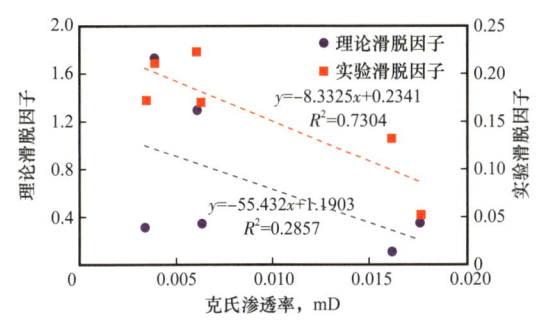

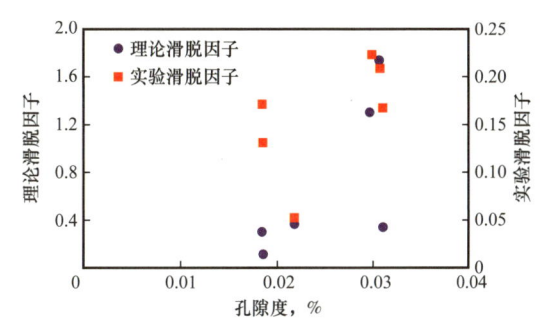

图 2-25　渗透率与实验及理论滑脱因子的关系

图 2-26　孔隙度与实验及理论滑脱因子的关系

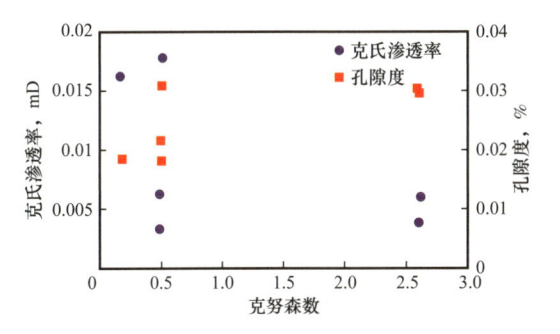

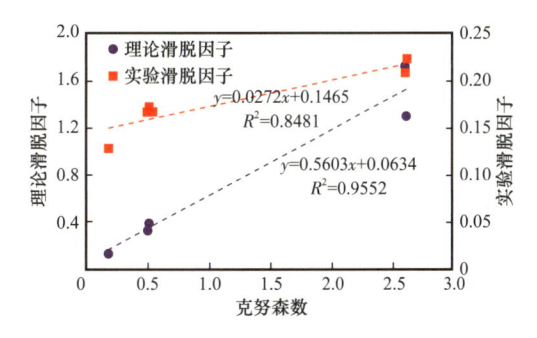

图 2-27　克努森数与渗透率及孔隙度的关系

图 2-28　克努森数与实验及理论滑脱因子的关系

氮气作为实验气体流过页岩岩心时会受到吸附解吸作用的影响，从而影响视渗透率的大小，而氦气流过页岩岩心不会出现吸附解吸作用，因此采用氦气作为对比实验气体来研究无吸附解吸作用下页岩岩心的滑脱规律，如图 2-29 所示。

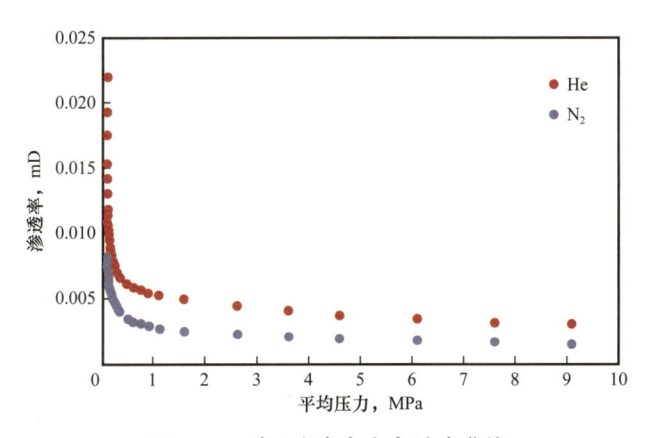

图 2-29　岩心氮气与氦气流态曲线

从图 2-29 可知，在较小的压力下，如 2MPa 以下时氦气与氮气渗透率值相差较大，随着压力的增大两种气体的流态曲线逐渐接近，但氦气的流态曲线仍位于氮气流态曲线之上；对比氦气与氮气流态曲线可发现过渡型扩散和滑脱流的分界点并不完全一致，氦气流态曲线的过渡型扩散和滑脱流的分界点在 1MPa 左右，而氮气流态曲线分界点在 2MPa 左右，说明在页岩中吸附解吸作用对流态的影响较大。

第三节 裂缝中的流动规律

页岩储层的微裂缝和压裂裂缝是流体流动的主要通道。美国页岩气藏成功开发的实践表明，压裂改造是实现页岩储层有效开发的主体技术。目前美国约有 85% 的页岩气井采用的是水平井与分段压裂技术相结合的方式，可以最大限度地增大复杂裂缝网络与基质的接触面积，增产效果显著。常规储层压裂多形成单一裂缝，页岩储层的复杂层理、天然裂缝发育等特征有助于压裂形成更为复杂的裂缝网络，在人工裂缝中存在大量的没有支撑剂支撑的微裂缝，这些微裂缝对于页岩气产能具有较大贡献。诸多研究表明储层受力情况会直接影响储层的孔渗特性，储层受到的有效应力越大，其孔隙空间就越小，渗透性也随之变差，天然裂缝及人工裂缝的导流能力也变差。特别是对于裂缝性储层、低渗透或特低渗透储层，有效应力的影响更不可忽略。因此，研究页岩储层裂缝介质流动规律及应力敏感特征具有重大意义。

一、页岩裂缝流动规律

1. 裂缝流动实验方法

1）实验样品及装置

实验在室温常压下进行，采用的实验方法为"压差—流量法"，使用氮气作为模拟天然气的实验气体，纯度为 99.999%。

利用高压驱替装置测定气体在压裂缝中的流动规律，实验流程如图 2-30 所示。

2）实验步骤

裂缝岩心流动实验主要分为以下 5 个步骤[10]：

（1）连接实验装置管线，检查管线中气体的密闭性；

（2）把用胶带捆绑好的压裂缝岩心放入夹持器，将有效围压升高至 30MPa；

（3）利用恒压法测定流动规律，在某一恒定低压下通入气体，在出口端测量气体的流速，直到流速稳定为止，记录稳定的流量以及对应的压力；

（4）将压力依次提高一倍注入，重复步骤（3），直至测定完成所有设定的压力点，结束实验；

（5）用不同类型的页岩岩心，重复以上步骤（1）~步骤（4），直到测定完所有岩心的流动规律曲线，分析裂缝的宽度和长度对气体流动的影响。

2. 实验数据分析

1）非贯穿裂缝对页岩达西流动的影响

选择9块页岩岩心进行压裂造缝，压裂后页岩岩心的缝长和缝宽参数，以及岩样的渗透率如图2-31所示。压裂造缝后岩样的渗透率均有大幅度的增加，岩样的流动能力均大幅度增强。

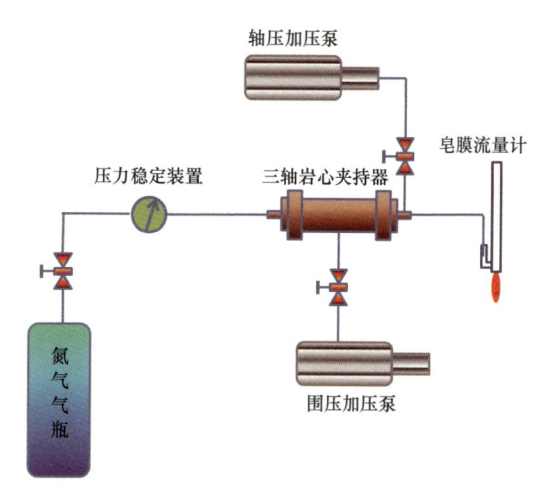

图2-30 压裂造缝岩心流动实验流程

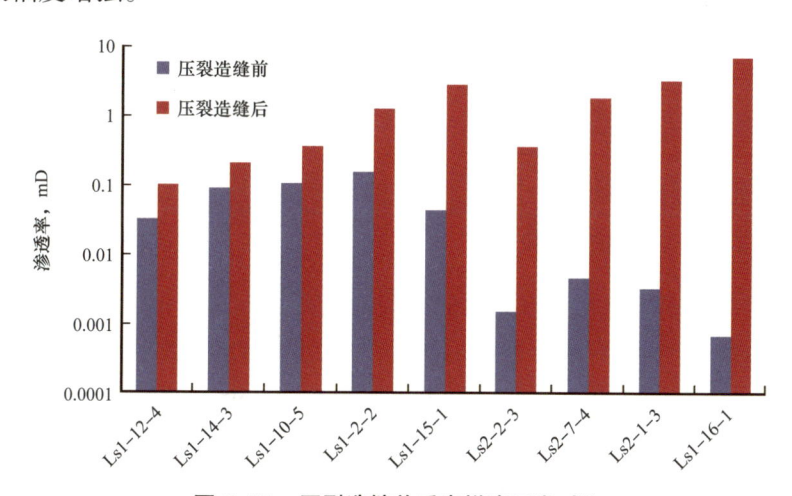

图2-31 压裂造缝前后岩样渗透率对比

岩样压裂造缝后渗透率随裂缝长度和宽度变化如图2-32和图2-33所示。由图可知，随着裂缝长度和宽度的增加，压裂造缝后岩样的渗透率以指数形式增加。

不同缝长和不同缝宽岩样的流动规律曲线如图2-34和图2-35所示。由图可知，随着流动速度的增加，岩心两端的压差也逐渐增加，当流动速度较小时，岩心两端压差增加幅度较小，而当流动速度继续加大时，岩心两端压差增加幅度急剧增大。因此，要在不同渗透率的岩心两端保持相同的压差，需要在高渗透率的岩心上有更高的流动速度。流动具有非达西流动特征，表现明显的非线性。岩样渗透率越高，非线性越弱。随着注入压力增加，流动能力增强，在注入压力较低时，较小的注入压力不足以对裂缝产生大的影响，裂缝基本处于闭合状态，而随着注入压力的增加，裂缝的导流能力增强，从而使流动能力增强。

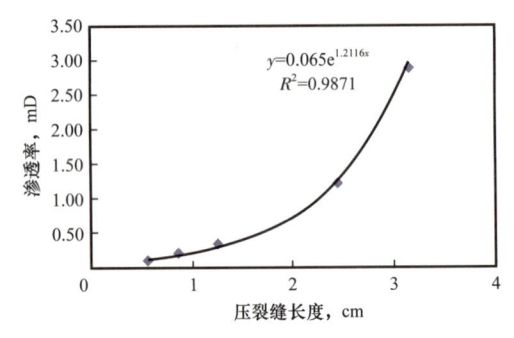

图 2-32　压裂造缝后岩样渗透率随裂缝长度变化曲线

图 2-33　压裂造缝后岩样渗透率随裂缝宽度变化曲线

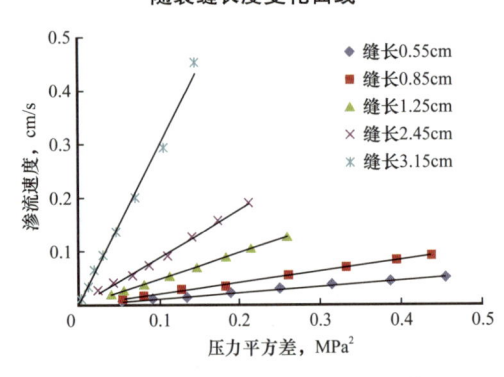

图 2-34　不同缝长岩样流动规律

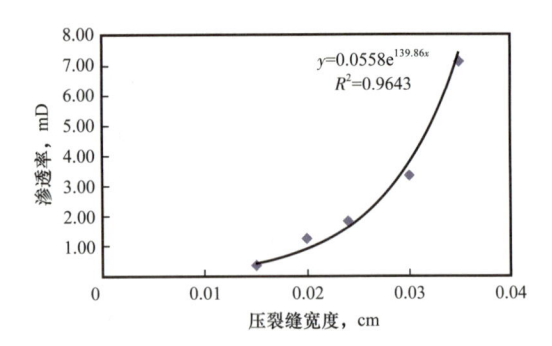

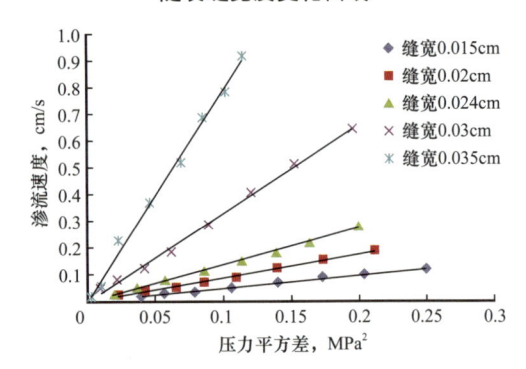

图 2-35　不同缝宽岩样流动规律

2）不同形态贯穿裂缝对页岩达西流动的影响

图 2-36 和图 2-37 为岩心压裂前后流动规律对比曲线。由压裂前的流动规律对比可以看出，一定注入速度下，随着渗透率的降低，岩心两端的压差逐渐增加，且岩心渗透率越小，两端压差数值越大；要在不同渗透率的岩心两端保持相同的压差，需要在高渗透率的岩心上有更高的注入速度。实验结果表明，随着气体注入速度的增加，岩心两端的压差也逐渐增加。当注入速度较小时，岩心两端压差增加幅度较小，而当注入速度继续加大时，岩心两端压差增加幅度急剧增大。压裂后，Ls1-5-1 岩样由于压裂的裂缝开度过大导致渗透率过大，无法在实验中测得数据，因此无法完成流动规律实验。由此可以看出在人工压裂过程中裂缝的开度是影响流动的主要因素。通过压裂前后剩余 3 块岩心的数据对比可以看出，当裂缝的开度较小时，压裂前岩样的初始渗透率对压裂后的渗透性能影响也比较大。裂缝形态对流动规律的影响不如前两者大。

二、自支撑裂缝的应力敏感特征

1. 自支撑裂缝应力敏感实验

1）实验样品及装置

依据 SY/T 5358—2010《储层敏感性流动实验评价方法》，通过对页岩岩心人工造缝，研究裂缝型应力敏感。根据页岩特征及矿场实际情况，将最大有效应力设计为 30MPa[11, 12]。

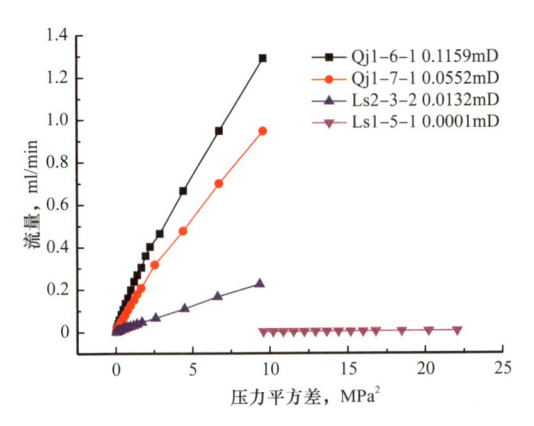

图 2-36 压裂前全部岩心流动规律对比

图 2-37 压裂后全部岩心流动规律对比

2）实验步骤

（1）连接好实验流程（图 2-38），将人工造完缝的岩心装入高温高压夹持器中；

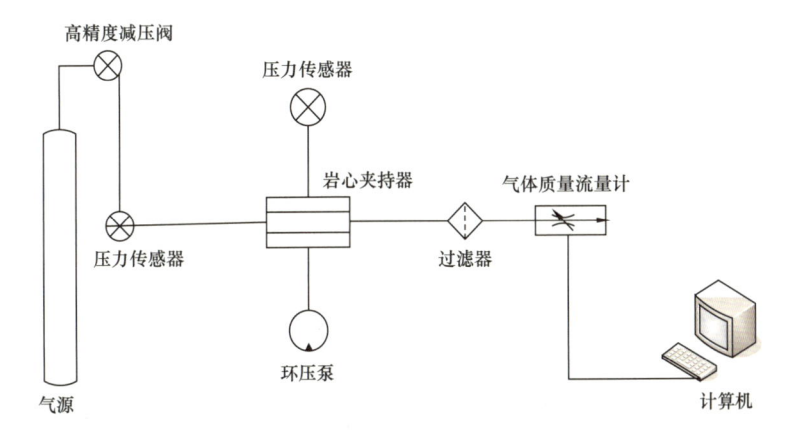

图 2-38 自支撑裂缝应力敏感实验流程

（2）首先将岩心围压稳定在 5MPa，测试岩心的气测（N_2）渗透率，然后依次增加围压到 10MPa、15MPa、20MPa、25MPa、30MPa，分别测试岩心的气测渗透率。其中，每个压力点均保持在 30min 以上，以达到稳定；

（3）进行降低围压渗透率测试实验，依次将围压降到 25MPa、20MPa、15MPa、10MPa、5MPa，测试岩心的气体渗透率。其中，每个压力点均保持在 1h 以上。待所有压力测试完成后结束实验。

2. 实验数据分析

不同条件下裂缝岩心的初始渗透率、应力下渗透率以及渗透率损失率等数据如

图 2-39 和图 2-40 所示。

造缝后渗透率提高较明显,不同应力条件下,岩心渗透率与造缝规模(造缝初期渗透率)存在一定相关性。在自支撑条件下,岩心渗透率提高幅度随应力的增加迅速下降,无剪切滑移时在 30MPa 有效应力下,渗透率甚至低于岩心压裂前,页岩造缝岩心应力敏感性极强,30MPa 有效应力下渗透率损失率平均达 96.5%(图 2-41)。

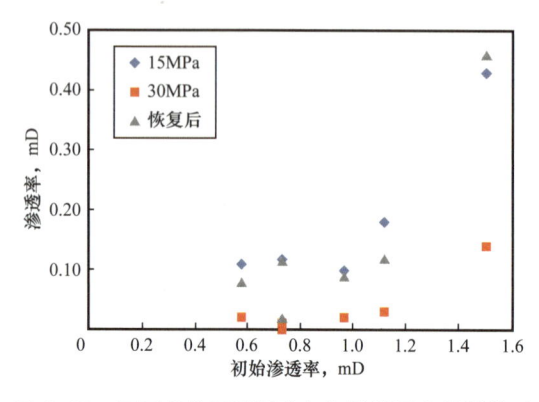

图 2-39 不同条件下渗透率与初始渗透率间的关系

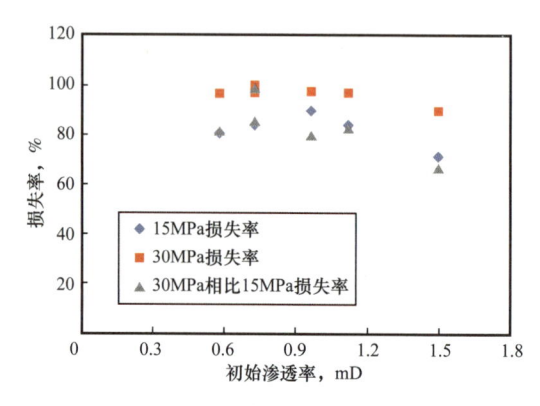

图 2-40 不同条件下渗透率损失率

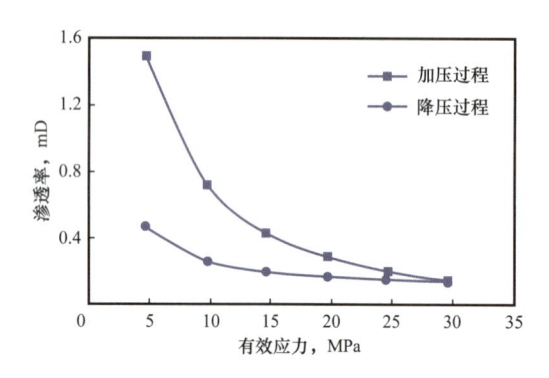

图 2-41 页岩岩心自支撑裂缝应力敏感性

随着有效应力的增大裂缝逐渐闭合,导致岩心渗透率逐渐降低,而当有效应力逐渐恢复时岩心的渗透率逐渐恢复,但最终渗透率远小于初始渗透率。有效应力从 5MPa 增加到 10MPa 时,损失率可达到 78%,当有效应力增加到 30MPa 时损失率最高可达 98%。当有效应力从 30MPa 恢复到 10MPa 时,渗透率最高仅恢复为初始值的 20%。有效应力从 10MPa 恢复到 5MPa 时,渗透率最高可恢复到初始值的 30%。因此,岩心在人工造缝后其应力敏感性十分显著,且是不可逆的。

三、填砂裂缝应力敏感特征

1. 填砂裂缝应力敏感实验方法

1)实验样品及装置

页岩气井在压裂改造后存在支撑剂充填的张开裂缝,这些裂缝是页岩储层中气体的重要流动通道,其导流能力的大小对页岩气井的产能有重要影响。因此需要研究充填支撑剂后人工裂缝的应力敏感特征,实验中支撑剂选用相同目数的石英砂和陶粒进行了对比，为了研究较为贴近现场的支撑剂填充情况，选择了沿层理或基本沿层理造缝，及未沿层理方向进行造缝，进行支撑剂填充实验。

依据相关标准参考 SY/T 5358—2010《储层敏感性流动实验评价方法》，根据页岩特征及矿场实际情况，选用 20~40 目石英砂及陶粒，对裂缝进行单层局部铺砂（0.1kg/m²），最大有效应力设计为 30MPa，研究裂缝加入支撑剂后的应力敏感情况，并且在岩心的准备过程中设计成裂缝面有滑移和无滑移两种情况。

2）实验步骤

（1）将岩心造好缝，并按照 0.1kg/m² 的单层局部铺砂密度把 20~40 目的石英砂均匀地填入人工裂缝内，然后将岩心固定好，岩心铺砂情况见表 2-3；

表 2-3 岩心铺砂情况

岩心号	岩心准备情况	支撑剂种类	裂缝方向
255	裂缝面无滑移	石英砂	沿层理
206	裂缝面有滑移	石英砂	沿层理
237	裂缝面无滑移	陶粒	未沿层理
222	裂缝面有滑移	陶粒	未沿层理

（2）连接好实验流程（图 2-42），将岩心装入夹持器中；

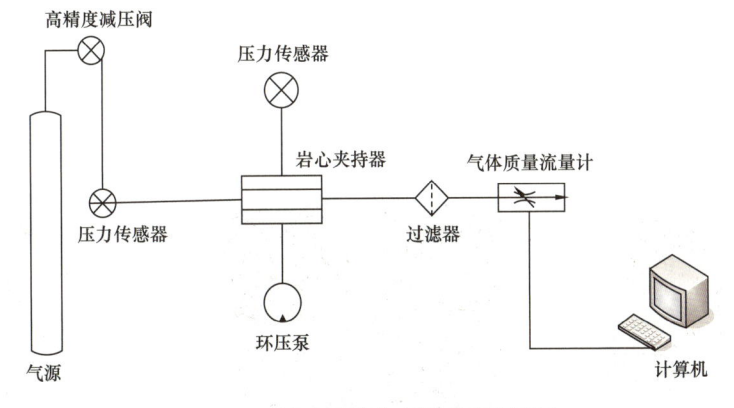

图 2-42 填砂裂缝应力敏感实验流程

（3）首先给岩心加 5MPa 的围压，测试岩心的气测（N_2）渗透率，然后依次增加围压到 10MPa、15MPa、20MPa、25MPa、30MPa 测试岩心的气测渗透率；

（4）进行降压渗透率测试实验，依次将围压降到 25MPa、20MPa、15MPa、10MPa、5MPa 测试岩心的气体渗透率。其中，每个压力点均保持在 1h 以上。待所有压力测试完成后结束实验。

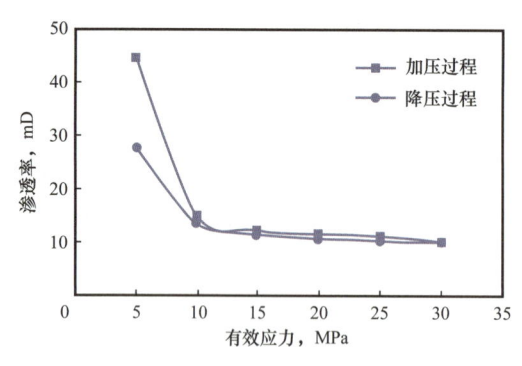

图 2-43　255 号岩心支撑裂缝渗透率随有效应力的变化

2. 实验数据分析

针对是否存在裂缝面滑移，选取不同的支撑剂类型以及不同的裂缝方向开展了四组实验以研究填砂裂缝的应力敏感特征。

当裂缝沿层理面展开，裂缝面无滑移，使用石英砂支撑时，应力敏感如图 2-43 所示。当有效应力从 5MPa 增加到 10MPa 时，渗透率损失最严重。有效应力从 10MPa 增加到 30MPa 时，渗透率变化程度较小，说明随着有效应力的增加，支撑剂逐渐破碎，支撑作用减弱，裂缝发生闭合，造成渗透率下降。当有效应力大于 10MPa 后，支撑剂基本不再破碎，裂缝闭合程度减弱，因此渗透率损失非常小，可推断 10MPa 是石英砂的破裂压力。当有效应力逐渐从 30MPa 恢复至 10MPa 时，渗透率基本能恢复到加压至 10MPa 时的渗透率，而有效应力继续恢复到 5MPa 时，渗透率不能恢复到初始值。说明当有效应力恢复时部分支撑剂仍然起到了支撑作用，使渗透率具有一定的可恢复性。

岩心裂缝有支撑无滑移时，石英砂破碎比例比较高，部分镶嵌到岩心当中，如图 2-44 所示。但当有效应力大于 10MPa，加入支撑剂的人工裂缝基本无应力敏感，即有效应力大于 10MPa 时，支撑剂破碎已完全嵌入裂缝表面，缝面闭合程度较大，但渗透率仍为无支撑同等条件的 10 倍以上。在有效应力 30MPa 时，渗透率为无支撑同等条件的 50 倍以上。有效应力减小后，渗透率能恢复原渗透率的 83% 左右，表明支撑剂破碎后有部分发生了弹性形变，对裂缝表面起到了较好的支撑作用。

图 2-44　255 号岩心人工裂缝加入支撑剂应力敏感实验前后

为研究裂缝面在滑移情况下有效应力对支撑剂的影响，对于 206 号岩心施加了 2.5MPa、4MPa、7MPa、9MPa 等压力点。实验结果如图 2-45 和图 2-46 所示。有效应力在 2.5～10MPa 时，渗透率基本没有发生变化。当有效应力大于 10MPa 时，支撑剂开始破碎裂缝逐渐开始闭合，渗透率逐渐降低，但渗透率变化基本无明显的拐点。

推测主要原因是岩心裂缝面滑移后没有完全按照裂缝开启的方式闭合,这样一部分支撑剂实际受到的有效应力小于实验有效应力,因此这部分支撑剂并没有破裂,依然起到了非常好的支撑作用,出现比较高的渗透率值。当有效应力逐渐恢复时,渗透率仍然不能恢复到初始值,其恢复过程跟宁203井255号岩心基质情况下并无本质区别,部分支撑剂仍然起到了支撑作用,使渗透率具有一定的可恢复性,增大了岩心的导流能力。

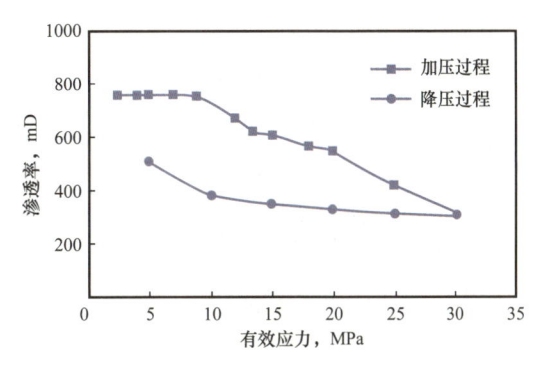

图2-45 宁203井206号岩心支撑裂缝渗透率随有效应力的变化

图2-46 宁203井206号岩心人工裂缝加入支撑剂应力敏感实验前后

岩心裂缝有支撑并有0.4mm滑移时,石英砂破碎比例比较低,嵌入量也少。裂缝面有滑移的情况下,支撑剂受到的实际应力变小,缝面闭合程度较低,渗透率较高,10MPa时渗透率仍为无支撑的1000倍以上。在有效应力30MPa时,渗透率为无支撑同等条件的10000倍以上,且应力敏感性相对较弱。

当裂缝未沿层理面展开,裂缝面无滑移,使用陶粒支撑时,应力敏感如图2-47和图2-48所示。因陶粒硬度较高,基本无破碎。由于岩心硬度等各方面原因,当压力升高后,陶粒逐渐镶嵌在岩心断面,岩心最终渗透率损失较为严重,渗透率损失了84.7%。应力敏感性较强,但仍是原始渗透率的1.6×10^6多倍。

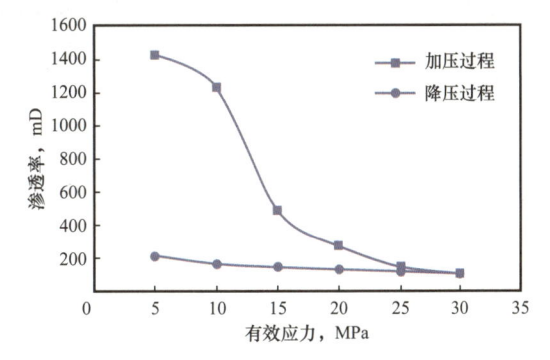

图2-47 宁203井237号岩心支撑裂缝渗透率随有效应力的变化

图 2-48　宁 203 井 237 号岩心人工裂缝加入支撑剂应力敏感实验前后

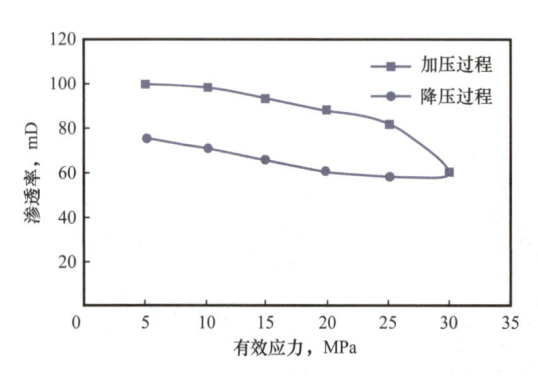

图 2-49　宁 203 井 222 号岩心支撑裂缝渗透率随有效应力的变化

当裂缝未沿层理面展开，裂缝面有滑移，使用陶粒支撑时，应力敏感如图 2-49 和图 2-50 所示。裂缝面滑移对裂缝渗透率应力敏感性有较好的改善效果。因陶粒硬度较高，基本无破碎，但当压力较高后，会出现陶粒镶嵌在岩心壁面，导致渗透率增大范围较低，但仍是原始渗透率的 5000 多倍，虽然渗透率具有一定的损失，但渗透率整体损失率较低，仅为 23.97%，应力敏感性较弱。

图 2-50　宁 203 井 222 号岩心人工裂缝加入支撑剂应力敏感实验前后

对比自支撑裂缝和填砂裂缝的应力敏感实验结果可发现，不加支撑剂的人工裂缝的应力敏感性比加支撑剂的人工裂缝的应力敏感性强，渗透率损失较为严重，渗透率可恢复性差。另外，岩心有无滑移及支撑剂的选择较为重要，有滑移的岩心渗透率损失较小，整体应力敏感性相对较弱，可恢复性较强。无滑移性岩心，渗透率损失较为严重，主要是因为支撑剂镶嵌进入裂缝断面所引起的，可恢复性较差。其次，石英砂强度较低，易破碎，甚至出现堵塞流通通道，造成渗透率提高较小。陶粒强度较高，耐压性好，不易破碎，陶粒作为支撑剂更加适合页岩储层要求，渗透率恢复较好，有利于提升导流能力，对储层开发有利。岩石断面情况也是重要的影响因素，沿层理方向扩展，注入支撑剂后，支撑剂出现镶嵌更加明显，相对而言渗透率提高较小，反之，导流能力提高明显。

参 考 文 献

[1] 陈尚斌, 朱炎铭, 王红岩, 等. 川南龙马溪组页岩气储层纳米孔隙结构特征及其成藏意义[J]. 煤炭学报, 2012, 37（3）: 438-444.

[2] 李相方, 蒲云超, 孙长宇, 等. 煤层气与页岩气吸附/解吸的理论再认识[J]. 石油学报, 2014, 35（6）: 1113-1129.

[3] 李武广, 钟兵, 杨洪志, 等. 页岩储层含气性评价及影响因素分析——以长宁—威远国家级试验区为例[J]. 天然气地球科学, 2014, 25（10）: 1653-1660.

[4] 李武广, 杨胜来, 徐晶, 等. 考虑地层温度和压力的页岩吸附气含量计算新模型[J]. 天然气地球科学, 2012, 23（4）: 791-796.

[5] 李武广, 杨胜来, 陈峰, 等. 温度对页岩吸附解吸的敏感性研究[J]. 矿物岩石, 2012, 32（2）: 115-120.

[6] 李武广, 钟兵, 杨洪志, 等. 页岩储层基质气体扩散能力评价新方法[J]. 石油学报, 2016, 37（1）: 88-96.

[7] 李武广, 钟兵, 官庆, 等. 关于页岩基质岩块流动能力评价方法的探讨[J]. 天然气与石油, 2015, 33（3）: 58-62, 10.

[8] 盛茂, 李根生, 黄中伟, 等. 考虑表面扩散作用的页岩气瞬态流动模型[J]. 石油学报, 2014, 35（2）: 347-352.

[9] 王瑞, 张宁生, 刘晓娟, 等. 页岩气扩散系数和视渗透率的计算与分析[J]. 西北大学学报（自然科学版）, 2013, 43（1）: 75-80, 88.

[10] 李武广, 钟兵, 张小涛, 等. 页岩人工裂缝应力敏感评价方法[J]. 大庆石油地质与开发, 2016, 35（3）: 159-164.

[11] 张睿, 宁正福, 杨峰, 等. 页岩应力敏感实验研究及影响因素分析[J]. 岩石力学与工程学报, 2015, 34（S1）: 2617-2622.

[12] 张睿, 宁正福, 杨峰, 等. 页岩应力敏感实验与机理[J]. 石油学报, 2015, 36（2）: 224-231, 237.

第三章

页岩气多尺度非线性流动理论

页岩储层纳米尺度孔喉发育，压裂后形成由基质与压裂缝网形成的多尺度介质，不同尺度介质中流体流动规律存在较大差异。解吸、扩散、滑移等特殊流动机理导致原有的气体线性流动理论不再适用。此外，体积压裂时滞留在地层的压裂液导致出现气水两相流，进一步增加了其流动规律的复杂性。因此，有必要建立新的理论，解决页岩储层微纳米级基质空间流动和"基质—裂缝"多尺度流动表征的科学问题，掌握页岩气多尺度非线性流动规律。本章在页岩储层基质非线性流动模型研究基础上，建立了页岩气井多尺度耦合非线性流动模型，并进一步建立了考虑流固耦合作用和气水两相流动模型，实现了对页岩气井复杂流动规律的准备表征。

第一节 气体在页岩基质中的非线性流动

一、扩散和滑移作用流动模型

页岩气储层微纳米级孔隙内气体流动过程中，与孔道表面发生剧烈碰撞、扩散作用，同时，由于滑移等现象的存在，不能用传统的达西方程所描述[1-2]。Beskok-Karniadakis 模型给出了在连续介质、滑移、对流和不同分子类型下的渗透率的变化，基于此模型的运动方程为[3-4]：

$$v = -\frac{K_0}{\mu}(1+\alpha Kn)\left(1+\frac{4Kn}{1-bKn}\right)\left(\frac{\mathrm{d}p}{\mathrm{d}x}\right) \quad （3-1）$$

式中　K_0——多孔介质渗透率，mD；

　　　μ——气体黏度，mPa·s；

　　　x——两个流动截面间的距离，m；

　　　α——稀疏因子；

　　　b——滑移系数，通常被指定为 –1。

稀疏因子 α 是唯一的经验参数，由 Beskok-Karniadakis 给出：

$$\alpha = \frac{128}{15\pi^2}\tan^{-1}\left(4Kn^{0.4}\right) \quad (3\text{-}2)$$

在此,引入渗透率校正系数 ζ,定义如下:

$$\zeta = \left(1+\alpha Kn\right)\left(1+\frac{4Kn}{1+Kn}\right) \quad (3\text{-}3)$$

校正系数 ζ 可衡量实际的渗透率(即视渗透率)偏离页岩基质固有渗透率的程度。图 3-1 为渗透率校正系数 ζ 随克努森数 Kn 变化的双对数曲线,可见克努森数越接近于零时,孔壁的影响越小,此时微纳米效应可以忽略。克努森数越大,则流动规律需修正而不能采用线性达西定律。

由图 3-1 可以看出,对连续和滑移流区,克努森数 Kn 小于 0.1。二阶及高阶项可以忽略,用一阶泰勒展开式的前两项来表示 Beskok-Karniadakis 模型中的渗透率校正系数。则

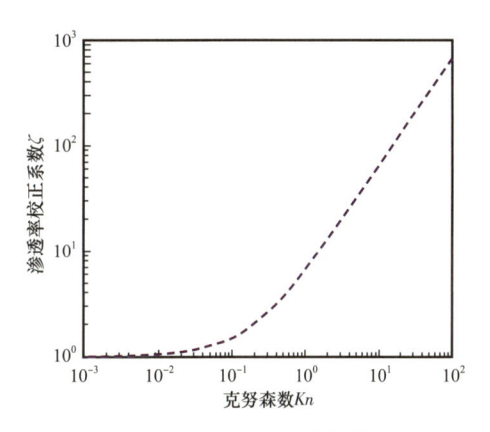

图 3-1 渗透率校正系数随克努森数变化的双对数曲线

$$\alpha \approx \frac{128}{15\pi^2}\left[4Kn^{0.4}-\frac{1}{3}\left(4Kn^{0.4}\right)^3\right] \quad (3\text{-}4)$$

$$\frac{Kn}{1+Kn} \approx Kn\left(1-Kn+Kn^2\right) \quad (3\text{-}5)$$

联立上式,可得:

$$\zeta = 1+4Kn-4Kn^2+\frac{512}{15}\frac{Kn^{1.4}}{\pi^2}-\frac{8192}{45}\frac{Kn^{2.2}}{\pi^2}+\frac{2048}{15}\frac{Kn^{2.4}}{\pi^2}+o\left(Kn^3\right) \quad (3\text{-}6)$$

将渗透率校正系数 ζ 代入运动方程具有很强的非线性特征,求解难度大。因此,对得到的渗透率校正系数进行简化,只取其前两项。

$$\zeta = 1+4Kn \quad (3\text{-}7)$$

引入多项式修正系数 a,即在克努森数 Kn 上乘以一个修正系数 a,对计算公式进行修正,使简化后的二项式在计算中能够保证较高的精度。由此渗透率校正系数为:

$$\zeta = 1+4aKn \quad (3\text{-}8)$$

利用最小二乘法分段拟合方法,与 Beskok-Karniadakis 模型得到的渗透率校正系数进行拟合,得到最为匹配的 a 值。

根据克努森数划分页岩气流动流态:孔喉直径为微米尺度时,克努森数 $Kn<0.001$,流态为连续流;孔喉直径为纳米尺度以内时,克努森数在 $0.001<Kn<0.1$

时，流态为滑移流；克努森数在 $0.1<Kn<10$ 时，流态为过渡流。对不同的流态区域，利用最小二乘法进行分段拟合，可得到三种不同流态下对应的三个不同的 a 值，从而得到近似线性函数。图 3-2 为微纳米级孔隙多孔介质内气体流动模型与 Beskok-Karniadakis 模型的对比图，可以看出，在不同的流动区域，简化模型与 Beskok-Karniadakis 模型之间偏差较小，具有较高计算精度。

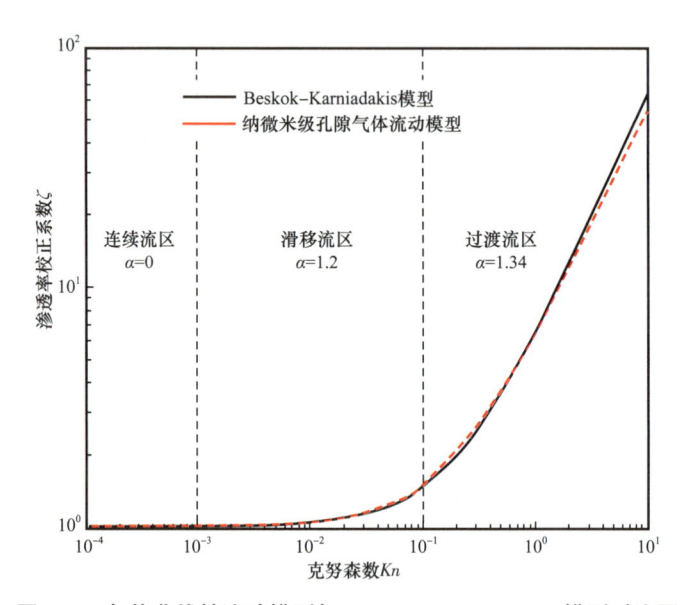

图 3-2 气体非线性流动模型与 Beskok-Karniadakis 模型对比图

二、基质非线性流动模型

1. 非线性流动模型

对于页岩储层微纳米孔隙介质，气体在其中流动时，由于微纳米级多孔介质渗透率极低，气体流动已偏离达西定律，扩散作用对多孔介质内气体流动影响增加。流动速度可通过上述渗透率修正模型进行计算，然而页岩储层内部的 Kn 数测定非常困难，有必要对上述模型再进行修正，使之更便于实际应用。

气体分子平均自由程的表达式由 Guggenheim 给出，克努森扩散系数（D_K）由 Civan 给出，对于理想气体：

$$\lambda = \sqrt{\frac{\pi ZRT}{2M}} \frac{\mu}{p} \quad (3-9)$$

$$D_K = \frac{4r}{3}\sqrt{\frac{2ZRT}{\pi M}} \quad (3-10)$$

式中 R——通用气体常数，J/(mol·K)；

M——气体分子量；

Z——气体压缩因子。

联立式（3-9）与式（3-10），可得：

$$\lambda = \frac{3\pi}{8r}\frac{\mu}{p}D_K \tag{3-11}$$

因此，克努森数可表示为：

$$Kn = \frac{\lambda}{r} = \frac{3\pi}{8r^2}\frac{\mu}{p}D_K \tag{3-12}$$

将（3-12）引入渗透率修正式，即：

$$v = -\frac{K_0(1+4aKn)}{\mu}\left(\frac{\mathrm{d}p}{\mathrm{d}x}\right) = -\frac{K_0}{\mu}\left(1+\frac{3\pi a}{2}\frac{\mu}{r^2}D_K\frac{1}{p}\right)\left(\frac{\mathrm{d}p}{\mathrm{d}x}\right) \tag{3-13}$$

又根据 Kozeny-Carman 方程，有：

$$K_0 = \frac{r^2}{8} \tag{3-14}$$

故可得运动方程为：

$$v = -\frac{K_0}{\mu}\left(1+\frac{3\pi a}{2}\frac{\mu}{r^2}D_K\frac{1}{p}\right)\left(\frac{\mathrm{d}p}{\mathrm{d}x}\right) = -\frac{K_0}{\mu}\left(1+\frac{3\pi a}{16K_0}\frac{\mu D_K}{p}\right)\left(\frac{\mathrm{d}p}{\mathrm{d}x}\right) \tag{3-15}$$

以上就是考虑了扩散、滑移等微纳米效应的页岩气非线性流动方程。下面以单向流动和径向流动为例，说明该运动方程的应用。

1）平面单向稳定流动模型

对于平面单向流动，简化的物理模型如图 3-3 所示。假设：水平圆柱形多孔介质，渗透率为 K_0，一端压力 p_e，另一端为排液道，其压力为 p_w，圆柱长度为 L，横截面积为 A，同时假设气体黏度为 μ，沿 x 方向流动。

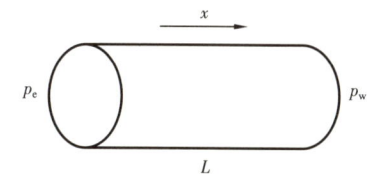

图 3-3 平面单向流模型

气体流动速度：

$$v = -\frac{K_0}{\mu}\left(1+\frac{3\pi a}{16K_0}\frac{\mu D_K}{p}\right)\left(\frac{\mathrm{d}p}{\mathrm{d}x}\right) \tag{3-16}$$

体积流量：

$$q = vA = -\frac{K_0}{\mu}\left(1+\frac{3\pi a}{16K_0}\frac{\mu D_K}{p}\right)\left(\frac{\mathrm{d}p}{\mathrm{d}x}\right)A \tag{3-17}$$

质量流量：

$$q_{\mathrm{m}} = -\frac{K_0}{\mu}\left(1 + \frac{3\pi a}{16K_0}\cdot\frac{\mu D_{\mathrm{K}}}{p}\right)\frac{\mathrm{d}p}{\mathrm{d}x}\cdot A\cdot\rho_{\mathrm{g}} \tag{3-18}$$

其中

$$\rho_{\mathrm{g}} = \frac{T_{\mathrm{sc}}Z_{\mathrm{sc}}\rho_{\mathrm{gsc}}}{p_{\mathrm{sc}}}\cdot\frac{p}{TZ} \tag{3-19}$$

式中 T_{sc}——标准状态下温度，K；
Z_{sc}——标准状态下气体压缩因子；
ρ_{gsc}——标准状态下气体密度，kg/m³；
p_{sc}——标准压强，MPa。

则

$$q_{\mathrm{m}} = -\frac{K_0}{\mu}\left(1 + \frac{3\pi a}{16K_0}\cdot\frac{\mu D_{\mathrm{K}}}{p}\right)\frac{\mathrm{d}p}{\mathrm{d}x}\cdot A\cdot\frac{T_{\mathrm{sc}}Z_{\mathrm{sc}}\rho_{\mathrm{gsc}}}{p_{\mathrm{sc}}}\cdot\frac{p}{TZ} \tag{3-20}$$

将式（3-20）积分得：

$$q_{\mathrm{m}} = \frac{K_0}{\mu L}\cdot A\cdot\frac{T_{\mathrm{sc}}Z_{\mathrm{sc}}\rho_{\mathrm{gsc}}}{p_{\mathrm{sc}}TZ}\left[\frac{p_{\mathrm{e}}^2 - p_{\mathrm{w}}^2}{2} + \frac{3\pi a\mu D_{\mathrm{K}}}{16K_0}(p_{\mathrm{e}} - p_{\mathrm{w}})\right] \tag{3-21}$$

由此得出在标准状态下的体积流量为：

$$q_{\mathrm{sc}} = \frac{K_0}{\mu L}\cdot A\cdot\frac{T_{\mathrm{sc}}Z_{\mathrm{sc}}}{p_{\mathrm{sc}}TZ}\left[\frac{p_{\mathrm{e}}^2 - p_{\mathrm{w}}^2}{2} + \frac{3\pi a\mu D_{\mathrm{K}}}{16K_0}(p_{\mathrm{e}} - p_{\mathrm{w}})\right] \tag{3-22}$$

2）平面径向稳定流动模型

对于平面径向流动，渗流面积 A 为：

$$A = 2\pi rh \tag{3-23}$$

联立式（3-18）可得柱坐标下的气体质量流量为：

$$q_{\mathrm{m}} = \frac{K_0}{\mu}\left(1 + \frac{3\pi a}{16K_0}\cdot\frac{\mu D_{\mathrm{K}}}{p}\right)\frac{\mathrm{d}p}{\mathrm{d}r}\cdot 2\pi rh\cdot\rho_{\mathrm{g}} \tag{3-24}$$

即

$$q_{\mathrm{m}} = \frac{K_0}{\mu}\left(1 + \frac{3\pi a}{16K_0}\cdot\frac{\mu D_{\mathrm{K}}}{p}\right)\frac{\mathrm{d}p}{\mathrm{d}r}\cdot 2\pi rh\cdot\frac{T_{\mathrm{sc}}Z_{\mathrm{sc}}\rho_{\mathrm{gsc}}}{p_{\mathrm{sc}}}\cdot\frac{p}{TZ} \tag{3-25}$$

引入拟压力函数

$$m = 2\int_{p_{\mathrm{e}}}^{p}\left(1 + \frac{3\pi a}{16K_0}\cdot\frac{\mu D_{\mathrm{K}}}{p}\right)\frac{p}{\mu(p)Z(p)}\mathrm{d}p \tag{3-26}$$

可得

$$q_{\mathrm{m}} = \frac{\pi K_0 h Z_{\mathrm{sc}} T_{\mathrm{sc}} \rho_{\mathrm{gsc}}}{p_{\mathrm{sc}} T} r \frac{\mathrm{d}m}{\mathrm{d}r} \tag{3-27}$$

分离变量后进行积分,得出气体的质量流量表达式,即:

$$q_{\mathrm{m}} = \frac{\pi K_0 h Z_{\mathrm{sc}} T_{\mathrm{sc}} \rho_{\mathrm{gsc}} (m_{\mathrm{e}} - m_{\mathrm{w}})}{p_{\mathrm{sc}} T \ln \frac{r_{\mathrm{e}}}{r_{\mathrm{w}}}} \tag{3-28}$$

整理可得气体的体积流量为:

$$q_{\mathrm{sc}} = \frac{2\pi K_0 h Z_{\mathrm{sc}} T_{\mathrm{sc}}}{p_{\mathrm{sc}} T \overline{\mu Z} \ln \frac{r_{\mathrm{e}}}{r_{\mathrm{w}}}} \left[\frac{p_{\mathrm{e}}^2 - p_{\mathrm{w}}^2}{2} + \frac{3\pi a \mu D_{\mathrm{K}}}{16 K_0} (p_{\mathrm{e}} - p_{\mathrm{w}}) \right] \tag{3-29}$$

式中 K_0——绝对渗透率,m^2;

h——多孔介质厚度,m;

D_{K}——克努森扩散系数,m^2/s;

r_{e}——供给半径,m;

r_{w}——介质中心气井半径,m;

p_{e}——一端压力,MPa;

p_{w}——另一端排液道压力,MPa。

2. 非线性流动模型与实验对比

1) 实验分析

图 3-4 为通过流动实验得到的岩心流动规律曲线,由图可以看出,流体流动具有非达西流动特征。对同一块岩心,流动流量随压差的增加而增加;在相同压差下,流动流量随渗透率的增加而增加。

2) 模型对比

图 3-5 是微观流动模拟实验所测得的数据点,并采用非线性气体流动模型计算所得气体流动速度和压力平方差,将实验数据和计算模拟结果对比,由图可以看出,实验数据与模型计算结果拟合得很好,可用于工程实际。

根据推导出的考虑解吸的非线性流动模型,利用国内某致密页岩气藏参数进行计算模拟。

由图 3-6 可以看出,渗透率校正系数随着孔喉半径的增大而减小,地层压力越小,渗透率校正系数越大。当孔喉半径为 1nm,地层压力为 5MPa 时,渗透率校正系数达到 6,达西定律偏离较大;当孔喉半径大于 100nm 时渗透率变化不大;当孔喉半径在 1nm 到 100nm 范围内,渗透率校正系数变化较大。所以对于微纳米孔隙储层,其流动规律远远偏离达西流动。

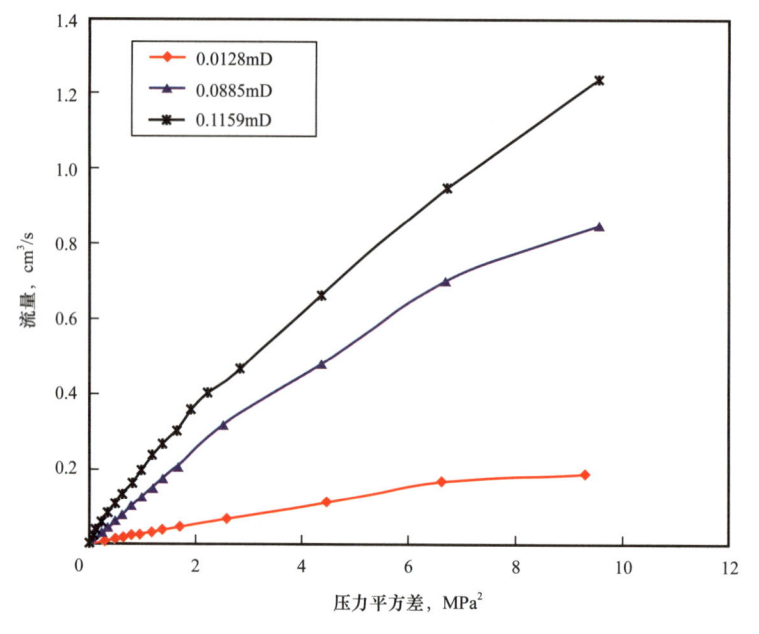

图 3-4　气体流量与压力平方差的关系

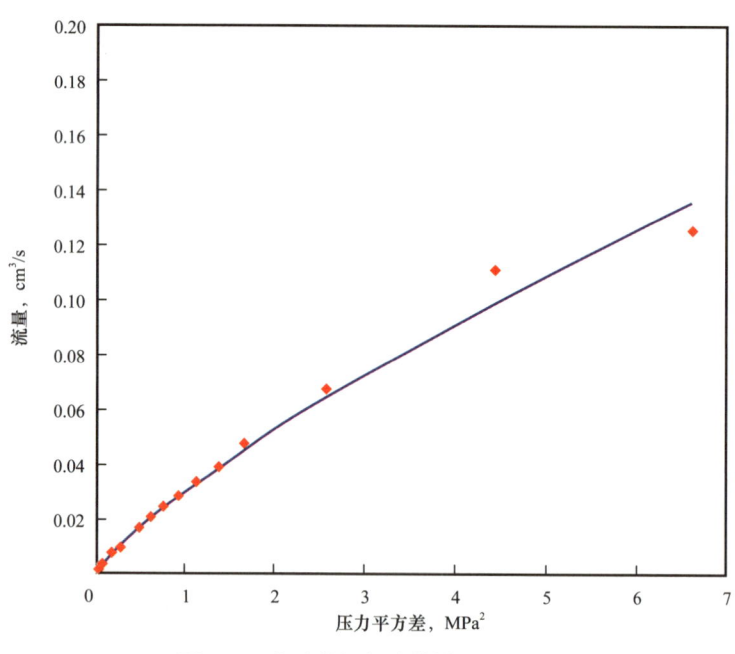

图 3-5　实验数据与计算模型对比图

图 3-7 为不同基质渗透率下气体流量随生产压差的变化。由图可以看出，基质渗透率在 10^{-3}mD 至 10^{-2}mD 时，产气量变化较大。当基质渗透率在 10^{-4}mD 至 10^{-3}mD 时，产气量变化较小。结果表明，在不同孔隙尺度范围内，页岩气流动规律及产气量有很大差异。

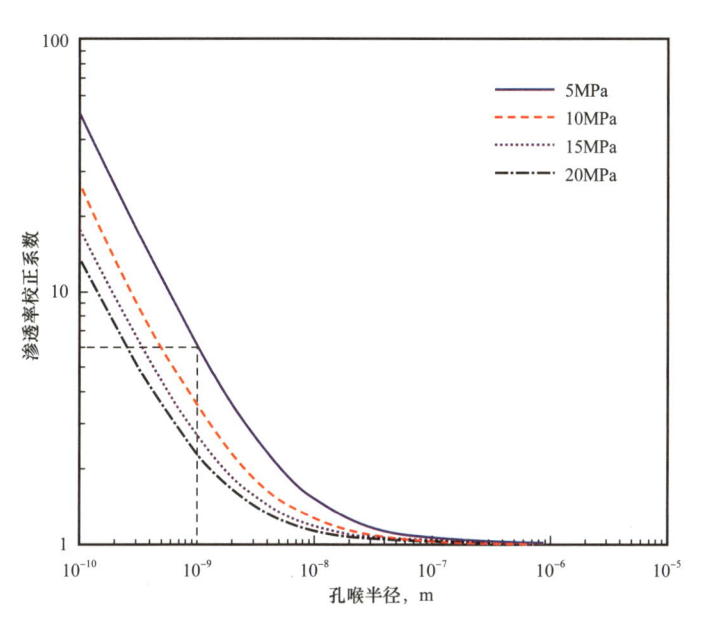

图 3-6　不同压力条件下渗透率校正系数随孔喉半径的变化

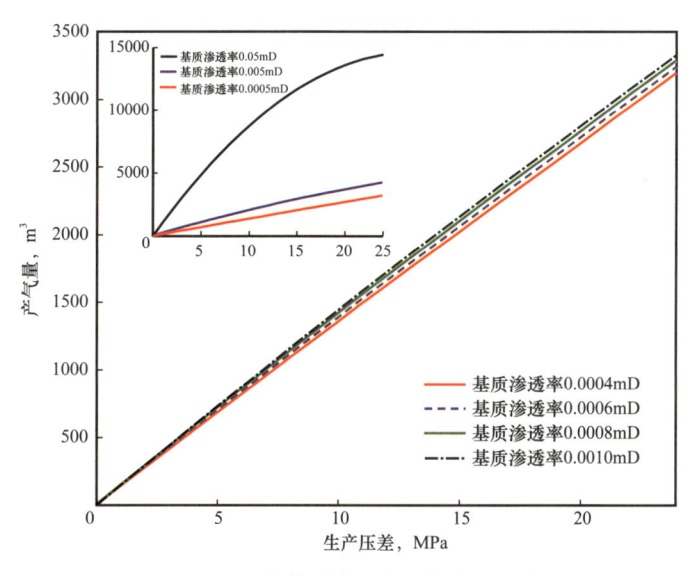

图 3-7　不同尺度基质渗透率对气体流量的影响

第二节　基质—裂缝耦合多尺度流动模型

基于页岩气储层基质非线性流动模型，考虑基质—裂缝流动空间耦合，建立了稳定/不稳定流动条件下流动方程并求解，提出了页岩气井井底压力和产量的计算方法，并进行影响因素分析。

一、多级压裂水平井稳态流动模型

1. 模型假设

模型假设条件为：

（1）储层为上下封闭且无限大均质地层；

（2）页岩储层和压裂缝内流体均为单相微可压缩流体，流动过程不考虑重力作用，为等温稳定流动；

（3）储层内流体首先沿压裂缝壁面均匀地流入压裂裂缝，再流入水平井井筒；

（4）成簇裂缝是垂直于水平井筒的横向裂缝并与井眼对称；

（5）水平井井筒为套管完井，仅依赖于射孔孔眼或裂缝生产。

当水平井压裂裂缝为横向裂缝时，它的流动可剖分为垂直平面内沿成簇裂缝的流动（Ⅱ主改造区）、垂直平面的缝网区域内的椭圆流动（Ⅱ次改造区）和水平面内的地层向缝网区域的径向流动（Ⅰ区）[5-8]。如图3-8所示。

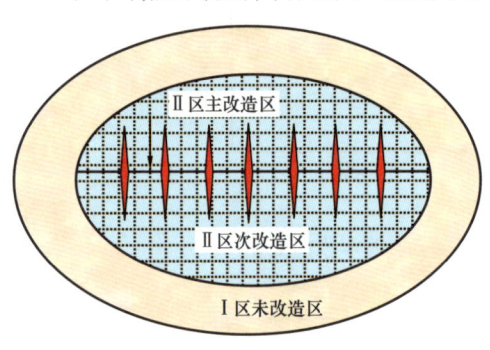

图3-8 水平井压裂模型示意图[9]

2. 模型的建立

1）Ⅱ区主改造区簇状缝流动流场

Ⅱ区内流动阻力可表示为：

$$R_1 = \frac{1}{K_f w_f h \xi} \cdot \frac{e^{\pi \xi}+1}{e^{\pi \xi}-1} \quad (3-30)$$

其中

$$\xi = \sqrt{2000 K_0 \left(K_f w_f \ln \frac{2R_e}{x_f} \right)^{-1}} \quad (3-31)$$

式中 K_f——裂缝渗透率，mD；

w_f——裂缝宽度，m；

h——地层厚度，m；

x_f——裂缝半长，m；

R_e——泄流半径，m。

Ⅱ区的流量公式可表示为：

$$q_1 = \frac{p_{m1}^2 - p_w^2}{R_1} \quad (3-32)$$

式中 p_{m1}——主改造区外边界压力，MPa。

Ⅰ区压力分布公式为：

$$p_1 = \sqrt{p_{m1}^2 - \mu\xi\frac{e^{\pi\xi}-1}{e^{\pi\xi}+1}\left(p_{m1}^2 - p_w^2\right)(x_f - x)} \qquad (3-33)$$

2）Ⅱ区次改造区压裂缝网流动流场

水平井采气时，其形成的控制区域形状为二维椭圆状，即以压裂缝的两端端点为椭圆焦点的椭圆，其直角坐标和椭圆坐标的关系为：焦距 $c=x_f$，椭圆的长半轴 $a = x_f \text{ch}\zeta$，短半轴为 $b = x_f \text{sh}\zeta$。

若椭圆区的近似半径 R_e 已知，则 $R_e^2 = ab$，Ⅱ区流动阻力可表示为：

$$R_2 = \frac{p_{sc}T\overline{\mu Z}}{4\pi K_N h Z_{sc} T_{sc}} \ln\frac{2R_e^2 + \sqrt{4R_e^4 + x_f^4}}{x_f^2} \qquad (3-34)$$

因此，Ⅱ区的流量公式可表示为：

$$q_2 = \frac{p_{m2}^2 - p_{m1}^2}{\dfrac{p_{sc}T\overline{\mu Z}}{4\pi K_N h Z_{sc} T_{sc}} \ln\dfrac{2R_e^2 + \sqrt{4R_e^4 + x_f^4}}{x_f^2}} \qquad (3-35)$$

式中 K_N——缝网区域渗透率，mD；

p_{m2}——次改造区外边界处压力，MPa。

Ⅱ区压力分布公式为：

$$p_2 = \sqrt{p_{m2}^2 - \frac{p_{m2}^2 - p_{m1}^2}{\dfrac{1}{2}\ln\dfrac{2R_e^2 + \sqrt{4R_e^4 + x_f^4}}{x_f^2}} \ln\frac{2R_e^2 + \sqrt{4R_e^4 + r^4}}{r^2}} \qquad (3-36)$$

3）Ⅰ区未改造区基质流动流场

Ⅰ区内的流动为远离椭圆缝网区域的流体流向次改造区的径向流。

Ⅰ区的体积流量方程为：

$$q = \frac{2\pi K_0 h Z_{sc} T_{sc}}{p_{sc} T \overline{\mu Z} \ln\dfrac{r_e}{\sqrt{ab}}} \left[\frac{p_e^2 - p_{m2}^2}{2} + \frac{3\pi \mu a D_K}{16 K_0}(p_e - p_{m2})\right] \qquad (3-37)$$

则Ⅰ区的流动阻力为：

$$R_3 = \frac{p_{sc}T\overline{\mu Z}\ln\dfrac{r_e}{\sqrt{ab}}}{2\pi K_0 h Z_{sc} T_{sc}} \qquad (3-38)$$

压力分布公式为：

$$p = -\frac{3\pi\mu D_{\mathrm{K}}}{16K_{\mathrm{m}}} + \sqrt{\left(\frac{3\pi\mu a D_{\mathrm{K}}}{16K_{\mathrm{m}}}\right)^2 - 2\left[\frac{\dfrac{p_{\mathrm{e}}^2 - p_{\mathrm{m2}}^2}{2} + \dfrac{3\pi\mu a D_{\mathrm{K}}}{16K_{\mathrm{m}}}(p_{\mathrm{e}} - p_{\mathrm{m2}})}{\ln\dfrac{r_{\mathrm{e}}}{R_{\mathrm{e}}}}\ln\dfrac{r_{\mathrm{e}}}{r} - \dfrac{p_{\mathrm{e}}^2}{2} - \dfrac{3\pi\mu a D_{\mathrm{K}}}{16K_{\mathrm{m}}}p_{\mathrm{e}}\right]}$$

(3–39)

其中基质解吸的流量为：

$$q_{\mathrm{m}} = \pi(r_{\mathrm{e}}^2 - r_{\mathrm{w}}^2)h\rho_{\mathrm{c}}\left(V_{\mathrm{m}}\frac{p_{\mathrm{e}}}{p_{\mathrm{L}} + p_{\mathrm{e}}} - V_{\mathrm{m}}\frac{\bar{p}}{p_{\mathrm{L}} + \bar{p}}\right) - \pi(r_{\mathrm{e}}^2 - r_{\mathrm{w}}^2)h\phi_{\mathrm{m}} \quad (3\text{–}40)$$

根据等值流动阻力法，两区流场串联供气，这时 $q_1 = q_2 = q_3 + q_d = q$
联立两区流动方程：

$$\begin{cases} q = \dfrac{p_{\mathrm{m1}}^2 - p_{\mathrm{w}}^2}{R_1} \\ q = \dfrac{p_{\mathrm{m2}}^2 - p_{\mathrm{m1}}^2}{R_2} \\ q = \dfrac{1}{R_3}\left[\dfrac{p_{\mathrm{e}}^2 - p_{\mathrm{m2}}^2}{2} + \dfrac{3\pi\mu a D_{\mathrm{K}}}{16K_0}(p_{\mathrm{e}} - p_{\mathrm{m2}})\right] + q_{\mathrm{m}} \end{cases} \quad (3\text{–}41)$$

求解得出压裂水平井产能模型方程：

$$q = \frac{p_{\mathrm{e}}^2 - p_{\mathrm{w}}^2}{R_1 + R_2 + CR_3} \quad (3\text{–}42)$$

其中

$$C = \frac{p_{\mathrm{e}}^2 - p_{\mathrm{m2}}^2}{\dfrac{p_{\mathrm{e}}^2 - p_{\mathrm{m2}}^2}{2} + \dfrac{3\pi\mu D_{\mathrm{K}}}{16K_0}(p_{\mathrm{e}} - p_{\mathrm{m2}}) + \dfrac{b}{4}\left(\dfrac{3\pi\mu D_{\mathrm{K}}}{16K_0}\right)^2\ln\dfrac{p_{\mathrm{e}}}{p_{\mathrm{m2}}} + R_3 q_{\mathrm{m}}} \quad (3\text{–}43)$$

4）水平井筒区

页岩气开采采用多级分段压裂，水平井内流体径向流量沿井筒分布不均匀，从趾端到根端流体径向流量逐渐增加，即沿井筒方向存在压降变化。因此必须对井筒内流体流动与气藏流动进行耦合，研究水平井生产动态。

气体在水平井筒流动时，首先干扰了管壁边界层，进而改变由速度分布决定的壁面摩擦阻力，会产生摩擦压降；其次，由于气藏的径向流入，干扰了井筒主流的正常流动，成簇压裂缝网区上下游两端的流速发生改变，动量也发生改变，产生加速度压降。径向流入量与井筒压力相互影响，因此需要耦合求解。本书按照水平井压裂级数将水平井分为 j 段，每段为一个独立的椭圆流动区（图3-9），每段满足动量守恒方程：

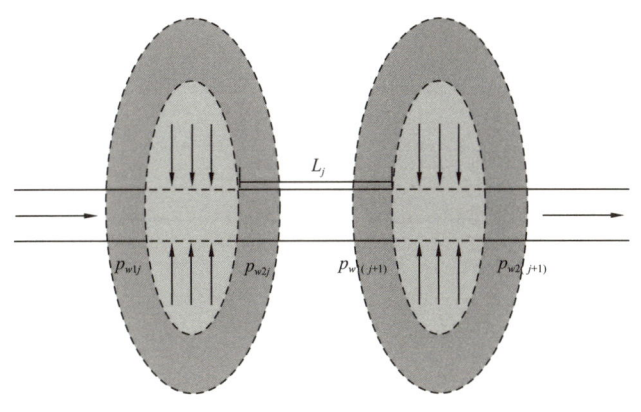

图 3-9 物理模型

$$Ap_w(L) - Ap_w(L+\mathrm{d}L) = 2\pi r\tau \mathrm{d}L + \mathrm{d}(mv) \quad (3-44)$$

其中

$$\tau = \frac{1}{2}f\rho_g \bar{v}^2 = \frac{1}{2}f\frac{\rho_{gsc}}{\rho_g}\left[\frac{Q_{scj}+Q_{sc(j+1)}}{2A}\right]^2 \quad (3-45)$$

式中 A——水平井筒截面积，m^2；

$p_w(L)$——水平井筒中距离跟端为 L 处的井底压力，MPa；

m——流体质量，kg；

v——流体速度，m/s；

f——摩擦系数；

ρ_g——气体密度，kg/m^3；

$\bar{v}$——段内流体平均速率，m/s；

ρ_{gsc}——地面条件下的气体密度，kg/m^3；

Q_{scj}——第 j 簇的气体质量流量，kg/s。

（1）摩擦压降。

沿水平井筒流动的流体与壁面摩擦引起的压力损失，从第 j 簇裂缝到第 $j+1$ 簇裂缝摩擦压降为：

$$p_{wf2j} - p_{wf1(j+1)} = 2\tau\Delta L_j / r \quad (3-46)$$

天然气密度：

$$\rho_g = \frac{T_{sc}Z_{sc}\rho_{gsc}}{p_{sc}}\frac{p_w}{TZ} \quad (3-47)$$

水平井水平段不同流态对应摩擦压降计算式，判断流态的计算标准为雷诺数 $Re=\rho_g v_g d/\mu_g$，其中，d 为特征长度，单位 m，这里等于水平井筒的直径。

① $Re \leqslant 2300$ 时，水平井内气体流动为层流：

$$f = \frac{64}{Re} \tag{3-48}$$

② $Re \geqslant 4000$ 时，水平井内气体流动为紊流：

$$f = \begin{cases} 0.3164/\sqrt[4]{Re} & （光滑管壁） \\ \left[1.14 - 2\lg\left(\varepsilon/d + 21.25Re^{-0.9}\right)\right]^{-2} & （粗糙管壁） \end{cases} \tag{3-49}$$

③ $2300 < Re < 4000$ 时，水平井内气体流动为过渡流：摩擦系数可以在层流和紊流之间进行线性差分法求得。

当 $\Delta L \rightarrow 0$ 时，微元段内的平均流量可用 L 处的界面流量来近似替代：

$$p_{w1(j+1)}^2 - p_{w2j}^2 = \frac{2}{\pi^2 r_w^5} \frac{p_{sc} \rho_{gsc} TZ}{T_{sc} Z_{sc}} f Q_{scj}^2 \Delta L_j \quad (j = 1, 2, 3, \cdots, N-1) \tag{3-50}$$

式中，第 j 段井筒内气体的流量 Q_{scj} 为：

$$Q_{scj} = \begin{cases} Q_{scj-1} + q_{scj} & (j \neq 1) \\ q_{sc1} & (j = 1) \end{cases} \tag{3-51}$$

（2）加速度压降。

压裂缝网区，流体由射孔段流入井筒。第 j 簇裂缝左端入口速度和右边入口速度分别为 v_{1j} 和 v_{2j}，入口压力和出口压力分别为 p_{1j} 和 p_{2j}，入口流量和出口流量分别为 $Q_{sc(j-1)}$ 和 Q_{scj}，单位长度产气量为 q_{scj}/L。

则压裂区由于摩擦和加速度引起的井筒压降为：

$$p_{w2j}^2 - p_{w1j}^2 = \frac{2}{\pi^2 r_w^5} \frac{p_{sc} \rho_{gsc} TZ}{T_{sc} Z_{sc}} f Q_{sc(j-1)}^2 \Delta 2b_{fj} + \frac{2}{\pi^2 r_w^4} \frac{p_{sc} \rho_{gsc} TZ}{T_{sc} Z_{sc}} Q_{sc(j-1)} q_{scj} \quad (j = 2, 3, \cdots, N) \tag{3-52}$$

水平井筒趾端无汇流现象，因此不会产生加速度压降，即：
当 $j=1$ 时，$p_{w11} = p_{w21}$。
对于水平管流，由于重力产生的压力降可以忽略。
已知水平井井筒内摩擦阻力压降公式、加速度压降公式和页岩气产能模型，对于水平井第 j 段：

$$p_{wj} = 0.5\left(p_{w1j} + p_{w2j}\right) \quad (j = 2, 3, \cdots, N) \tag{3-53}$$

联立上述流动场即可得到页岩储层多级压裂水平井流动与井筒流动耦合模型。

3. 缝网形态表征

为了更为精确地描述压裂后形成的复杂裂缝网络，分别针对网状缝、羽状缝、簇状缝和树状缝四种不同的缝网形态建立了等效渗透率模型。

1）网状裂缝网络渗透率模型

网状裂缝网络如图 3-10 和图 3-11 所示，一组压裂裂缝竖直方向渗透率由串联模型计算可得：

$$K_{\mathrm{mf}j} = \frac{\sum_{i=1}^{n}(X_{\mathrm{m}i} + W_{\mathrm{mf}i})}{\sum_{i=1}^{n}\left(\dfrac{W_{\mathrm{mf}i}}{K_{\mathrm{mf}i}} + \dfrac{X_{\mathrm{m}i}}{K_{\mathrm{m}}}\right)} \qquad (3\text{-}54)$$

式中　K_{mf}——次级裂缝渗透率，mD；

K_{m}——基质渗透率，mD；

W_{mf}——次级裂缝开度，m；

X_{m}——次级裂缝间距，m。

其中裂缝的绝对渗透率：

$$K_{\mathrm{mf}i} = \frac{W_{\mathrm{mf}i}^{2}}{12}$$

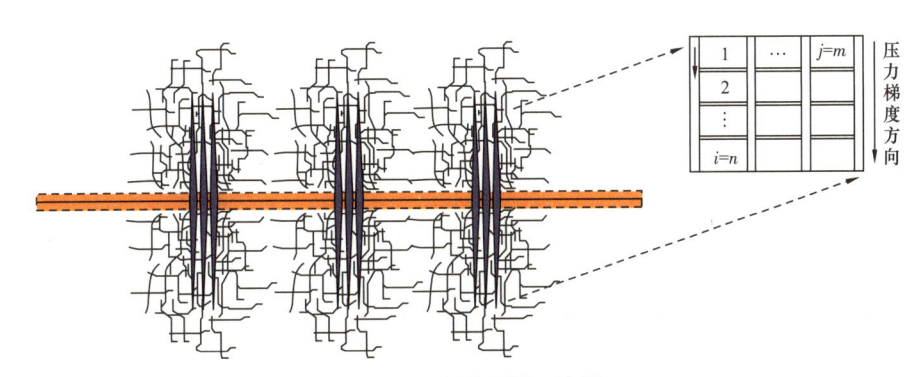

图 3-10　网状裂缝示意图

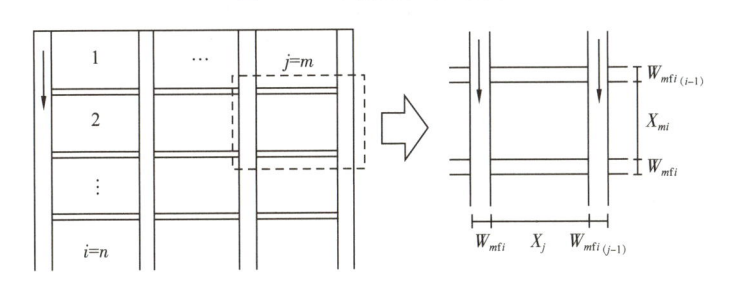

图 3-11　网状裂缝示意图

对于一组平行压裂裂缝，其渗透率为：

$$K_{\mathrm{f}j} = \frac{W_{\mathrm{f}1}^{3} + W_{\mathrm{f}2}^{3} + \cdots + W_{\mathrm{f}j}^{3}}{12(W_{1} + W_{2} + \cdots + W_{j})} \qquad (3\text{-}55)$$

式中　K_f——主裂缝渗透率，mD；

　　　W_f——主裂缝开度，m。

基质—网状裂缝系统为双重介质，所以一组裂缝渗透率 K_{fn} 可以表示为：

$$K_{fn} = f_{mf}K_{mf} + f_f K_f \tag{3-56}$$

其中

$$f_f = \frac{W_{mi}}{W_{mi} + X_{mi}}$$

$$f_{mf} = \frac{X_{mfi}}{W_{mfi} + X_{mfi}}$$

式中　K_{fn}——缝网渗透率，mD；

　　　f_f——缝网复杂程度。

2）簇状裂缝网络渗透率模型

簇状裂缝网络如图 3-12 所示，假设簇状裂缝模型包含两组相交的同一方向、间距、开度的裂缝组，裂缝渗透率模型为：

$$K_f = \frac{W_1^3 \cos^2\gamma_1 + W_2^3 \cos^2\gamma_2 + \cdots + W_3^3 \cos^2\gamma_3}{12(W_1 + W_2 + \cdots + W_1)} \tag{3-57}$$

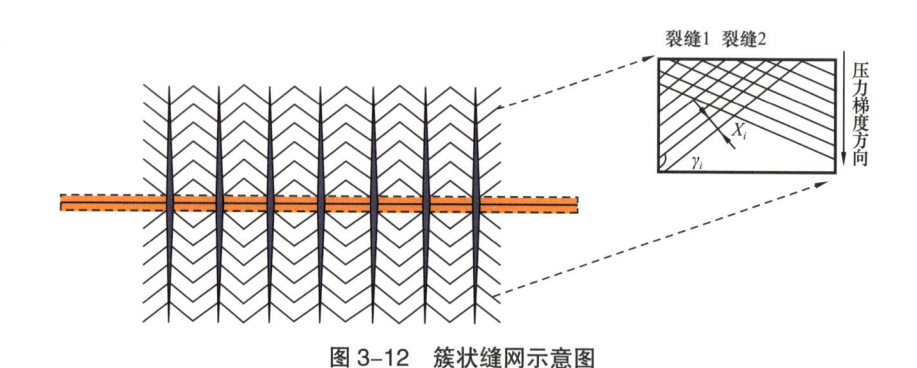

图 3-12　簇状缝网示意图

同理可得，基质—裂缝系统整体渗透率为：

$$K_{fn} = \sum_{i=1}^{n} \frac{W_i^3 \cos^2\gamma_i}{12(W_i + X_i)} + \sum_{i=1}^{n} \frac{X_i}{W_i + X_i} K_m \tag{3-58}$$

式中　K_m——基质渗透率，mD；

　　　W_i——第 i 簇裂缝的开度，m；

　　　X_i——第 i 簇裂缝与第 $i-1$ 簇裂缝间的间距，m；

　　　γ_i——第 i 簇裂缝的方向与压力梯度方向所成的角度，(°)。

3）羽状裂缝网络渗透率模型

羽状裂缝网络如图 3-13 所示，假设网状裂缝模型包含一系列同一方向、间距、开度的裂缝组，将流体在单条裂缝中的流动简化为光滑平行板之间的流动，进而建立一组平行裂缝的渗透率模型。

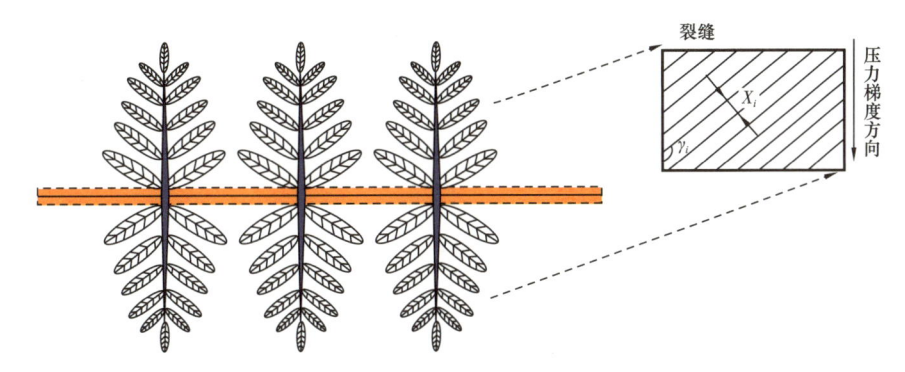

图 3-13 羽毛状缝网示意图

分支微裂缝渗透率为：

$$K_{mf} = \frac{W_1^3 \cos^2 \gamma_1 + W_2^3 \cos^2 \gamma_2 + \cdots + W_3^3 \cos^2 \gamma_3}{12(W_1 + W_2 + \cdots + W_1)} \quad (3-59)$$

同理可得，次级裂缝基质—裂缝系统整体渗透率 K_{mfn} 和主干叶状缝基质—裂缝系统整体渗透率 K_{fn} 分别为：

$$K_{mfn} = \sum_{i=1}^{n} \frac{W_{mi}^3 \cos^2 \gamma_{mi}}{12(W_{mi} + X_m)} + \sum_{i=1}^{n} \frac{X_{mi}}{W_{mi} + X_{mi}} K_m \quad (3-60)$$

$$K_{fn} = \sum_{j=1}^{m} \frac{W_j}{W_j + X_j} K_{mfn} \cos^2 \gamma_j + \sum_{j=1}^{m} \frac{X_j}{W_j + X_j} K_n \quad (3-61)$$

式中 X_{mi}，X_j——次级裂缝基质—裂缝系统和主干叶状缝基质—裂缝系统各系列裂缝的平均间距，m；

γ_{mi}，γ_j——次级裂缝基质—裂缝系和主干叶状缝基质—裂缝系统中裂缝方向与压力梯度方向所形成的角度，(°)。

4）树状缝分形渗透率

研究表明具有多重尺度并且分布不均匀的各向异性多孔介质与树状分叉网络十分类似，而且通过构造理论可以在各向异性多孔介质中得到树状分叉网络。本节将试图运用树状分叉网络嵌入各向同性多孔介质中形成的双重介质模型来计算各向异性多孔介质的有效渗透率。

树状缝网如图 3-14 所示，假设流体在裂缝内的流动满足 Hagen-Poiseuille 方程 Darcy 定律，则树状分叉网络的局域渗透率以及有效渗透率[7]为：

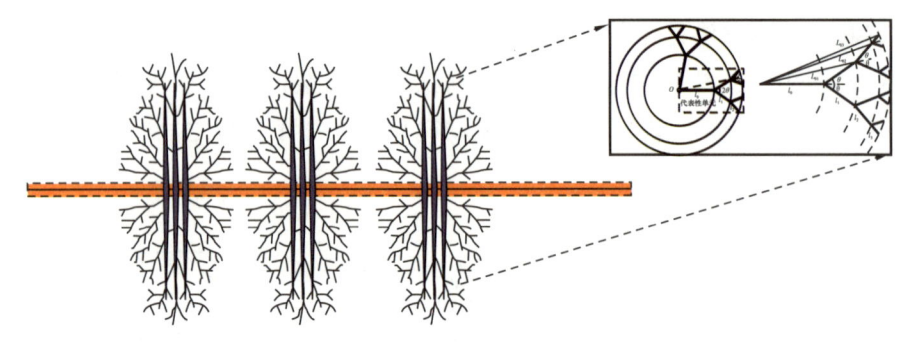

图 3-14 树状缝网示意图

$$K_\mathrm{f} = \frac{Dd_{\max}^{3+D_\tau}\ln\frac{r_c}{r_w}}{256h(3+D_\tau-D)l_0^{D_\tau}}\frac{1-\gamma}{1-\gamma^{m+1}} \qquad (3\text{-}62)$$

其中

$$\gamma = \frac{\alpha^{D_\tau}}{n\beta^{3+D_\tau}}$$

基质—树状裂缝系统为双重介质，则基质—裂缝体积压裂改造区渗透率示为：

$$K_{\mathrm{f}n} = f_\mathrm{m}K_\mathrm{m} + f_\mathrm{f}K_\mathrm{f} \qquad (3\text{-}63)$$

其中

$$f_\mathrm{f} = \frac{V_\mathrm{f}}{V}$$

$$f_\mathrm{m} = 1 - f_\mathrm{f}$$

$$V_\mathrm{f} = \frac{\pi D l_0^{D_\tau} d_0^{3-D_\tau}}{4(3-D_\tau-D)}\frac{1-(n\alpha^{D_\tau}\beta^{3-D_\tau})^{m+1}}{1-n\alpha^{D_\tau}\beta^{3-D_\tau}}\left[1-\left(\frac{d_{\min}}{d_{\max}}\right)^{3-D_\tau-D}\right] \qquad (3\text{-}64)$$

式中 α——长度比；

β——相邻两级分叉裂缝直径之比；

n——裂缝分叉个数；

D——裂缝分形维数；

D_τ——迂曲度维数；

h——储层厚度，m；

l_0——初级裂缝长度，m；

d——测量裂缝尺度，m；

r_c——压裂范围半径，m；

r_w——井筒半径，m；

V——体积压裂改造区体积，m^3。

4. 影响因素分析

结合前面推导的产能模型和缝网模型，计算得到了不同缝网形态对产能的影响。

图 3-15 为不同裂缝形态对产气量的影响。在相同缝网压裂面积条件下，压裂网状缝初期产气量最高，簇状缝次之，与树状缝接近，羽状缝最低；不同压裂缝网形态对页岩气初期产能影响较大，后期影响逐渐减小。

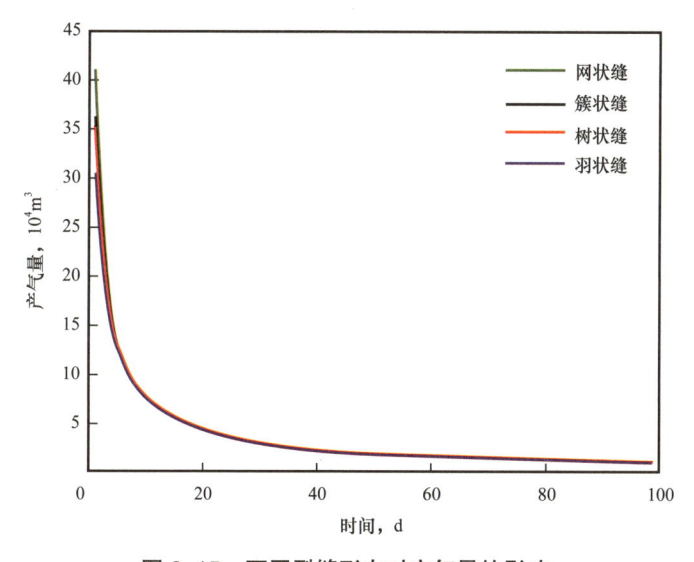

图 3-15 不同裂缝形态对产气量的影响

为了进一步明确缝网形态对产气量的影响，下面针对不同缝网类型开展了影响因素分析。

1）网状缝网产气特征

图 3-16 为不同网状裂缝间距下产气量随裂缝开度变化曲线。由图可见，随着裂缝开度的增加，产气量逐渐增大，当裂缝开度大于 300μm，产气量增加幅度减缓，由此可对裂缝开度进行优化，最优缝宽为 300μm。裂缝间距越小产气量越高，但是对工艺要求也越高，可综合对裂缝间距进行优化。

图 3-17 为不同压裂缝网形态下产气量随裂缝开度变化曲线。由图可以看出，随着裂缝开度的增大，簇状缝对压裂缝开度的敏感性最大，羽状缝次之，网状缝最弱；随着裂缝开度的增大，产气量增大幅度逐渐减小，且网状缝的产气量随裂缝开度增大逐渐增大，簇状缝次之，羽状缝最小。

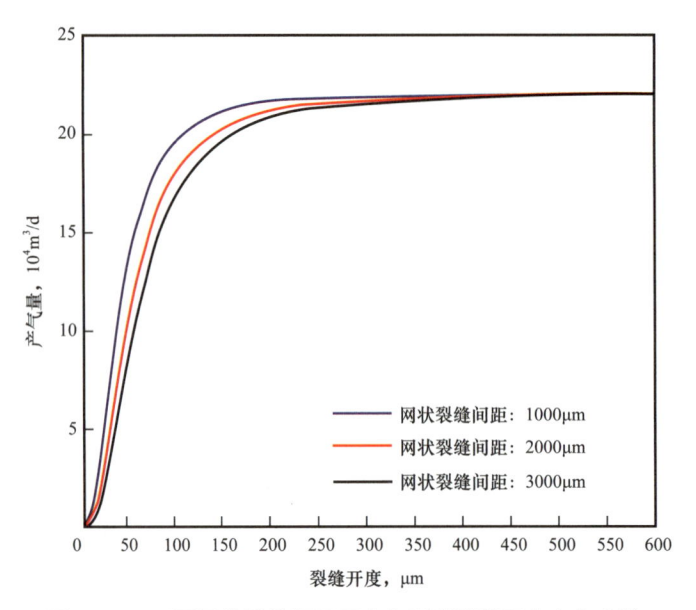

图 3-16　不同网状裂缝间距下产气量随裂缝开度变化曲线

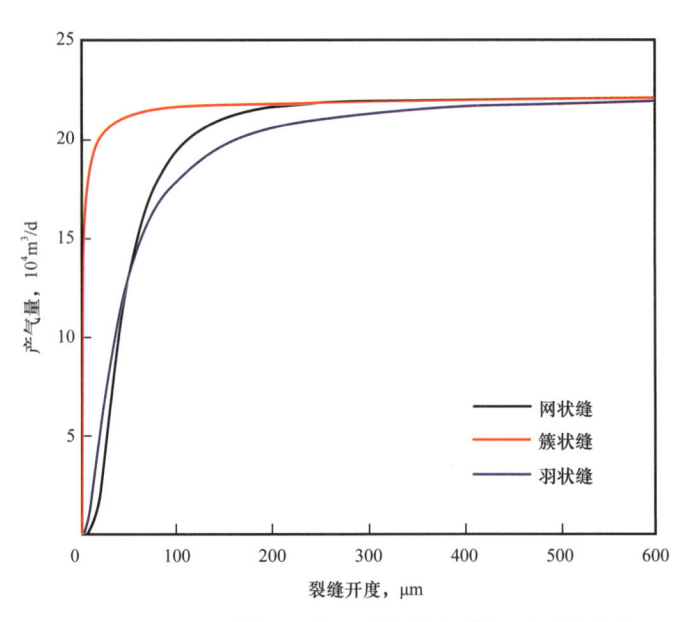

图 3-17　不同压裂缝网形态下产气量随裂缝开度变化曲线

2）簇状缝网产气特征

图 3-18 为不同裂缝间距条件下产气量随簇状裂缝开度变化曲线。产气量随裂缝开度和裂缝间距的变化规律与羽状缝变化规律相似，裂缝间距越大，最优裂缝开度越大。

3）羽状缝网产气特征

图 3-19 为不同裂缝间距条件下产气量随羽状裂缝开度变化曲线。产气量随裂缝

间距的增大而减小；随裂缝开度的增大而增大，当裂缝开度增大到一定值时，产气量增大幅度减缓。因此需合理控制裂缝开度与裂缝间距的比值，对裂缝间距和裂缝开度进行综合优化。

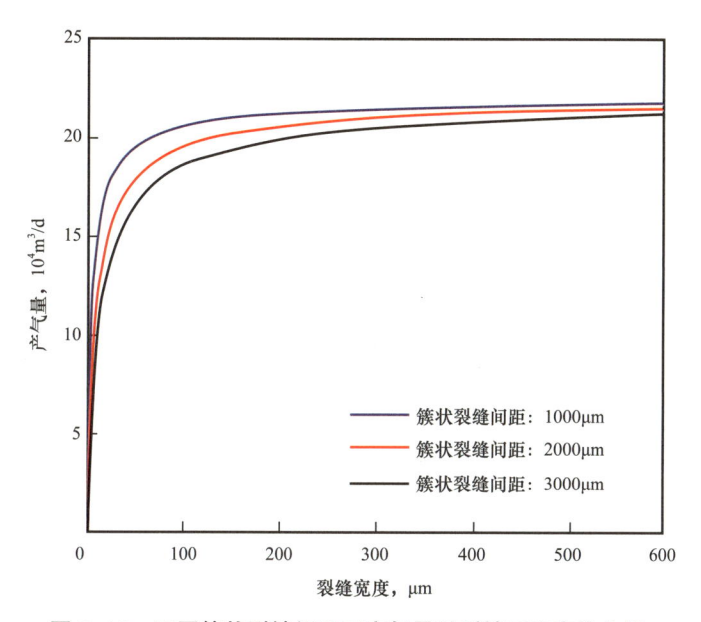

图 3-18　不同簇状裂缝间距下产气量随裂缝开度变化曲线

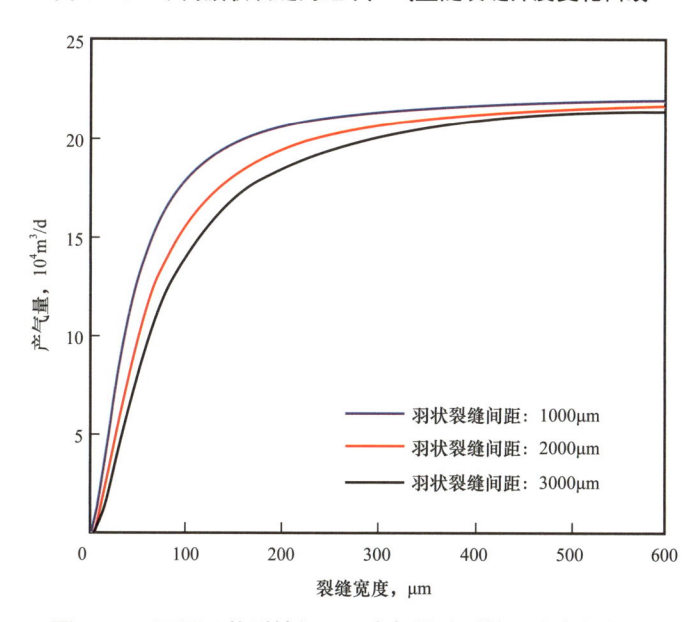

图 3-19　不同羽状裂缝间距下产气量随裂缝开度变化曲线

4）树状缝网产气特征

图 3-20 为初始裂缝长度对裂缝长度的影响。由图可知，初始裂缝长度越长，裂缝长度越长，裂缝长度随着分叉级数的增加而增加，但是增加幅度逐渐减小。

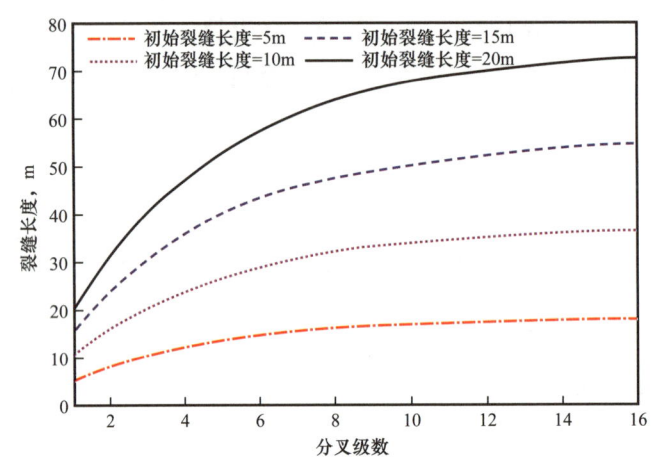

图 3-20　初始裂缝长度对裂缝长度的影响

图 3-21 为分叉结构对产气量的影响。由图可见，产气量随着分形维数的增加而增大，随分叉结构的增加而增大。但是增加幅度减小，由此可对分叉结构进行优化。

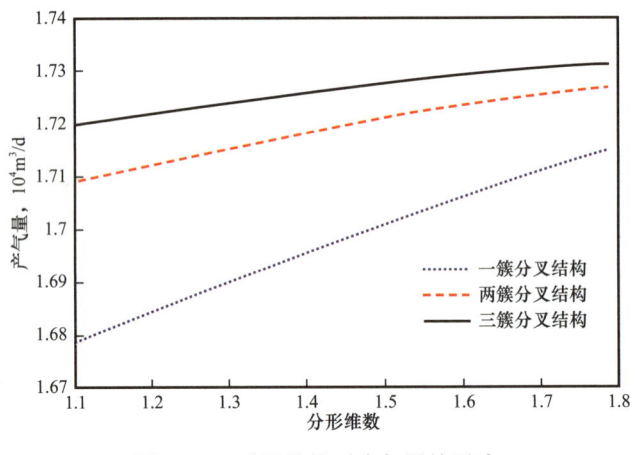

图 3-21　分叉结构对产气量的影响

二、多级压裂水平井非稳态流动模型

由于压裂改造缝网区和未改造基质区渗透率等性质差别较大，引入复合区模型（图 3-22），一区为未改造区，二区为改造区，建立模型并进行求解，最终得到两区压力分布及产量随时间的变化。

1. 未改造区不稳定流动模型

令

$$m_1 = p_1 + \frac{3\pi a\mu D_K}{16K_{01}} \quad (3-65)$$

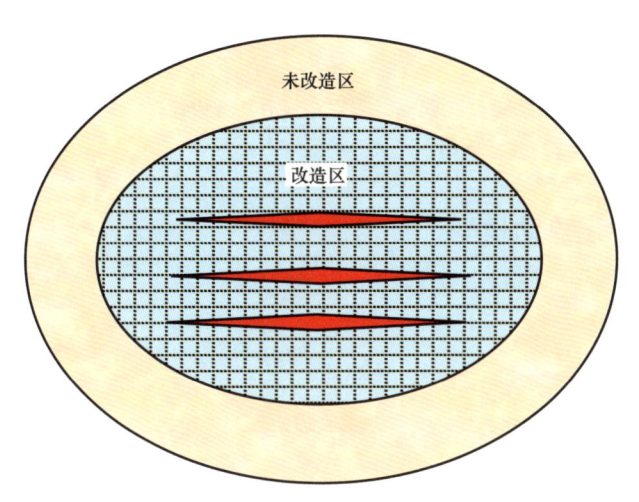

图 3-22 缝网复合区模型示意图

引入拟压力函数：

$$\Psi_1(m) = 2\int_{m_a}^{m_1} \frac{m_1}{\mu Z} \mathrm{d}m_1 \tag{3-66}$$

$$\frac{1}{r}\frac{\partial}{\partial r}\left(r \cdot \frac{\partial \Psi_1}{\partial r}\right) - \frac{p_{sc}T\mu Z}{T_{sc}Z_{sc}K_{01}} \frac{p_L V_L}{(p_1+p_L)^2} \frac{1}{p+\frac{3\pi a\mu D_K}{16K_{01}}} \frac{\partial \Psi_1}{\partial t} = \frac{\phi\mu c}{K_0} \frac{p}{p_1+\frac{3\pi a\mu D_K}{16K_{01}}} \frac{\partial \Psi_1}{\partial t} \tag{3-67}$$

式（3-67）可写为：

$$\frac{1}{r}\frac{\partial}{\partial r}\left(r \cdot \frac{\partial \Psi_1}{\partial r}\right) = \frac{\phi\mu}{K_{01}}(c_g + c_d)\frac{\partial \Psi_1}{\partial t} \tag{3-68}$$

其中，气体压缩系数和解吸压缩系数分别为：

$$c_{g1} = c \cdot \frac{p_1}{p_1 + \frac{3\pi a\mu D_K}{16K_{01}}} \tag{3-69}$$

$$c_{d1} = \frac{p_{sc}TZ}{T_{sc}Z_{sc}\phi} \frac{p_L V_L}{(p_1+p_L)^2} \frac{1}{p_1 + \frac{3\pi a\mu D_K}{16K_{01}}} \tag{3-70}$$

总压缩系数：

$$c_{t1}^* = c_{g1} + c_{d1} \tag{3-71}$$

则方程可简化为：

$$\frac{1}{r}\left[\frac{\partial}{\partial r}\left(r\frac{\partial \Psi_1}{\partial r}\right)_t\right]_t = \frac{\phi(\mu c_{t1}^*)_{r,t}}{K_{01}}\left(\frac{\partial \Psi_1}{\partial t}\right)_r \tag{3-72}$$

即

$$\frac{\partial^2 \Psi_1}{\partial r^2} + \frac{1}{r}\frac{\partial \Psi_1}{\partial r} = \frac{\phi \mu_i c_{t1}^*}{K_{01}}\frac{\partial \Psi_1}{\partial t} \quad (3-73)$$

2. 改造区不稳定流动模型

令

$$m_2 = p_2 + \frac{3\pi a\mu D_K}{16K_{02}} \quad (3-74)$$

引入拟压力函数：

$$\Psi_2(m) = 2\int_{m_a}^{m_2} \frac{m_2}{\mu Z}\mathrm{d}m_2 \quad (3-75)$$

$$\frac{1}{r}\frac{\partial}{\partial r}\left(r \cdot \frac{\partial \Psi_2}{\partial r}\right) - \frac{p_{sc}T\mu Z}{T_{sc}Z_{sc}K_{02}}\frac{p_L V_L}{(p_2+p_L)^2}\frac{1}{p+\frac{3\pi a\mu D_K}{16K_{02}}}\frac{\partial \Psi_2}{\partial t} = \frac{\phi \mu c}{K_0}\frac{p}{p_2+\frac{3\pi a\mu D_K}{16K_{02}}}\frac{\partial \Psi_2}{\partial t} \quad (3-76)$$

式（3-76）可写为：

$$\frac{1}{r}\frac{\partial}{\partial r}\left(r \cdot \frac{\partial \Psi_2}{\partial r}\right) = \frac{\phi \mu}{K_{02}}(c_g + c_d)\frac{\partial \Psi_2}{\partial t} \quad (3-77)$$

压缩系数：

$$c_{g2} = c \cdot \frac{p_2}{p_2 + \frac{3\pi a\mu D_K}{16K_{02}}} \quad (3-78)$$

$$c_{d2} = \frac{p_{sc}TZ}{T_{sc}Z_{sc}\phi}\frac{p_L V_L}{(p_2+p_L)^2}\frac{1}{p_2+\frac{3\pi a\mu D_K}{16K_{02}}} \quad (3-79)$$

总压缩系数：

$$c_{t2}^* = c_{g2} + c_{d2} \quad (3-80)$$

则方程可简化为：

$$\frac{1}{r}\left[\frac{\partial}{\partial r}\left(r\frac{\partial \Psi_2}{\partial r}\right)_t\right]_t = \frac{\phi(\mu c_{t2}^*)_{r,t}}{K_{02}}\left(\frac{\partial \Psi_2}{\partial t}\right)_r \quad (3-81)$$

即

$$\frac{\partial^2 \Psi_2}{\partial r^2} + \frac{1}{r}\frac{\partial \Psi_2}{\partial r} = \frac{\phi \mu_i c_{t2}^*}{K_{02}}\frac{\partial \Psi_2}{\partial t} \quad (3-82)$$

3. 复合区不稳定流动模型

边界条件：无限大地层，内边界定产。

一区控制方程及边界条件：

$$\frac{1}{r}\frac{\partial}{\partial r}\left(\frac{1}{r}\frac{\partial \Psi_1}{\partial r}\right) = \frac{1}{\eta_1}\frac{\partial \Psi_1}{\partial t} \quad (0 < r < r_c, \quad t > 0) \quad (3\text{-}83)$$

$$r\frac{\partial \Psi_1}{\partial r}\bigg|_{r=r_w} = \frac{Q\mu_1}{2\pi K_1 h} = \frac{Q}{2\pi \lambda_1 h} \quad (r \to 0, \quad t > 0) \quad (3\text{-}84)$$

$$\Psi_1(r,t) = \Psi_i \quad (0 < r < r_c, \quad t = 0) \quad (3\text{-}85)$$

二区控制方程及边界条件：

$$\frac{1}{r}\frac{\partial}{\partial r}\left(\frac{1}{r}\frac{\partial \Psi_2}{\partial r}\right) = \frac{1}{\eta_2}\frac{\partial \Psi_2}{\partial t} \quad (r_c < r < \infty, \quad t > 0) \quad (3\text{-}86)$$

$$\Psi_2(r,t) = \Psi_i \quad (r \to \infty, \quad t > 0) \quad (3\text{-}87)$$

$$\Psi_2(r,t) = \Psi_i \quad (r_c < r < \infty, \quad t = 0) \quad (3\text{-}88)$$

界面连接条件：

$$\Psi_1(r_c,t) = \Psi_2(r_c,t) \quad (3\text{-}89)$$

$$\frac{\partial \Psi_1}{\partial r} = \frac{\partial \Psi_2}{\partial r}\bigg|_{r=r_c} \quad (3\text{-}90)$$

求解得井底流压随时间的变化关系：

$$m_1^2(r_w,t) = m_i^2 + \frac{Q\mu Z}{4\pi \lambda_1 h}\left[\mathrm{Ei}\left(-\frac{r_w^2}{4\chi_1 t}\right) - \mathrm{Ei}\left(-\frac{r_c^2}{4\chi_1 t}\right)\right] + \frac{Q\mu Z}{4\pi \lambda_1 h}\mathrm{e}^{-\frac{r_c^2}{4\chi_1 t}(1-N)}\mathrm{Ei}\left(-\frac{Nr_c^2}{4\chi_1 t}\right) \quad (3\text{-}91)$$

产量随井底流压的变化关系：

$$Q = \frac{\frac{4\pi \lambda_1 h}{\mu Z}\left(m_{r_w}^2 - m_i^2\right)}{\mathrm{Ei}\left(-\frac{r_w^2}{4\chi_1 t}\right) - \mathrm{Ei}\left(-\frac{r_c^2}{4\chi_1 t}\right) + \mathrm{e}^{-\frac{r_c^2}{4\chi_1 t}(1-N)}\mathrm{Ei}\left(-\frac{Nr_c^2}{4\chi_1 t}\right)} \quad (3\text{-}92)$$

根据推导出的考虑扩散、滑移及解吸的页岩气储层不稳定流动模型，利用国内某致密页岩气藏参数，对产气量及压力分布影响因素进行了分析。

已知国内某致密页岩气藏单井，基本参数：孔隙度 0.07；标态温度 293K；渗透率 0.0005mD；地层温度 366.15K；压缩因子 0.89；黏度 0.027MPa·s；泄压半径

400m；边界压力 24.13MPa；井筒半径 0.1m；井底流压 6MPa；气藏厚度 30.5m；岩石密度 2.9g/cm³，质量扩散系数为 3×10^{-7}m²/s。

（1）外边界定压条件下不稳定流动规律影响因素分析。

图 3-23 为渗透率对地层压力分布的影响。由图可见，内边界定产条件下，渗透率越大，地层压力下降越慢。图 3-24 为扩散系数对地层压力分布的影响。由图可见，内边界定产条件下，扩散系数越大，地层压力下降越慢。

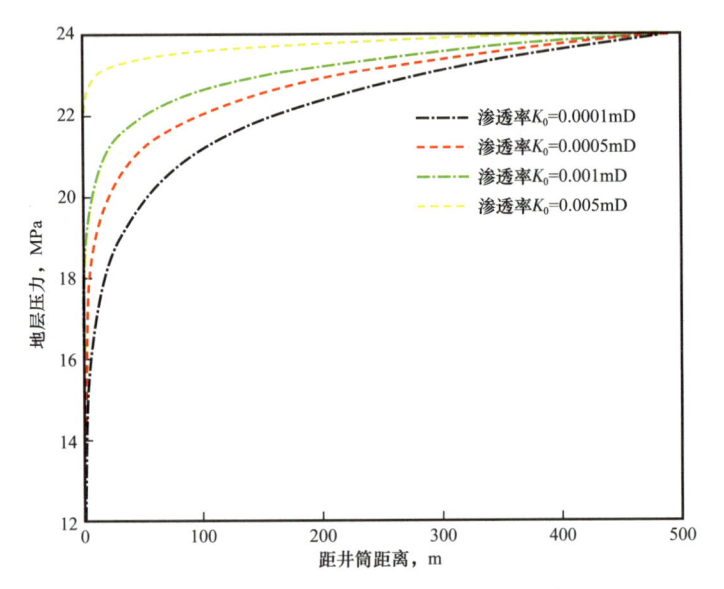

图 3-23 渗透率对地层压力分布的影响

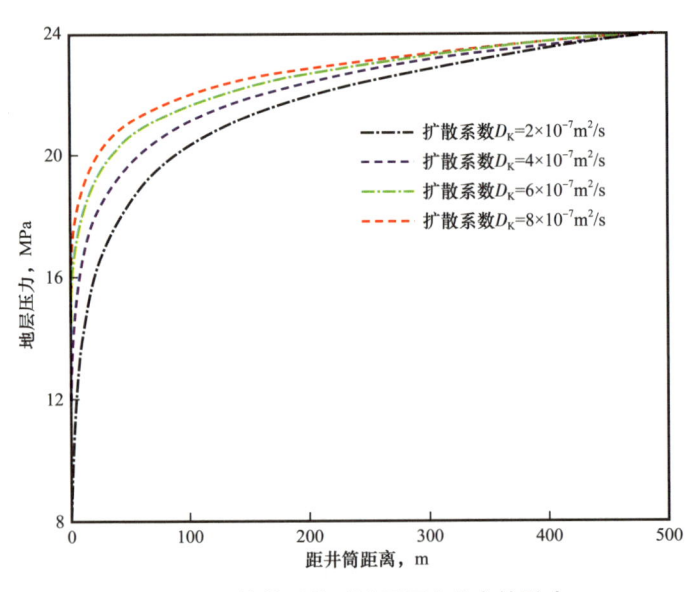

图 3-24 扩散系数对地层压力分布的影响

（2）无限大地层不稳定流动规律影响因素分析。

图 3-25 为不同产量井底流压变化曲线。随着产量的增加，井底流压下降越快。图 3-26 为不同生产压差下产量递减曲线，井底流压越小，生产压差越大，产量越大。图 3-27 为渗透率对产气量的影响。渗透率越大，产量越高，产量递减速度越快。

图 3-28 为内边界定产条件下不同生产时间地层压力分布。随着生产时间的增加，地层压力扰动向外传播速度减慢，当生产时间为 3000d 时，地层压力传播到距井筒 60m。

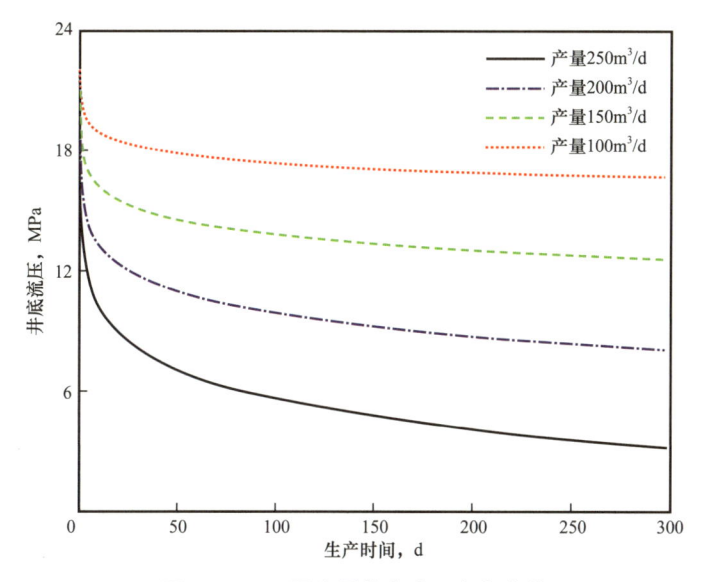

图 3-25 不同产量井底流压变化曲线

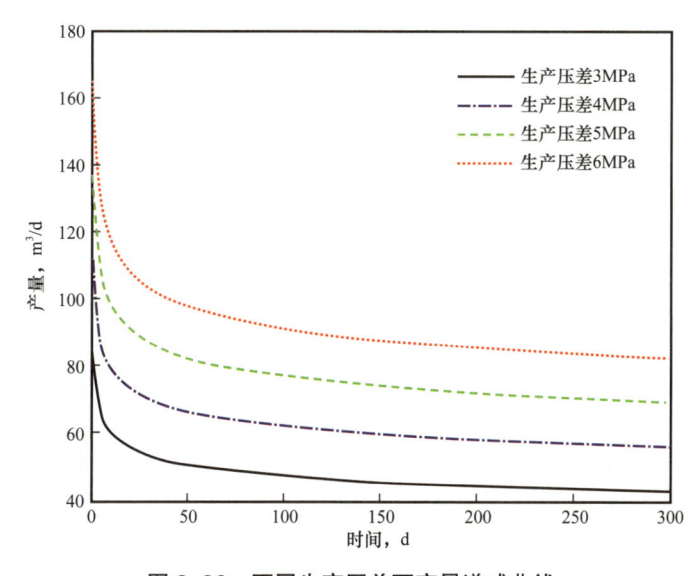

图 3-26 不同生产压差下产量递减曲线

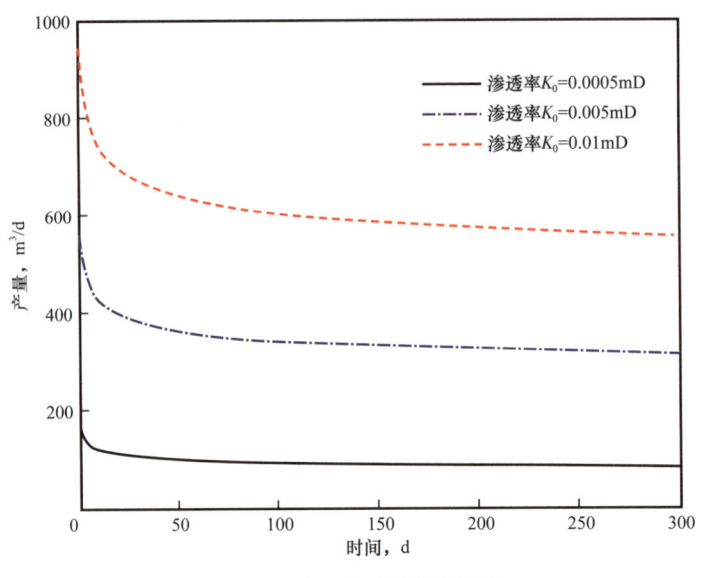

图 3-27 渗透率对产量的影响

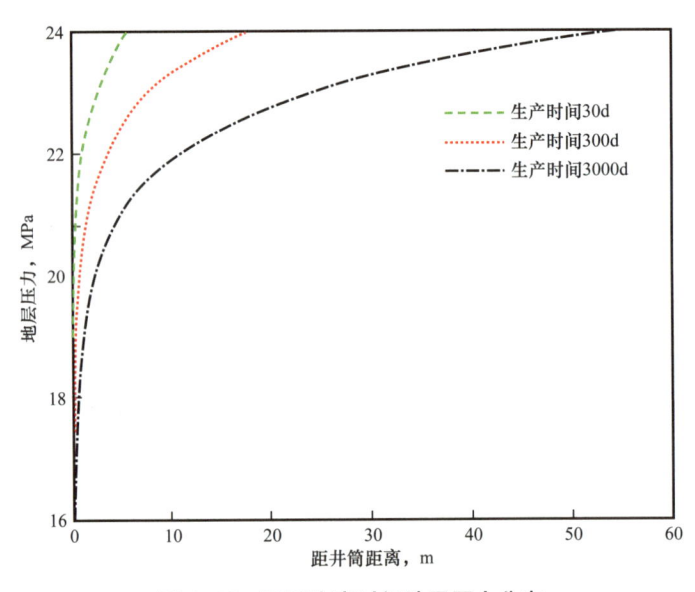

图 3-28 不同生产时间地层压力分布

第三节 多区流固耦合两相流动模型

随着页岩气井开采的进行，储层压力不断降低，地层骨架在外部应力的作用下压缩变形，造成多尺度介质渗透率发生改变。吸附在页岩颗粒表面的气体发生解吸，同样造成页岩骨架的变形，从而形成页岩储层的流固耦合效应。此外，压裂时注入的大量压裂液导致储层出现复杂的气水两相流动。本节基于多尺度耦合模型，考虑储层变形对页岩基质、裂缝孔隙度和渗透率的流固耦合作用和气水两相流动的影响，对页岩气储层多级压裂水平井流固耦合页岩气井产能进行影响分析。

一、多级压裂水平井多区流固耦合非线性渗流模型

1. 物理模型及数学模型

将页岩气的流动分为三大区域：Ⅰ区改造区、Ⅱ区未改造区、Ⅲ区水平井筒区（图3-29）。在这种分区结构中，页岩气由未改造区流入改造区，再由改造区流入水平井筒区，形成页岩气储层完整的流动体系[10]。

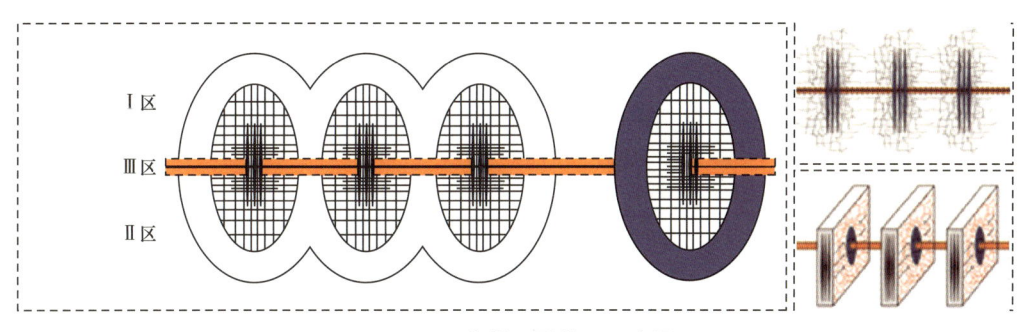

图3-29 分段压裂分区示意图

1）Ⅰ区改造区

页岩储层通过体积压裂技术对储层实施压裂改造，储层在形成一条或是多条主裂缝时，使得天然裂缝、层理与主裂缝沟通，形成相互交错的复杂裂缝网络。在改造区主要考虑黏性流（达西流）的作用，基于上述不同形态复杂缝网改造区的渗流模型更好地描述页岩压裂改造形成体积压裂（SRV）范围内的复杂渗流。

2）Ⅱ区未改造区

未改造区为页岩气储层固有孔隙空间，纳微米孔隙结构复杂，具有低孔、特低渗透致密物性特征。综上，在未改造区，主要考虑气体存在解吸—吸附、Knudsen扩散和滑脱效应的三重作用。

3）Ⅲ区水平井筒区

若将水平井筒考虑为无限导流能力，则各射孔点处的井底流压一致。对于页岩储层而言，气藏至井筒的压降比水平井筒内指端与跟端的压差小得多，所以井筒压力降可以忽略，按照无限导流能力来作为水平井筒的基本假设。

综上所述，对于储层缝网区来说，气体和水的流动可按线性达西定律来描述。再考虑气水间毛细管力，可对缝网区的气水流动速度描述如下：

$$v_g = \frac{K_f K_{rg}}{\mu_g} \frac{dp}{dx} \tag{3-93}$$

$$v_{\mathrm{w}} = \frac{K_{\mathrm{f}} K_{\mathrm{rw}}}{\mu_{\mathrm{w}}} \frac{\mathrm{d}(p - p_{\mathrm{c}})}{\mathrm{d}x} \quad (3\text{-}94)$$

式中 v_{g}——气体渗流速度，m/s；

v_{w}——水渗流速度，m/s；

K_{f}——缝网区等效渗透率，mD；

K_{rg}——气相相对渗透率；

K_{rw}——水相相对渗透率；

μ_{g}——气相黏度，mPa·s；

μ_{w}——水相黏度，mPa·s；

p——储层压力，MPa；

p_{c}——气水两相毛细管力，$p_{\mathrm{w}} = p_{\mathrm{g}} - p_{\mathrm{c}}$。

对于基质区，将第一节的基质非线性流动模型式（3-15）进行变形即可得到基质的表观渗透率 K_{app} 为：

$$K_{\mathrm{app}} = K_0 \left(1 + \frac{3\pi a}{16 K_0} \frac{\mu D_{\mathrm{K}}}{p} \right) \quad (3\text{-}95)$$

因此，基质区的气、水渗流速度可写为：

$$v_{\mathrm{g}} = \frac{K_{\mathrm{app}} K_{\mathrm{rg}}}{\mu_{\mathrm{g}}} \frac{\mathrm{d}p}{\mathrm{d}x} \quad (3\text{-}96)$$

$$v_{\mathrm{w}} = \frac{K_{\mathrm{m}} K_{\mathrm{rw}}}{\mu_{\mathrm{w}}} \frac{\mathrm{d}(p - p_{\mathrm{c}})}{\mathrm{d}x} \quad (3\text{-}97)$$

2. 模型的建立及求解

1）基本假设

为了对多相流动特性进行研究，将页岩储层结构抽象为由缝网区和基质区组成的多区开采结构。页岩储层气、水流动是一个复杂的过程，其中包含着气体渗流及吸附、介质变形、温度交换等多物理场作用。由储层结构和流体运移特征提出基本假设：

（1）页岩储层包含气、水两相流动，流动区域分为基质区及缝网区；

（2）气体在基质区域内考虑滑移流及过渡流非线性流动，缝网区内考虑连续线性流动；

（3）水在基质区域内考虑启动压力梯度，缝网区内为达西流动；

（4）二维流动，考虑毛细管力，不考虑重力；

（5）页岩储层的形变为小形变，即固体场问题为静力学问题；

（6）甲烷气体瞬间就完成吸附—解吸过程且遵循 Langmuir 方程；

（7）热效应引起岩石骨架形变及有效应力改变瞬间完成。

2）渗流场数学模型

渗流场是研究的主要物理场，应该将页岩气体作为主要研究对象。页岩气主要以吸附态和游离态存在页岩气藏中。以吸附态赋存于页岩基质的岩石颗粒和有机质表面，以游离态赋存于页岩储层的微孔隙和天然微裂隙中。页岩气的开采使地层压力降低，吸附气可以从基质中解吸出来成为游离气。

考虑气体解吸—吸附，页岩储层气水两相非稳态渗流场的连续性方程为：

$$\nabla \cdot (\rho_g \boldsymbol{v}_g) + \frac{\partial m_g}{\partial t} = Q_{gsc}$$
$$\nabla \cdot (\rho_w \boldsymbol{v}_w) + \frac{\partial m_w}{\partial t} = Q_{wsc}$$
（3-98）

式中 $\boldsymbol{v}_g$——页岩储层中气体渗流速度矢量，m/s；

$\boldsymbol{v}_w$——页岩储层中水渗流速度矢量，m/s；

m_g——单位体积岩体所包含的气体质量，kg/m³；

m_w——单位体积岩体所包含的水质量，kg/m³；

Q_{gsc}——气体质量源汇项，kg/（m³·s）；

Q_{wsc}——水质量源汇项，kg/（m³·s）。

将渗流速度方程（2-97）代入连续性方程（2-98），并考虑气体解吸—吸附效应，从而得到页岩储层气水两相非稳态渗流场的控制方程为：

$$\frac{\partial}{\partial x}\left(A_x \frac{K_x K_{rg} \rho_g}{\mu_g} \frac{\partial p}{\partial x}\right)\Delta x + \frac{\partial}{\partial y}\left(A_y \frac{K_y K_{rg} \rho_g}{\mu_g} \frac{\partial p}{\partial y}\right)\Delta y$$
$$+\rho_{gsc} q_{gsc} = \frac{V_b}{\Delta t} \frac{\partial}{\partial t}\left[\phi_{eff}(1-S_w)\rho_g + \rho_{gsc}\rho_c(1-\phi_{eff})V_d\right]$$
（3-99）

$$\frac{\partial}{\partial x}\left[A_x \frac{\rho_w K_x K_{rw}}{\mu_w} \frac{\partial(p-p_c)}{\partial x}\right]\Delta x + \frac{\partial}{\partial y}\left[A_y \frac{\rho_w K_y K_{rw}}{\mu_w} \frac{\partial(p-p_c)}{\partial y}\right]\Delta y$$
$$+\rho_{wsc} q_w = \frac{V_b}{\Delta t} \frac{\partial}{\partial t}(\rho_w \phi_{eff} S_w)$$
（3-100）

式中 A_x——x 方向的渗流截面积，m²；

A_y——y 方向的渗流截面积，m²；

K_x——x 方向的渗透率，D；

K_y——y 方向的渗透率，D；

ρ_g——气相密度，kg/m³；

ρ_w——水相密度，kg/m³；

ρ_{gsc}——标准状态下的气相密度，kg/m³；

ρ_{wsc}——标准状态下的水相密度，kg/m³；

q_{gsc}——标准状态下的气体产量，m³/ks；

q_{wsc}——标准状态下的水产量，m³/ks；

V_b——网格体积，等于 $\Delta x \Delta y \Delta z$；

ϕ_{eff}——网格等效孔隙度；

S_w——含水饱和度，%；

ρ_c——岩石密度，kg/m³；

V_d——单位质量下岩石的解吸—吸附量，m³/kg。

在模拟过程中 V_d 的计算方法为：

$$V_d = \frac{V_L p}{p_L + p} \exp\left[-\frac{d_2}{1+d_1 p}(T - T_0)\right] \qquad (3-101)$$

式中　V_L——Langmuir 体积常数，m³/kg；

p_L——Langmuir 压力，MPa；

d_1——压力系数，MPa⁻¹；

d_2——温度系数，K⁻¹；

T——储层温度，K；

T_0——储层初始温度，K。

（1）初始条件。

$$\begin{cases} p(x,y,0) = p_i & 0 \leqslant x \leqslant L_x \\ S_w(x,y,0) = S_{wc} & 0 \leqslant y \leqslant L_y \end{cases} \qquad (3-102)$$

（2）外边界条件。

若定压：

$$\begin{cases} p(0,y,t) = p_e \\ p(L_x,y,t) = p_e \\ p(x,0,t) = p_e \\ p(x,L_y,t) = p_e \end{cases} \quad t > 0 \qquad (3-103)$$

若封闭：

$$\begin{cases} \left.\frac{\partial p}{\partial x}\right|_{x=0} = 0, \left.\frac{\partial p}{\partial x}\right|_{x=L_x} = 0 \\ \left.\frac{\partial p}{\partial y}\right|_{y=0} = 0, \left.\frac{\partial p}{\partial y}\right|_{y=L_y} = 0 \end{cases} \quad t > 0 \qquad (3-104)$$

（3）内边界条件。

若定产：

$Q_v = Q_v \cdot \delta(x-\zeta, y-\eta), t > 0$，其中 δ 为点源函数。

若定流压：定 p_{wf}。

3）固体场数学模型

固体场控制方程以多孔介质弹性力学理论为基础。气藏储层由天然气、水、岩体组成，在开采过程中的任意时刻，将其中各种力视为动态平衡状态，这种状态可用微分方程进行描述。现约定应力以拉为正、压为负。引入有效应力原理以及甲烷气解吸—吸附所引起的岩石系统应变。固体场的控制方程为：

$$\sigma = \sigma^T + \beta p \qquad (3-105)$$

$$\begin{cases} \dfrac{E}{1-v^2}\dfrac{\partial^2 u}{\partial x^2} + \dfrac{E}{2(1+v)}\dfrac{\partial^2 u}{\partial y^2} + \dfrac{E}{2(1-v)}\dfrac{\partial^2 v}{\partial x \partial y} - \beta\dfrac{\partial p}{\partial x} - K_v\dfrac{\partial \varepsilon_d}{\partial x} = 0 \\ \dfrac{E}{1-v^2}\dfrac{\partial^2 v}{\partial y^2} + \dfrac{E}{2(1+v)}\dfrac{\partial^2 v}{\partial x^2} + \dfrac{E}{2(1-v)}\dfrac{\partial^2 u}{\partial x \partial y} - \beta\dfrac{\partial p}{\partial y} - K_v\dfrac{\partial \varepsilon_d}{\partial y} = 0 \\ K_v = \dfrac{E}{3(1-2v)} \\ \varepsilon_d = \alpha_{sg}V_d \end{cases} \qquad (3-106)$$

式中　E——拉压弹性模量，简称为弹性模量，MPa；

v——泊松比；

β——Biot 系数；

p——流体压力，MPa；

K_v——岩石的体积模量，即所受压力与体积应变之比；

ε_d——岩体系统吸附应变；

α_{sg}——吸附应变系数，kg/m³；

（1）初始条件。

$$\begin{cases} u(x,y,0)=0 & 0 \leqslant x \leqslant L_x \\ v(x,y,0)=0 & 0 \leqslant y \leqslant L_y \end{cases} \qquad (3-107)$$

（2）外边界条件。

$$\begin{cases} \dfrac{E}{1-v^2}\left[l\left(\dfrac{\partial u}{\partial x}+v\dfrac{\partial v}{\partial y}\right)\right]_s + \dfrac{E}{1+v}\left[m\left(\dfrac{\partial u}{\partial y}+\dfrac{\partial v}{\partial x}\right)\right]_s - \beta\dfrac{\partial p}{\partial x} - K_v\dfrac{\partial \varepsilon_d}{\partial x} - K_v\alpha_T\dfrac{\partial T}{\partial x} = \overline{f}_x \\ \dfrac{E}{1-v^2}\left[m\left(\dfrac{\partial v}{\partial y}+v\dfrac{\partial u}{\partial x}\right)\right]_s + \dfrac{E}{1+v}\left[l\left(\dfrac{\partial v}{\partial x}+\dfrac{\partial u}{\partial y}\right)\right]_s - \beta\dfrac{\partial p}{\partial y} - K_v\dfrac{\partial \varepsilon_d}{\partial y} - K_v\alpha_T\dfrac{\partial T}{\partial y} = \overline{f}_y \end{cases} \qquad (3-108)$$

（3）内边界条件。

$$\begin{cases} u(x,y,t)=0 & x \in \text{内边界} \\ v(x,y,t)=0 & y \in \text{内边界} \end{cases} \qquad (3-109)$$

4）流固耦合项

渗流场控制方程是关于气体压力、孔隙度和温度等变量的偏微分方程。由于孔隙度与储层的体应变有关，这样渗流场通过孔隙度与固体场耦合。固体场控制方程中除了包含页岩储层位移矢量基本未知量外，还包含气体压力未知量，即固体场分别通过气体压力与渗流场耦合。其中有多个变量都具有流固耦合特征，称为流固耦合项，其中，最主要、变化最大的为多孔介质孔隙度和渗透率。

固体的形变改变孔隙度，其主要计算方法为：

$$\phi = \frac{\phi_0 + \varepsilon_V}{1 + \varepsilon_V} \tag{3-110}$$

而孔隙度的改变将改变渗透率，其主要计算方法为：

$$K = \frac{\left(1 + \varepsilon_V / \phi_0\right)^3}{1 + \varepsilon_V} K_0 \tag{3-111}$$

其中，ε_V 为体积应变，为各方向的正应变的总和，即：

$$\varepsilon_V = \frac{\Delta V_b}{V_b} = \varepsilon_x + \varepsilon_y = \frac{\mathrm{d}u}{\mathrm{d}x} + \frac{\mathrm{d}v}{\mathrm{d}y} \tag{3-112}$$

其余流固耦合项还包括 $\rho_g = \rho_g(p)$、$\mu_g = \mu_g(p)$、$R_s = R_s(p)$、$\rho_w = \rho_w(p)$、$\mu_w = \mu_w(p)$、$\rho_c = \rho_c(p)$、$V_d = V_d(p, T)$、$\lambda_c = \lambda_c(\phi_{\mathrm{eff}}) = \lambda_c(p)$、$\eta_c = \eta_c(\phi_{\mathrm{eff}}, \rho_s, \rho_g, \rho_w) \eta_c(p)$ 等。对于本书所提出的流固耦合数学模型而言，上述流体 PVT 参数均为压力和温度的函数。其具体取值可依照实验数据获得。

5）模型求解

通过迭代耦合方法进行控制方程组的求解。对于渗流场控制方程而言，通过引入传导系数 T，时间向前差分，将方程全隐式离散化：

气相：

$$\begin{aligned}
&\sum_J \left[T_{\mathrm{g},IJ}(\Delta p)\right]^{n+1} \\
&= \frac{V_{\mathrm{b}_{i,j}}}{\Delta t} \Delta_t \left(\rho_g \phi_{\mathrm{eff}} S_g\right)_I + \frac{V_{\mathrm{b}_{i,j}}}{\Delta t} \Delta_t \left(\rho_g \rho_c (1-\phi_{\mathrm{eff}}) V_d\right) - q_{\mathrm{gsc}}^{n+1} \\
&= -q_{\mathrm{gsc}}^{n+1} + \frac{V_{\mathrm{b}_{i,j}}}{\Delta t} \left\{ S_g^n \left[\rho_g \frac{\partial \phi_{\mathrm{eff}}}{\partial p} + \phi_{\mathrm{eff}}^v \frac{\partial (\rho_g)}{\partial p}\right] (p_g^{v+1} - p_g^n) + \rho_g^n \phi_{\mathrm{eff}}^{v+1} (S_g^{v+1} - S_g^n) \right\} \\
&\quad + \frac{V_{\mathrm{b}_{i,j}}}{\Delta t} \left\{ \rho_g^n \left[\rho_c^n \frac{\partial (1-\phi_{\mathrm{eff}})}{\partial p} + (1-\phi_{\mathrm{eff}}^{v+1}) \frac{\partial (\rho_c)}{\partial p}\right] V_d (p_g^{v+1} - p_g^n) + \rho_g^n \rho_c^n (1-\phi_{\mathrm{eff}}^{v+1}) \frac{\partial V_d}{\partial p} (p_g^{v+1} - p_g^n) \right\}
\end{aligned} \tag{3-113}$$

水相：

$$\sum_J \left[T_{w,IJ}^{v+1} \left(\Delta p_g^{v+1} - \Delta p_c^{v+1} \right) \right]$$
$$= \frac{V_{b_{i,j}}}{\Delta t} \left\{ S_w^n \left[\rho_w^n \frac{\partial \phi_{\text{eff}}}{\partial p} + \phi_{\text{eff}}^{v+1} \frac{\partial \left(\rho_w^n \right)}{\partial p} \right] \left(p^{v+1} - p^n \right) + \rho_w^n \phi_{\text{eff}}^{v+1} \left(S_w^{v+1} - S_w^n \right) \right\} - q_{\text{wsc}}^{n+1}$$

（3-114）

将上述方程整理为大型稀疏线性方程组形式，即可采用牛顿迭代法进行编程求解。固体场的求解采用广义有限差分法。固体场控制方程中的待求解未知量位移 u 和位移 v 的各项偏导数的系数分别由两个方程给定，其中，$\frac{\partial^2 u}{\partial x^2}$、$\frac{\partial^2 v}{\partial y^2}$ 的系数为 $\frac{E}{1-v^2}$，$\frac{\partial^2 u}{\partial y^2}$、$\frac{\partial^2 v}{\partial x^2}$ 的系数为 $\frac{E}{2(1+v)}$，$\frac{\partial^2 u}{\partial x \partial y}$、$\frac{\partial^2 v}{\partial x \partial y}$ 的系数为 $\frac{E}{2(1-v)}$。右端项也分别由两个方程给定，分别为 $\beta \frac{\partial p}{\partial x} + K_v \frac{\partial \varepsilon_d}{\partial x} + K_v \alpha_T \frac{\partial T}{\partial x}$ 和 $\beta \frac{\partial p}{\partial y} + K_v \frac{\partial \varepsilon_d}{\partial y} + K_v \alpha_T \frac{\partial T}{\partial y}$。

将上述所列参数广义有限差分法的形函数方程组联立，将控制方程转化为线性形式，得到线性方程组左端系数矩阵 C，再加上右端项从而形成完整的线性方程组，实现位移场的求解。

6）数值模拟程序设计

在 Matlab 编程环境下，开发完成了页岩气藏多级压裂水平井数值求解程序，主要包括渗流场主程序、固体场求解函数、温度场求解函数、后处理程序四个模块。计算过程中严格遵循了有限差分—广义有限差分求解偏微分方程的基本步骤。具体流程如图 3-30 所示。

二、影响因素分析

1. 地质参数对产能影响

1）基质渗透率

模拟计算了不同基质渗透率条件下 10 年内的累计产气量。从图 3-31、图 3-32 中可以看出，随着基质渗透率的增大，累计产气量均随之显著增大。同时，水相的存在对气井的产量有较大影响，当储层含水时，气水两相流动更加复杂，导致气井产量显著降低。

2）流固耦合作用

流固耦合作用明显降低了生产井的产气量，但是相应的在一定程度上增加了产水量。这是由于流固耦合作用对于裂缝的影响更大，而压裂后滞留在地层中的水主要存在于裂缝中。因此，当考虑流固耦合作用后，随着地层压力的降低，裂缝的闭合程度更大，裂缝内的液体更容易被挤出，而裂缝的闭合影响了气体的产出，导致气井的产能受到影响（图3-33和图3-34）。

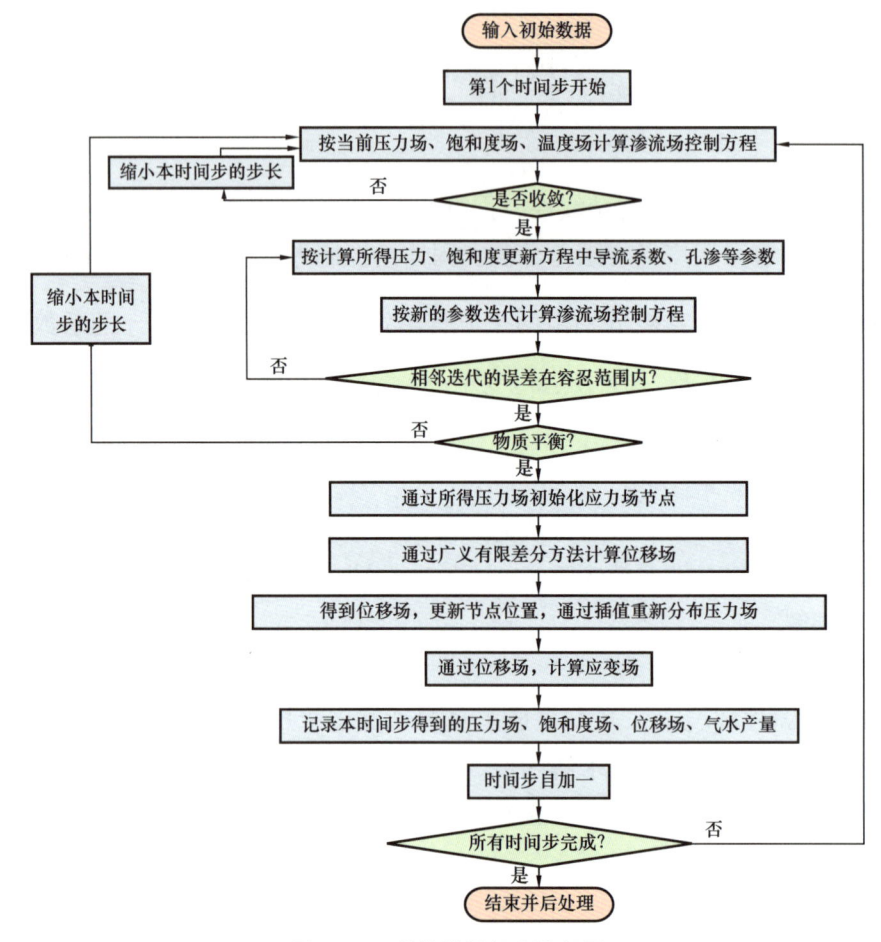

图3-30 数值模拟程序流程图

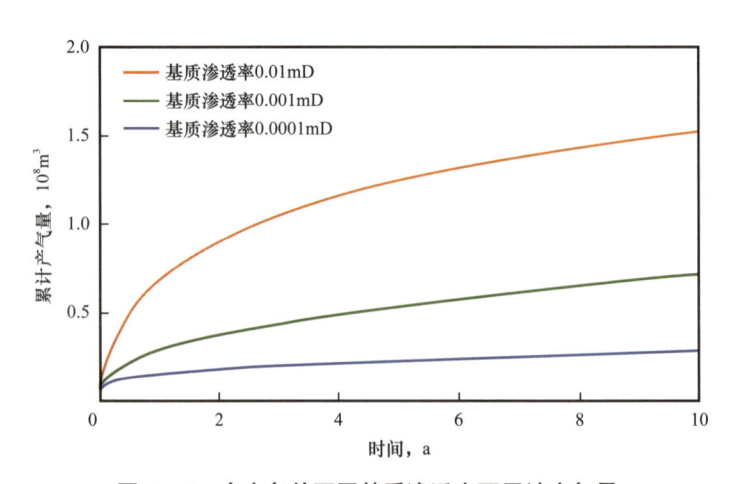

图3-31 含水条件不同基质渗透率下累计产气量

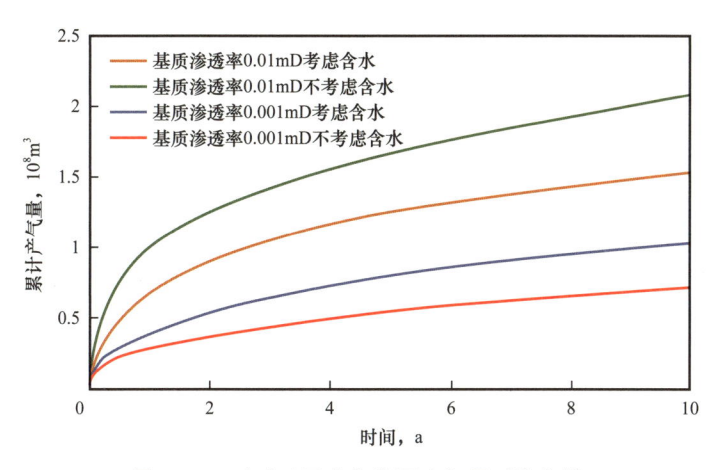

图 3-32 含水／无水条件下产气量对比曲线

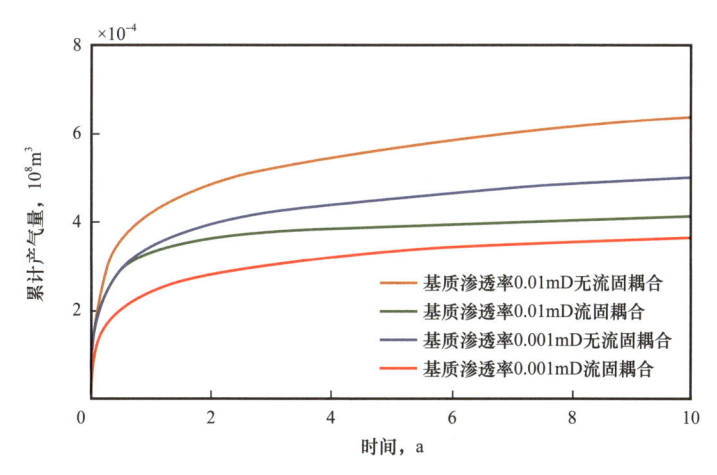

图 3-33 有／无流固耦合条件不同基质渗透率下产气量对比曲线

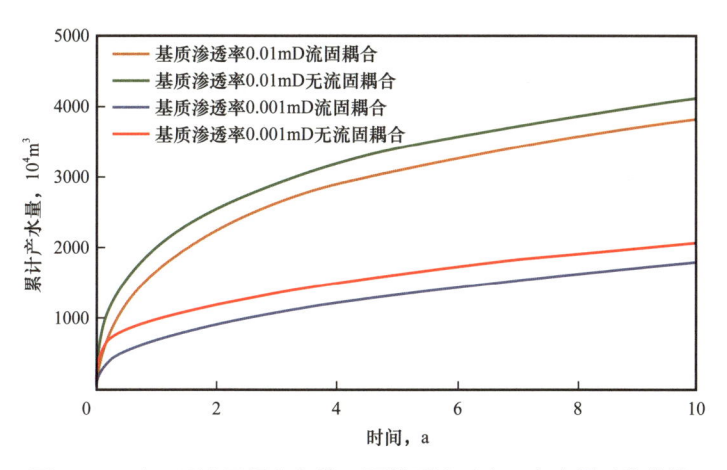

图 3-34 有／无流固耦合条件不同基质渗透率下产水量对比曲线

2. 生产参数对产能影响

1）改造区范围大小

随着改造区范围的增大，累计产气量逐渐增大。这是由于增加了改造区的范围，气藏有效动用面积增加。此外，不同改造区范围下，流固耦合作用对累计产气量的影响较小，累计产气量变化幅度基本一致，产气量影响均为32%左右，但是相应的一定程度上增加了产水量（图3-35至图3-37）。

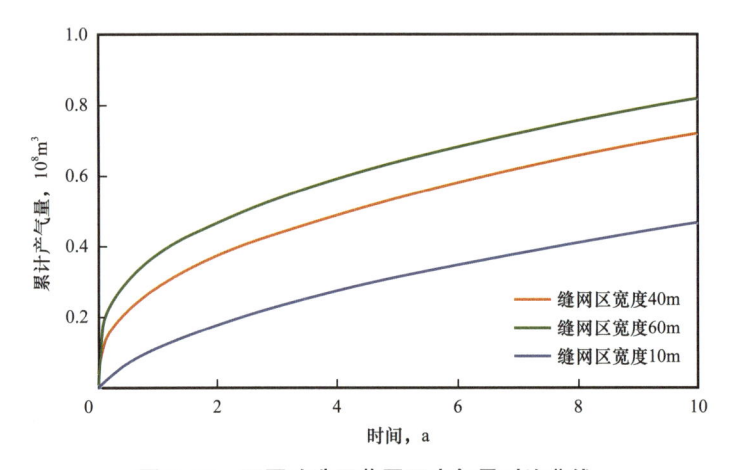

图3-35 不同改造区范围下产气量对比曲线

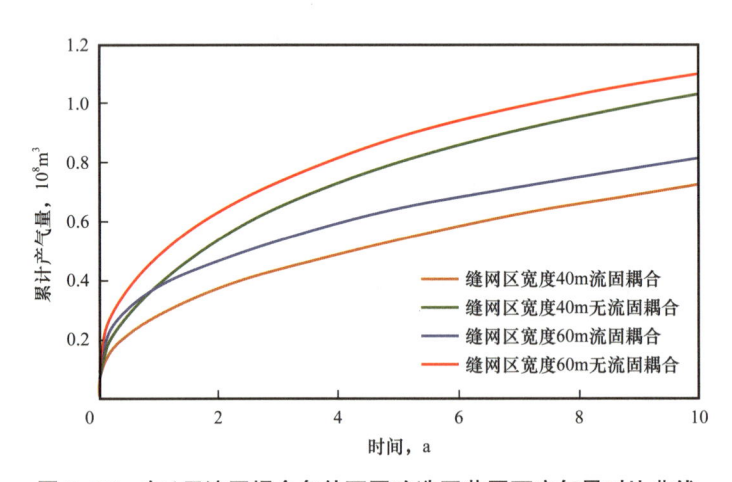

图3-36 有/无流固耦合条件不同改造区范围下产气量对比曲线

2）人工裂缝导流能力

随着人工裂缝渗透率的增大，累计产气量随之增大，但是增加到50D以上时，累计产量变化幅度变小，增产效果有限。不同人工裂缝渗透率条件下，流固耦合对累计产气量基本无影响，但是产水会有所差别，人工裂缝渗透率越大，初期产水量越快，但是最终产量基本一致（图3-38至图3-40）。

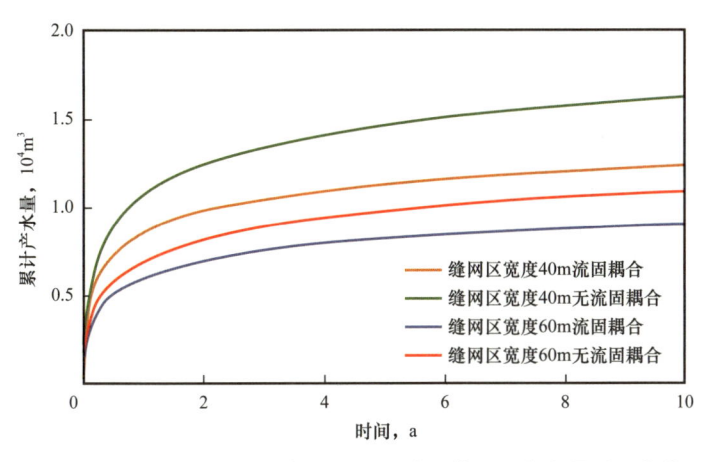

图 3-37　有/无流固耦合条件不同改造区范围下产水量对比曲线

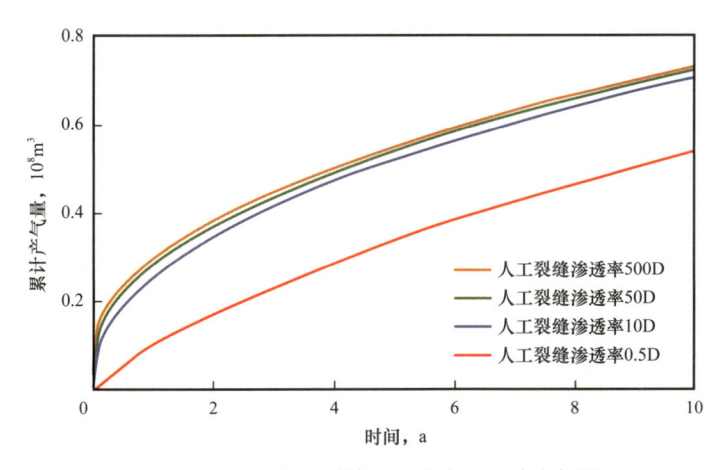

图 3-38　不同人工裂缝导流能力下累计产气量

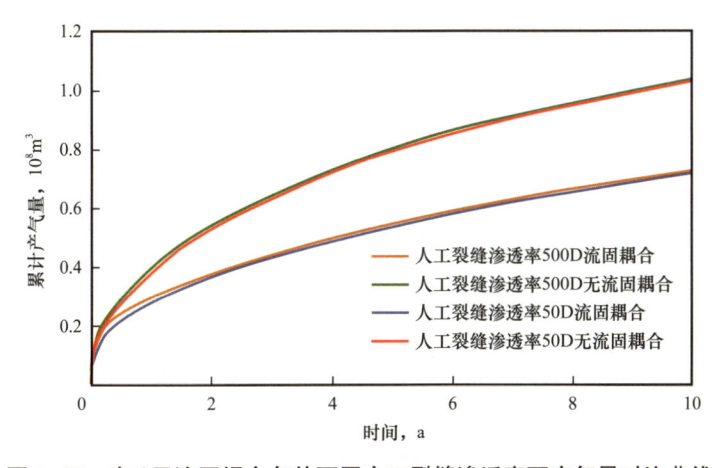

图 3-39　有/无流固耦合条件不同人工裂缝渗透率下产气量对比曲线

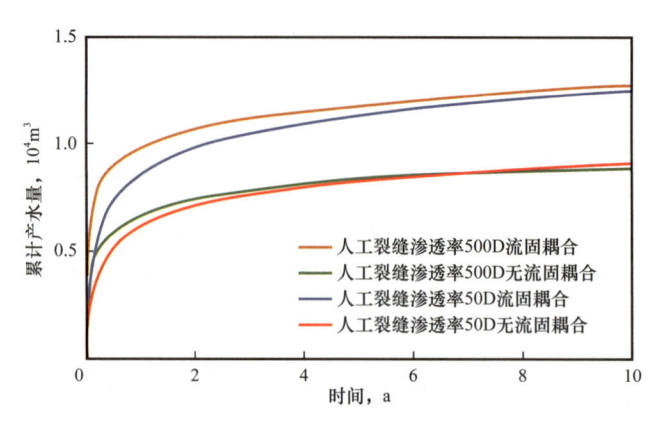

图 3-40　有/无流固耦合条件不同人工裂缝渗透率下产水量对比曲线

3）生产压差

随着生产压差的增大，累计产气量显著增加，但增幅逐渐放缓。流固耦合作用明显降低了生产井的产气量，但是相应的一定程度上增加了产水量，且产水速度相比产气速度更快，这进一步凸显了流固耦合作用对气井产能的影响（图 3-41 至图 3-43）。

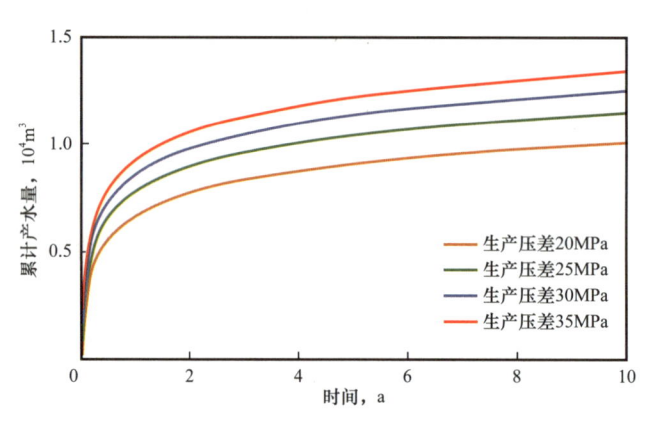

图 3-41　不同地层压力下累计产水量

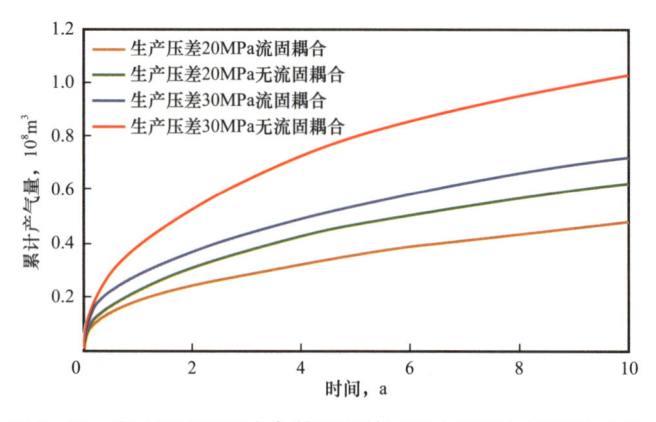

图 3-42　有/无流固耦合条件不同地层压力下产气量对比曲线

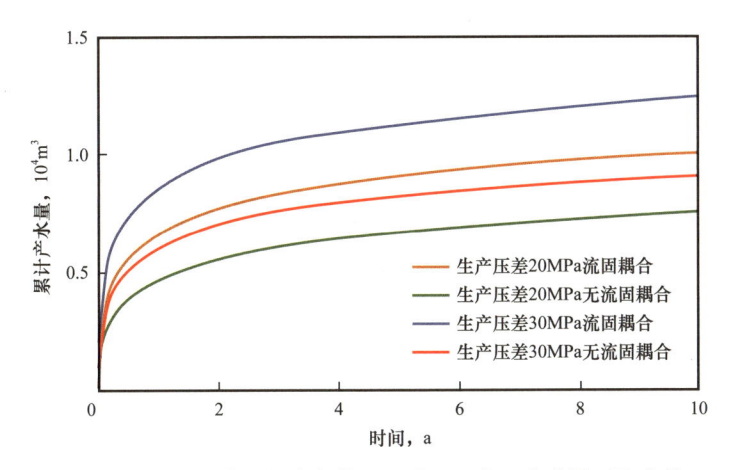

图 3-43　有/无流固耦合条件不同地层压力下产水量对比曲线

参 考 文 献

[1] 葛家理. 油气层渗流力学[M]. 北京：石油工业出版社，1982.

[2] 李凡华，刘慈群. 含启动压力梯度的不定常渗流的压力动态分析[J]. 油气井测试，1997，6（1）：1-4.

[3] 邓英尔，谢和平，黄润秋，等. 低渗透微尺度孔隙气体渗流规律[J]. 力学与实践，2005（2）：33-35.

[4] Faruk Civan. A Review of Approaches for Describing Gas Transfer through Extremely Tight Porous Media[C]// American Institute of Physics Conference Series. American Institute of Physics，2010.

[5] Beskok A，Karniadakis G E. Simulation of heat and momentum transfer in complex microgeometries[J]. Journal of Thermophysics & Heat Transfer，1994，8（4）：647-655.

[6] Adrian Bejan，Sylvie Lorente. The constructal law and the evolution of design in nature[J]. Physics of Life Reviews，2011，8（3）：209-240.

[7] 徐鹏，郁伯铭，邱淑霞. 裂缝型多孔介质的平面径向渗流特性研究[J]. 华中科技大学学报：自然科学版，2012，40（1）：100-103.

[8] Pascal H. Nonsteady flow through porous media in the presence of a threshold gradient[J]. Acta Mechanica，1981，39（3-4）：207-224.

[9] 朱维耀，亓倩，马千，等. 页岩气不稳定渗流压力传播规律和数学模型[J]. 石油勘探与开发，2016，43（2）：261-267.

[10] 朱维耀，张启涛，岳明，等. 裂缝网络支撑剂非均匀分布对开采动态规律的影响[J]. 工程科学学报，2020（1）：1318-1324.

第四章

地质工程一体化建模与数值模拟技术

北美页岩油气不断取得突破，长水平井和多级压裂等技术的应用带来了页岩气产量的显著提升，使原来认为没有效益的低品位资源得到效益动用，极大地推动了多学科融合、多技术集成的一体化创新和发展之路，也让越来越多从事页岩气勘探开发的作业者认识到地质工程一体化是实现页岩气效益勘探开发的必由之路。然而，中国与北美页岩气地质工程条件差异较大，北美的成功经验和模式在中国并不能快速而简单地复制。2012年以来，国内一批具有开拓精神的页岩气工作者通过引进、消化、吸收和再创新，克服重重困难，逐步寻找和总结出了适应于中国页岩气特色的地质工程一体化开发模式。

中国川南地区页岩气地质工程条件复杂，局部微幅构造、小断层、天然裂缝发育，黄金靶体厚度仅3~5m，孔隙度和渗透率较低，同时又受到高应力差、高闭合压力和高杨氏模量的影响，总体呈现"一薄、两低、三高、三发育"的特征。开发部署设计难度大，提高靶体钻遇率难度大，形成复杂缝网难度大，各专业需高度融合，采用地质工程一体化方法，才能实现高产。地质工程一体化是发挥综合技术优势，避开北美昂贵的学习曲线，实现中国页岩气开发跨越式发展的关键途径[1]。

第一节 三维建模技术

与常规储层不同，页岩在储层物性、岩石力学特征、地应力等方面非均质性显著，且广泛发育不同尺度、产状的天然裂缝，这些都是影响页岩压后缝网形态和气井产能的关键因素。因此，必须采用地质工程一体化三维精细建模技术（图4-1），准确建立地质、天然裂缝以及地应力模型，最终形成涵盖"地质+工程"全要素的三维静态模型，从而为人工压裂缝网模拟及气井产能动态预测奠定基础。

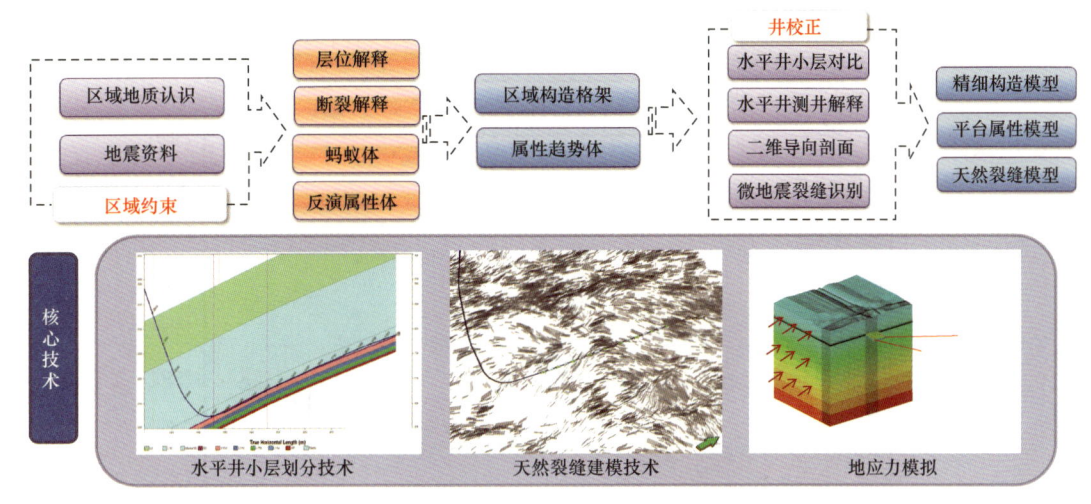

图 4-1 三维地质建模流程图

一、三维地质建模技术

1. 构造建模技术

构造模型可以表征地层的空间结构以及构造层面与断层体系配置关系，控制着储层的构造形态，是页岩气藏三维地质建模的基础，其准确与否对属性模型精度有较大影响。

三维构造建模的目标就是建立能够描述圈闭类型、几何形态、封盖层及断层与储层的空间配置关系、储层层面变化的三维模型。其主要目的包括：刻画不同层位的空间展布，为属性模型提供构造格架约束；揭示断层与断层之间、断层与层面之间的空间接触关系。三维构造建模的方法是以三维地震解释的层面数据、断层数据为基础，以单井地质分层数据为约束，采用一定的地质曲面重建算法，建立三维构造模型，从而为三维属性模型和压裂工程服务。其中最核心的两个技术为 TST 域旋回对比小层划分技术和虚拟井层面控制技术[2]。

TST 域旋回对比小层划分技术主要是利用自然伽马测井曲线开展沉积旋回划分（图 4-2），将水平段钻遇的各小层进行等时归位，确定水平段钻遇储层的真实垂直厚度。与常规气藏相比，川南页岩气优质储层厚度薄、地层倾角变化较大，90% 以上都是水平井的情况下，必须采用该项技术才能准确刻画地层的真实垂直厚度，可以说该项技术是页岩气构造建模的特有技术[3-4]。

受地震资料采集影响，地震剖面无法表征断距 30m 以下的断层或微幅构造，虚拟井层面控制技术（图 4-3）是通过设置虚拟直井，校正单井实钻和三维地震预测的构造海拔误差，准确刻画井旁小断层或微幅构造变化。

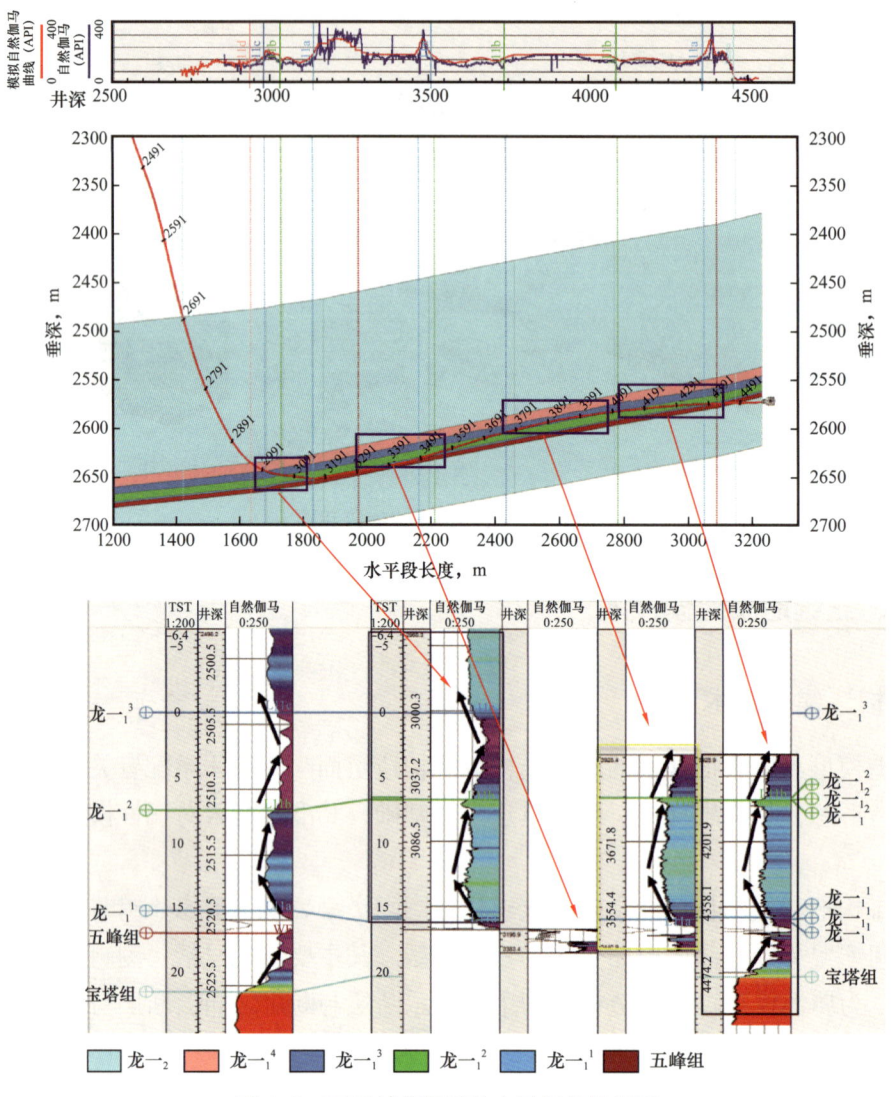

图 4-2 TST 域旋回对比小层划分柱状图

2. 属性建模技术

与常规气相比，页岩气属性建模不仅涉及孔隙度、渗透率、含气饱和度等属性参数，还包括脆性矿物含量、杨氏模量、泊松比等地质力学属性参数以及有机碳含量、含气量等页岩气特有的属性参数（图 4-4）。

在岩心实验分析和测井解释的基础上，采用高斯（高斯随机方程模拟和序贯高斯模拟）模拟算法进行属性建模。其原理是以已知信息为基础，如测井解释的孔隙度、渗透率等，以高斯随机函数为依据，采用随机算法产生可选的、等可能性的离散属性。建模过程中承认井点以外的储层属性参数具有一定的随机性，但受控于地震属性体总体趋势，以满足气藏开发决策在一定风险范围的正确性需要[5-6]。

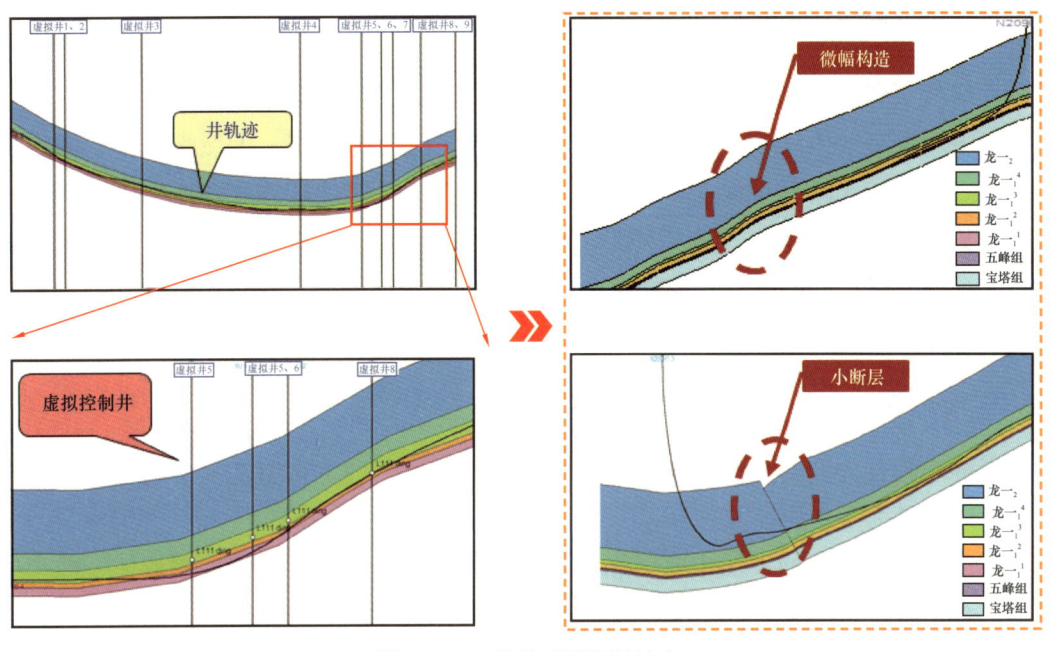

图 4-3　虚拟井层面控制技术

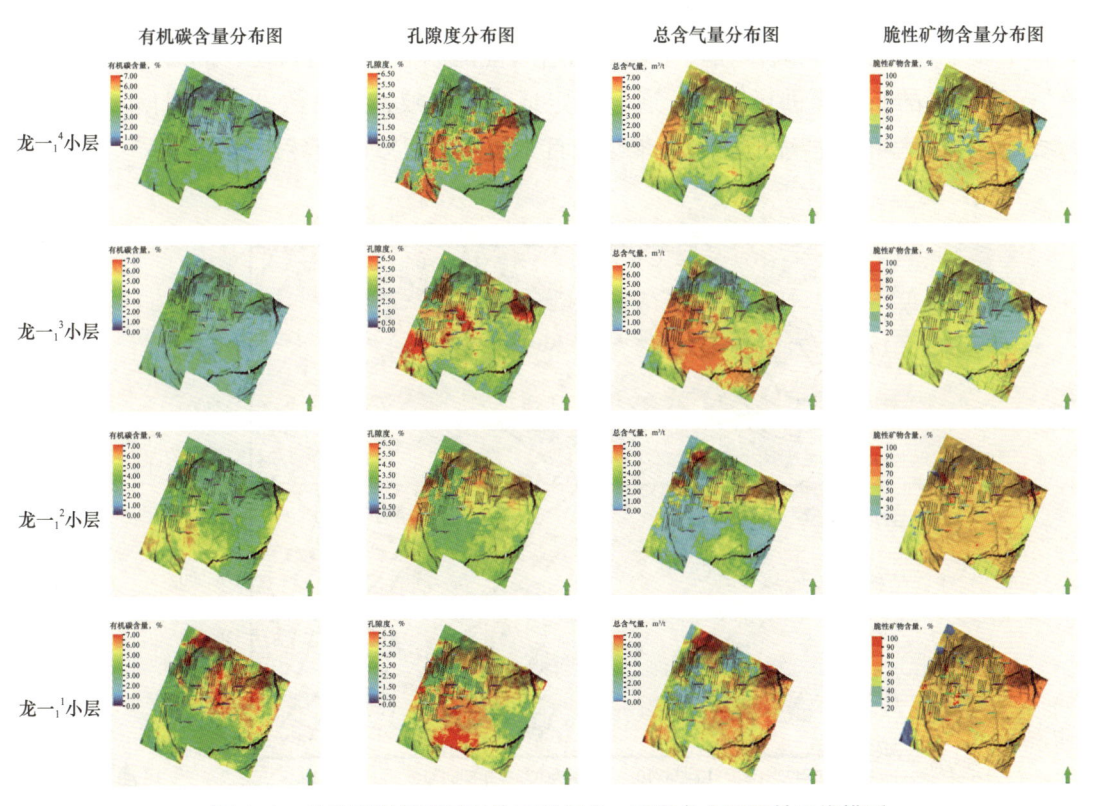

图 4-4　长宁页岩气田某区块五峰组龙一亚段各小层属性三维模型

二、天然裂缝建模技术

页岩气天然裂缝建模的核心是在地震、测井、岩心观察等天然裂缝描述研究的基础上，采用具有地质统计学意义的随机模拟函数，建立微断层、天然裂缝带、小尺度离散天然裂缝的三维分布模型，为研究天然裂缝与人工裂缝的相互作用奠定基础。目前最主流的技术是离散裂缝随机生成技术（DFN），该技术直接用随机产生的裂缝片来组成裂缝网络，以此来描述裂缝系统。DFN 技术表征天然裂缝的关键是如何确定天然裂缝的发育强度、方位、倾角、延伸长度及高度等[7]。

1. 天然裂缝发育强度

裂缝建模首先需要对裂缝在三维空间中发育程度（即发育密度）进行刻画，这也是裂缝建模最为重要的参数。

平面上裂缝密度的表征主要依靠从地震属性中提取出的方差体、蚂蚁体、曲率体等不连续信号进行约束，大量实践证实蚂蚁体追踪能够较好地识别不同尺度的天然裂缝，因此通常采用蚂蚁体追踪算法预测裂缝系统或裂缝带（图 4-5）。蚂蚁追踪算法模仿蚂蚁觅食行为，利用可吸引蚂蚁的信息素传达信息，以寻找最短路径的原理，在地震体中设定大量电子蚂蚁，让每个蚂蚁沿着可能的断层面向前移动，同时发出"信息素"，对明显的断裂面进行标定。通过设定适当的蚂蚁追踪参数，对裂缝信号直接进行提取和捕捉，可以精细地描述从米级到百米级不同尺度的天然裂缝[4]。

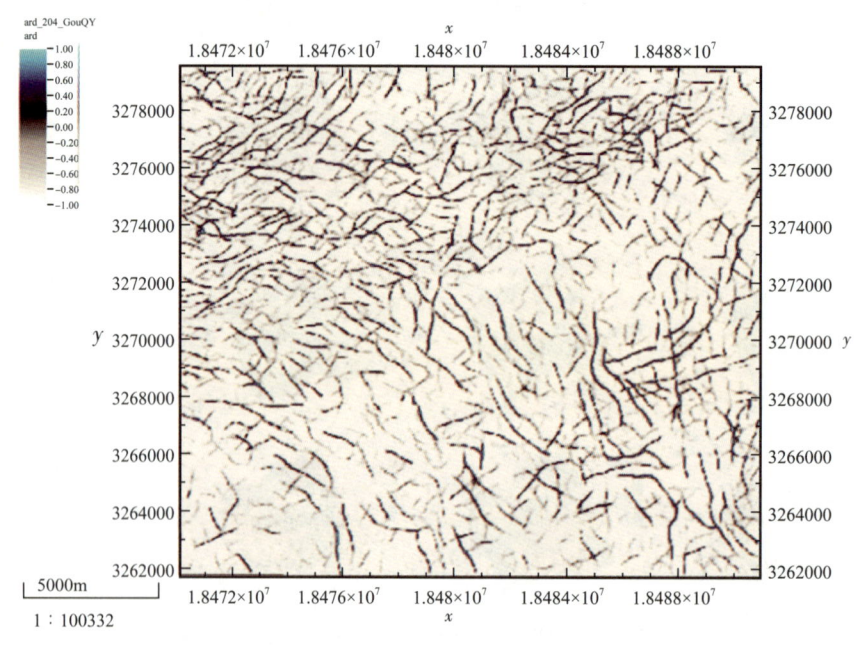

图 4-5 天然裂缝平面强度蚂蚁体预测成果图

纵向上的裂缝密度一般采用岩心统计分析获得或者通过成像测井资料在深度上进行标定（图4-6）。

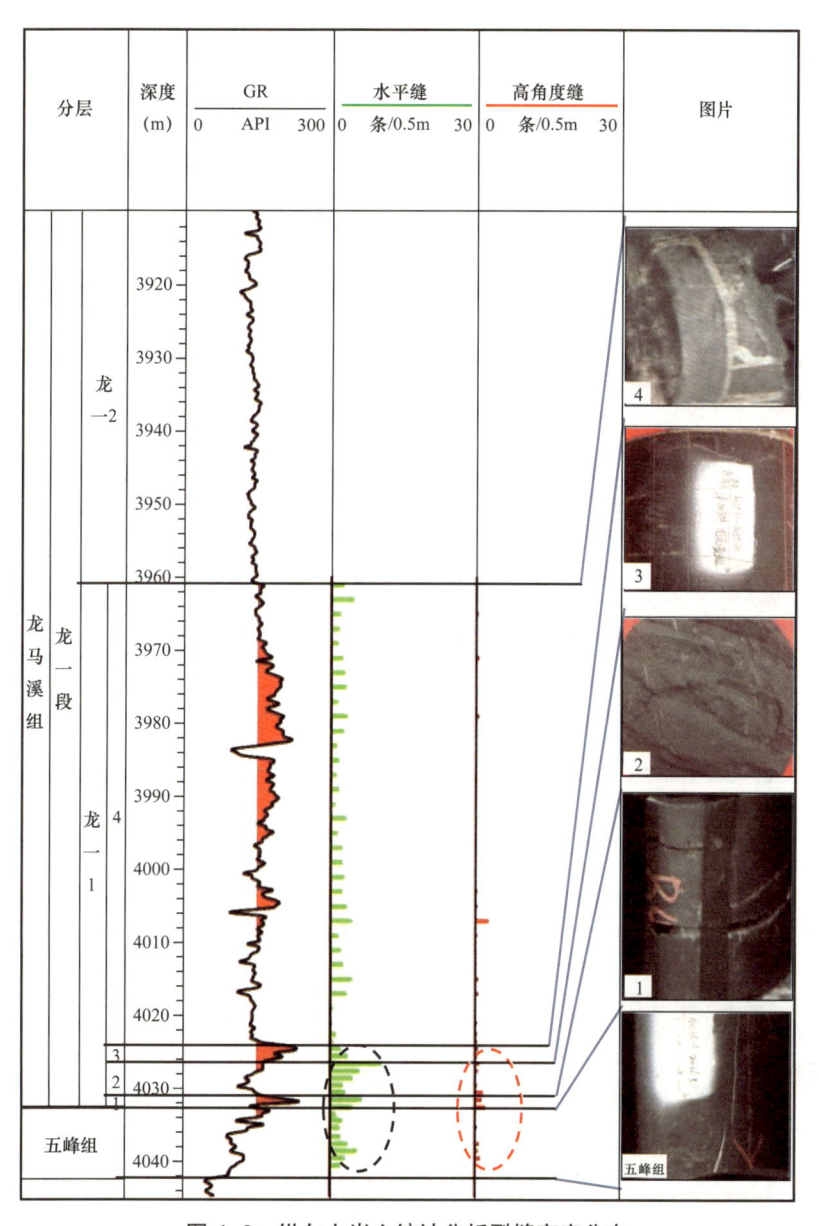

图4-6 纵向上岩心统计分析裂缝密度分布

2. 天然裂缝产状

在明确天然裂缝的纵向和平面分布密度后，需要进一步通过成像测井解释成果获得工区裂缝的产状，在Petrel软件中采用fisher概率密度分布函数和玫瑰图来综合描述不同倾角及走向的裂缝（图4-7）。

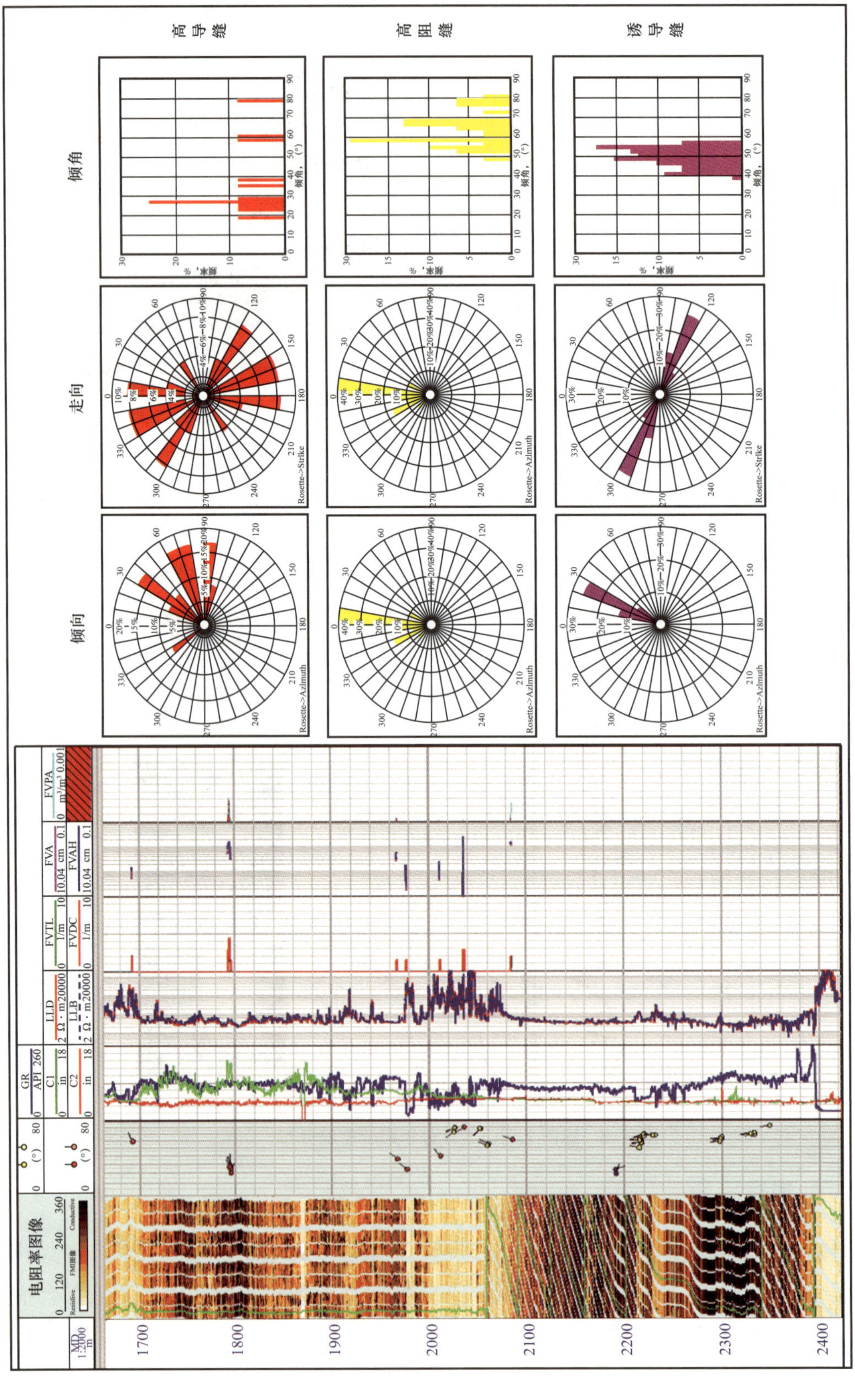

图 4-7 成像测井解释天然裂缝产状特征

3. 天然裂缝长度、高度和宽度

不同于裂缝强度和产状，即使采用先进的裂缝识别技术，工区裂缝的长度、高度和开度的表征依然存在很强的不确定性，因此在模拟裂缝几何形状时，主要采用一些参数设置和后验质控的手段减少其不确定性，从对露头区裂缝延伸长度的测量表明多数裂缝延伸长度小于100m，笔者推荐将裂缝片长度设置为0～150m，平均约50m，裂缝片长高比为2∶1。

在确定上述裂缝特征参数后，采用DFN随机生成技术在三维空间中建立包含天然裂缝带、小尺度离散天然裂缝的裂缝网络模型（图4-8）。

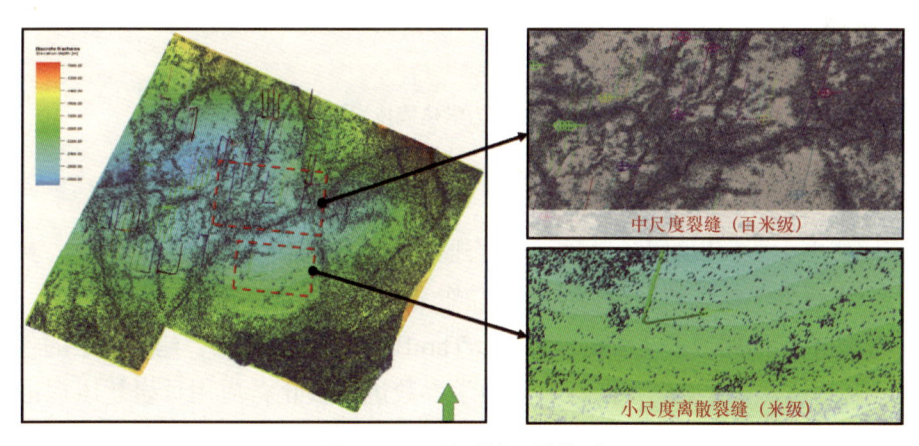

图4-8 天然裂缝三维模型

第二节 三维地质力学建模

页岩储层构造及裂缝发育，地应力分布复杂、非均质性强，三维地质力学模型是影响压裂模拟准确度的关键因素。目前主要的思路是：首先根据测井数据建立沿井身分布的单井一维地应力剖面，然后基于三维岩石力学参数模型（泊松比、杨氏模量、抗拉强度等），采用有限元方法模拟不同边界条件下的三维应力分布，直至计算得到的三维应力场沿井轨迹采样结果与一维测井解释对比达到误差要求，相关技术流程如下（图4-9）。

（1）通过单井岩石力学预测软件，利用室内实验数据和现场测井数据，建立单井地质力学模型和岩石力学参数模型；

（2）利用Petrel软件，结合单井岩石力学参数模型和三维地质模型，建立三维岩石力学参数模型；

（3）在地质模型和岩石力学参数模型基础上，利用Petrel地质力学模块和VISAGE模拟器开展平台和全区的三维地质力学建模[8-9]。

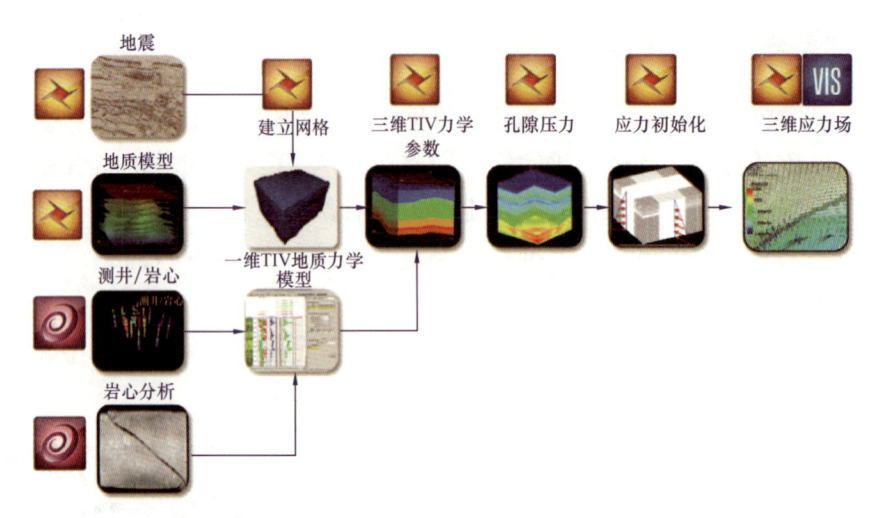

图 4-9　三维地质力学建模技术研究思路

一、一维地质力学精细建模技术

一维地质力学建模以测井、实验和动态监测资料为基础，通过模型计算，获得单井孔隙压力、岩石力学参数和地应力曲线，并作为三维地质力学建模的基础参数。在一维地质力学建模中，采用声波（Sonic Scanner/ThruBit）等测井数据，建立地层的各向异性（TIV）模型，并以岩心实验数据对地质力学参数进行校正；应用页岩超压理论，确定各井孔隙压力曲线；以测试压裂资料和井眼稳定性模型对地应力进行质控校正。

1. 孔隙压力预测

孔隙压力预测是为确定不同深度地层孔隙中的流体所承受的压力。对于已钻过的井，可用 RFT（重复地层测试仪）或 MDT（模块式地层动态测试仪）等测得孔隙流体压力，也可由试井得到孔隙流体压力。这种方法得到的数据直接、可靠，但通常数据点很少，不能得到连续的剖面。基于龙马溪地层的孔隙压力成因，主要采用 Bowers 理论进行压力预测。

$$p_\mathrm{p} = \sigma_\mathrm{V} - 5470\left(\frac{v_\mathrm{p}-5000}{12770}\right)^{1.3} \quad (4-1)$$

式中　p_p——孔隙压力，psi；

σ_V——上覆岩层压力，psi；

v_p——纵波速度，ft/s。

2. 岩石力学参数预测

地质力学性质参数包括岩石的弹性参数和岩石强度参数，是地应力计算、井壁稳定性分析、压裂模拟的基础。

1）岩石弹性参数计算

根据纵波时差、横波时差和密度测井数据得到岩石力学动态参数；考虑页岩具有横观各向同性，利用 Sonic Scanner 测井的斯通利波、快速和慢速横波计算得到各向异性地层的刚度矩阵，分别计算岩石纵横向的动态弹性模量和泊松比。

$$\begin{cases} G_{\text{dyn}} = \dfrac{\rho_b}{(\Delta t_s)^2} \\ K_{\text{dyn}} = \rho_b \left[\dfrac{1}{(\Delta t_c)^2} \right] - \dfrac{4}{3} G_{\text{dyn}} \\ E_{\text{dyn}} = \dfrac{9 G_{\text{dyn}} \times K_{\text{dyn}}}{G_{\text{dyn}} + 3 K_{\text{dyn}}} \\ v_{\text{dyn}} = \dfrac{3 K_{\text{dyn}} - 2 G_{\text{dyn}}}{6 K_{\text{dyn}} + 2 G_{\text{dyn}}} \end{cases} \quad (4\text{-}2)$$

式中　G_{dyn}——动态剪切模量；

　　　K_{dyn}——动态体积模量；

　　　E_{dyn}——动态杨氏模量；

　　　v_{dyn}——动态泊松比；

　　　ρ_b——体积密度；

　　　Δt_s，Δt_c——横波和纵波时差。

对于页岩等各向异性地层，利用 Sonic Scanner 或者 ThruBit 测井资料，采用 MANNIE 假设可以得到各向异性地层的刚度矩阵，分别计算岩石纵横向的弹性模量和泊松比。

$$\boldsymbol{C} = \begin{bmatrix} C_{11} & C_{12} & C_{13} & 0 & 0 & 0 \\ C_{12} & C_{11} & C_{13} & 0 & 0 & 0 \\ C_{13} & C_{13} & C_{33} & 0 & 0 & 0 \\ 0 & 0 & 0 & C_{55} & 0 & 0 \\ 0 & 0 & 0 & 0 & C_{55} & 0 \\ 0 & 0 & 0 & 0 & 0 & C_{66} \end{bmatrix} \quad (4\text{-}3)$$

$$\begin{cases} C_{11} = C_{22} \neq C_{33} \\ C_{44} = C_{55} \neq C_{66} \\ C_{12} \neq C_{13} = C_{23} \\ C_{12} = \xi C_{13} \\ C_{13} = \xi C_{33} - 2 C_{55} \end{cases} \quad (4\text{-}4)$$

$$\begin{cases} E_\text{v} = C_{33} - 2\dfrac{C_{13}^2}{C_{11}+C_{12}} \\ E_\text{h} = \dfrac{(C_{11}-C_{12})(C_{11}C_{33}-2C_{13}^2+C_{12}C_{33})}{C_{11}C_{33}-C_{13}^2} \\ v_\text{v} = \dfrac{C_{13}}{C_{11}+C_{12}} \\ v_\text{h} = \dfrac{C_{33}C_{12}-C_{13}^2}{C_{33}C_{11}-C_{13}^2} \end{cases} \quad (4-5)$$

式中 E_v——动态垂向杨氏模量；

E_h——动态横向杨氏模量；

v_v——动态垂向泊松比；

v_h——动态横向泊松比。

岩石动态力学参数是指岩石在各种动载荷或周期变化载荷（如声波、冲击、振动等）作用下所表现出的力学性质参数。而在静载荷作用下岩石表现出的力学参数称为静态参数。井眼的变形和破坏是相对较慢的静态过程。实验研究表明，对于一块完整致密的岩石来说，其动、静力学参数比较接近。对于疏松或欠固结的地层，动、静力学参数可能有显著的差异。一般情况下，动态参数要大于静态参数。

用上述声波资料计算的弹性模量是动态的，与岩石的静态力学性质之间有一定的差距，需要用实验室数据将动态弹性模量和强度转换成静态数。

2）岩石强度参数计算

岩石的单轴抗压强度（UCS）通常根据测井曲线计算得到，利用岩石杨氏模量来确定岩石抗压强度和内摩擦角。而岩石抗拉强度为抗压强度的函数，一般取抗压强度的 10%。

3. 地应力计算

原地应力主要由上覆岩层压力、最大水平地应力和最小水平地应力组成，其中上覆岩层压力通常根据密度测井数据计算；最大、最小水平地应力根据不同地应力模型计算获得。

1）上覆岩层压力

上覆压力通过对地层密度进行积分计算得到。典型的地层密度通过电缆测井得到，也可以利用岩心的密度。

$$\sigma_z = \int_0^z \rho_z g \text{d}z \quad (4-6)$$

式中 σ_z——上覆应力；

ρ_z——密度测井值；

g——重力加速度。

2）水平地应力

一定深度处的最小水平主应力 σ_h 可以通过漏失试验、微压裂或利用地应力测试工具直接测量得到，或通过室内实验间接测量得到。计算出最小水平主应力后，可以利用井眼图像和岩石破坏模型来大致标定最大水平主应力 σ_H 的大小。

采用多孔弹性模型，利用各向异性方法计算得到了本井主应力。

$$\sigma_h = \alpha p_p = \frac{E_{horz}}{E_{vert}} \frac{v_{vert}}{1-v_{horz}}(\sigma_v - \alpha p_p) + \frac{E_{horz}}{1-v_{horz}^2} \varepsilon_h \frac{E_{horz} v_{horz}}{1-v_{horz}} \varepsilon_H \tag{4-7}$$

式中 σ_h——最小水平主应力；

p_p——孔隙压力；

α——Biot 系数；

ε_h, ε_H——构造应力系数；

v_{horz}, v_{vert}——各向异性水平和垂直方向静态泊松比；

E_{horz}, E_{vert}——各向异性水平和垂直方向静态杨氏模量。

二、三维地质力学精细建模技术

在一维地质力学精细建模的基础上，通过三维有限元地质力学模拟，详细描述地质力学参数及原场应力在空间上的非均质性，进一步刻画地质力学参数及原场应力在横向及垂向上的变化规律，从而为钻井优化、压裂设计以及压后评估提供可靠的力学模型。

1. 三维有限元网格

为了在初始地质模型中建立杨氏模量、泊松比等岩石力学参数，需要在三维地质模型的基础上首先构建三维有限元网格。一般采用 petrel 软件开展这项工作，需要关注的问题有以下几点。

（1）输入数据的分辨率。有限元计算的结果受输入数据分辨率的制约，如果有限元网格分辨率大于输入数据分辨率，那么并不能真正提高结果的精度，而是造成时间和资源的浪费。

（2）输出数据的分辨率。三维地质力学的结果要用于钻井优化、储层评价及压裂设计等过程中，必须采用满足使用需求的分辨率，否则结果没有指导意义。

（3）网格规模的大小。目前商用服务器能够求解的有限元方程自由度约在千万级别，过大的网格规模将使得计算无法进行。

（4）网格的质量。有限元网格应当充分反映变形特征，在重点关注区域，如储层范围内，应当适当进行加密；非储层区网格应当尽量规则，扭曲、拉长的网格不利于储层变形特征的反映和求解精度的提高[10-11]。

此外，为了正确模拟储层所在的边界条件，需要在储层部位之外添加上覆岩层、下伏岩层及侧面岩层。图4-10给出了某一研究区域的三维有限元网格。右边为研究范围内储层的模型，左边为增加了上覆岩层、下伏岩层及侧面岩层的整体模型。

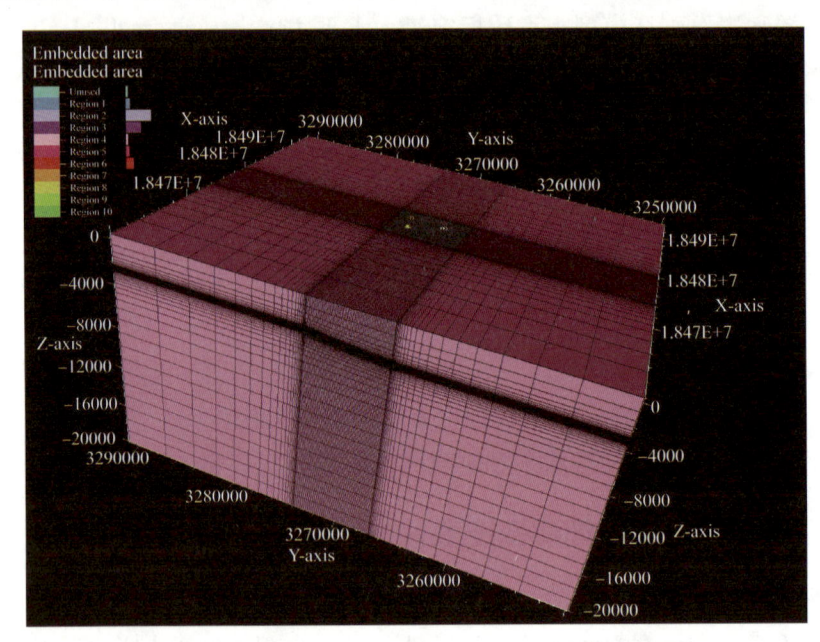

图4-10 川南地区某一页岩气平台的地质力学拓展网格

2. 三维地质力学模型建模

在三维有限元网格建立完成后，采用序贯高斯模拟算法构建岩石力学模型。根据测井解释成果进行属性建模，储层上覆、下伏地层赋予属性常数，侧边地层采用外插法进行赋值。网格分布如图4-11所示。

各区域采用的力学常量选择标准为上覆密度及硬度小于储层与下伏地层，下伏地层大于储层平均值，侧边地层与储层接近，刚性板硬度应选择较大值。

得到三维地质力学参数后，与单井的一维地质力学参数进行对比（图4-12），如果大体匹配则认为建立的三维地质力学参数较为可靠。

3. 地应力模拟

确定三维地质力学参数后，结合一维地质力学模型研究的成果（如水平地应力梯度，水平地应力方向等）运用VISAGE进行地应力模拟，模拟结果包括最大水平主应

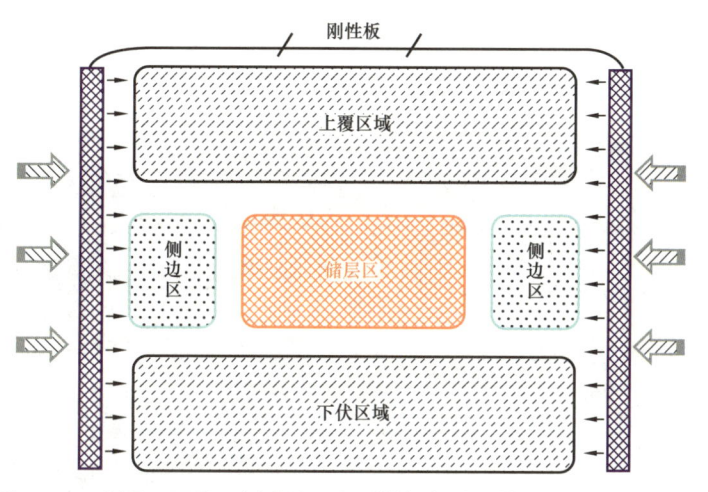

图 4-11　上覆、下伏、侧边地层和刚性板与储层模型相对位置示意图

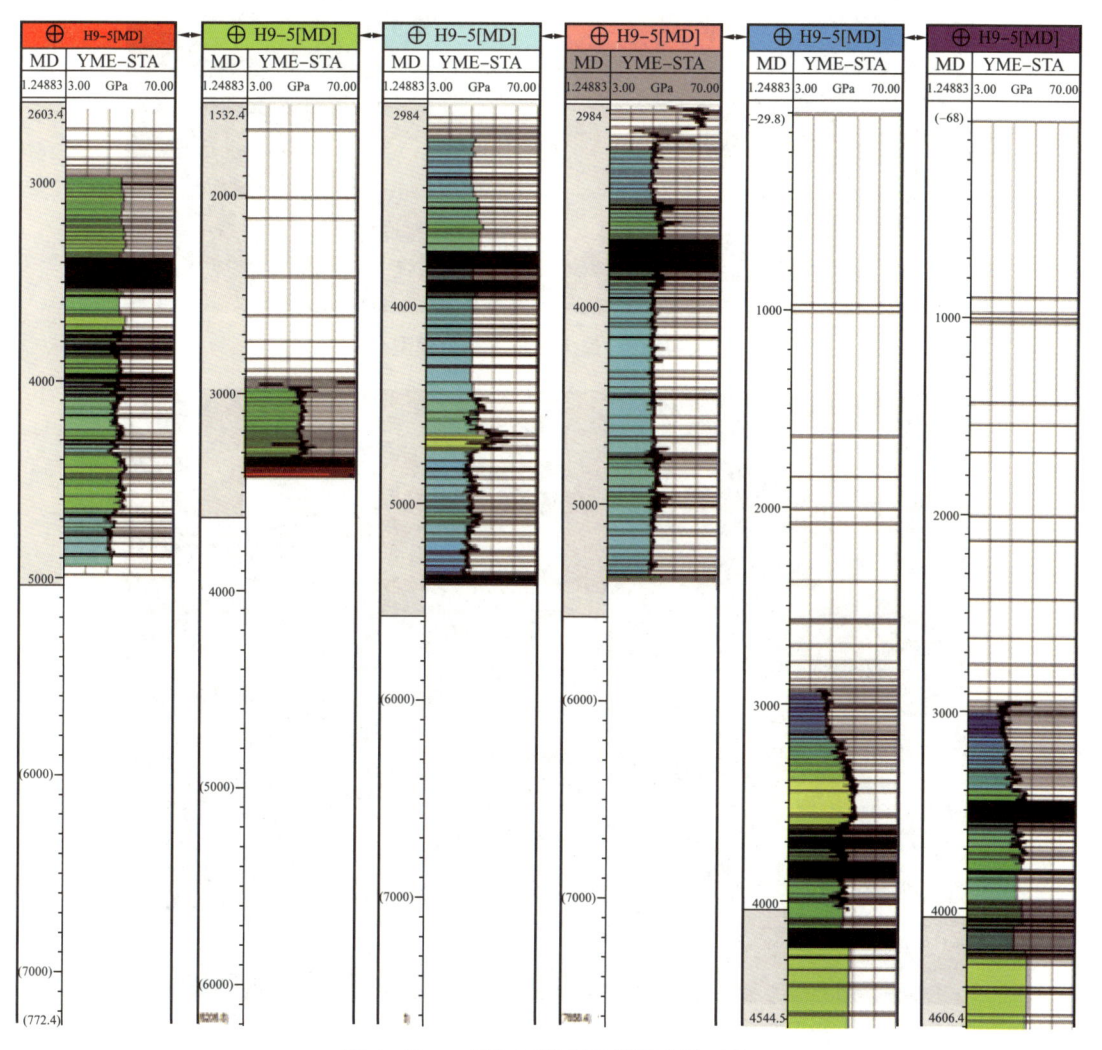

图 4-12　一维和三维杨氏模量参数对比

力、最小水平主应力及上覆岩层压力（图 4-13 和图 4-14）。类似于地质力学参数，需要用一维地应力剖面进行单井标定和校核。

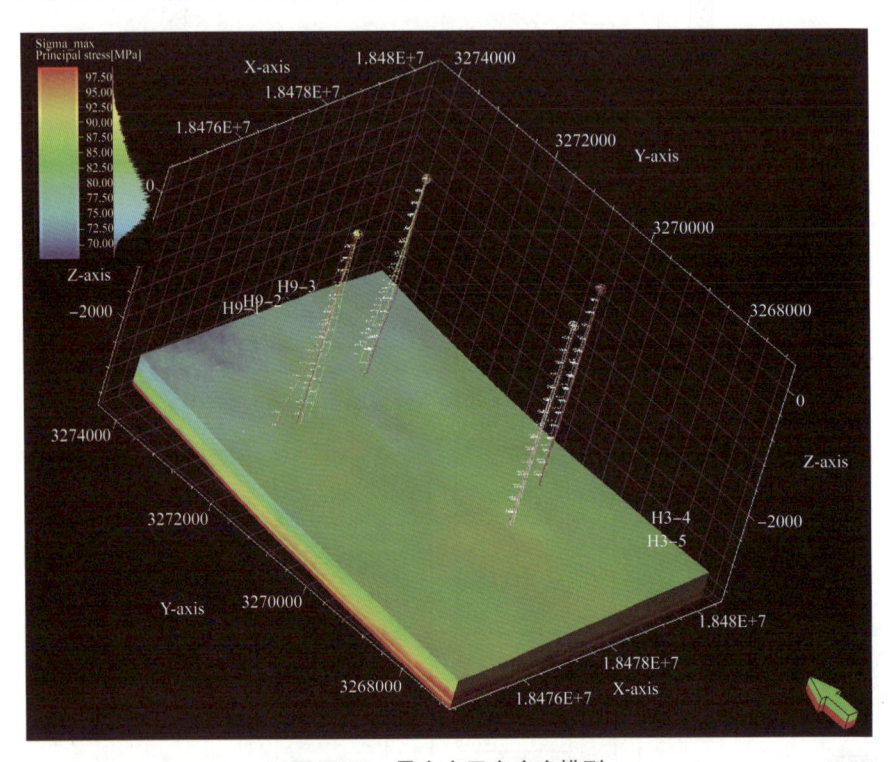

图 4-13　最大水平主应力模型

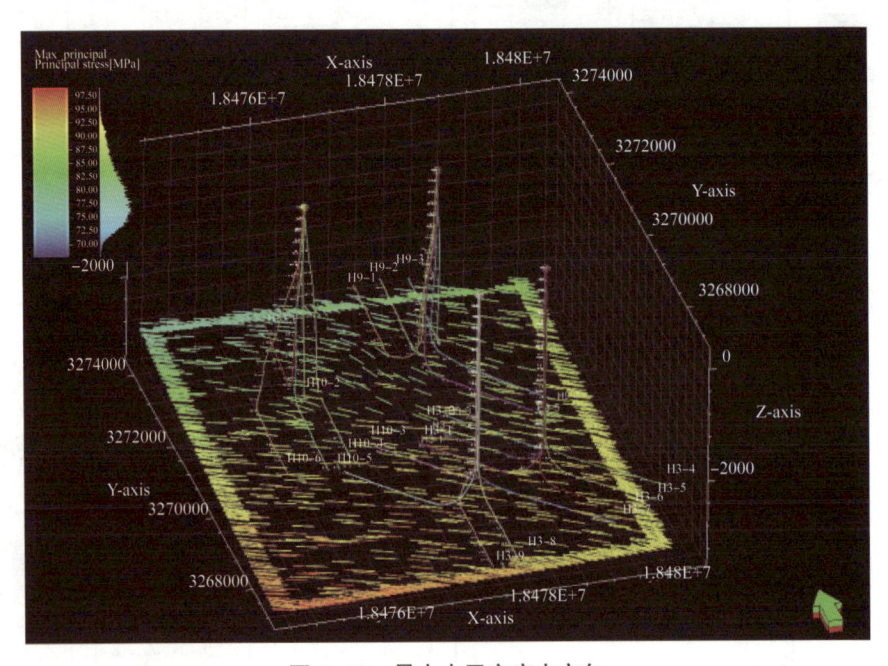

图 4-14　最大水平主应力方向

第三节 压裂缝网模拟

水平井分段体积压裂技术是页岩气开发最有效的手段，但如何形成尽可能复杂的裂缝网络，页岩气水平井体积压裂裂缝起裂及扩展规律研究是基础。基于 Petrel 平台的 UFM 技术（Unconventional Fracture Model）无缝对接地质模型、天然裂缝模型和地应力模型，基于储层非均质性和应力各向异性，模拟压裂缝与天然裂缝的相互作用、压裂缝之间的相互影响（应力阴影效应），获得压裂缝网展布形态、导流能力以及支撑剂有效支撑范围，还可以使用微地震监测和压裂泵注数据对水力裂缝各项参数进行标定[12]。

一、三维压裂模拟基本模型

1. Open T 判定准则

压裂缝相遇天然裂缝的表现形式受到多种因素的综合影响，如压裂缝和天然裂缝的夹角（逼近角）、最大和最小水平主应力的差值、水力裂缝内流体压力、天然裂缝的摩擦系数和内聚力[13-15]。三维压裂模拟技术采用 OpenT 判定准则（图 4-15）综合考虑上述所有影响因素，计算水力裂缝与天然裂缝的相互作用。

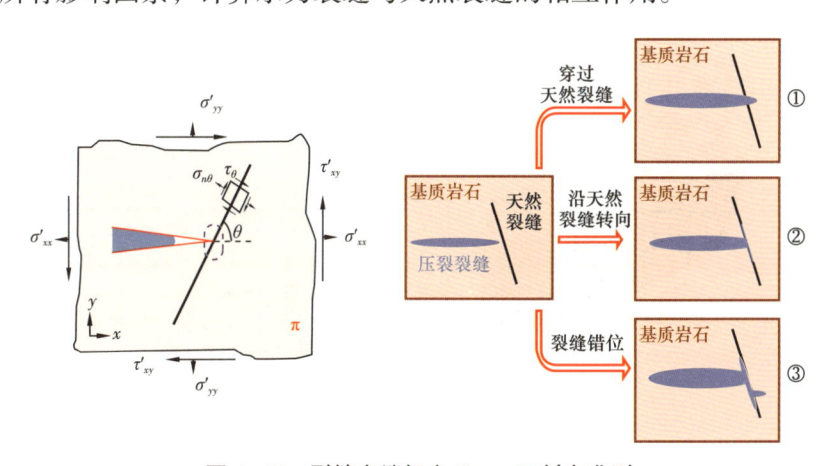

图 4-15 裂缝尖端相交 Open T 判定准则

2. 支撑剂运移模型

非常规复杂裂缝模型能准确模拟压裂过程中的支撑剂运移。支撑剂本身由于重力产生的沉降作用，将裂缝分为了三个区域：纯液区、携砂区和砂堤区（图 4-16）。UFM 技术可以同时考虑砂堤剥蚀作用，采用 Shiller-Naumann 颗粒沉降校正算法，对每个元素求解一维运移方程。式（4-8）为支撑剂组分质量守恒方程，式（4-9）和式（4-10）为砂液质量守恒方程。

$$-\nabla \cdot \left[\rho_p \boldsymbol{v}_p c_p \omega\right] + \dot{q}_{p,\text{wf}} = \frac{\partial}{\partial t}\left[\rho_p c_p \omega\right] \tag{4-8}$$

$$-\nabla \cdot \left[\rho_{\text{sl}} \boldsymbol{v}_{\text{sl}} w\right] + \dot{q}_{\text{sl,wf}} - \dot{q}_{\text{leak}}\left(1 - \sum_p c_p\right)\sum_f x_f \rho_f w = \frac{\partial}{\partial t}\left[\rho_{\text{sl}} w\right] \tag{4-9}$$

$$\boldsymbol{v}_{\text{sl}} = -\frac{w^2}{12\mu_{\text{sl}}}\nabla(p) \tag{4-10}$$

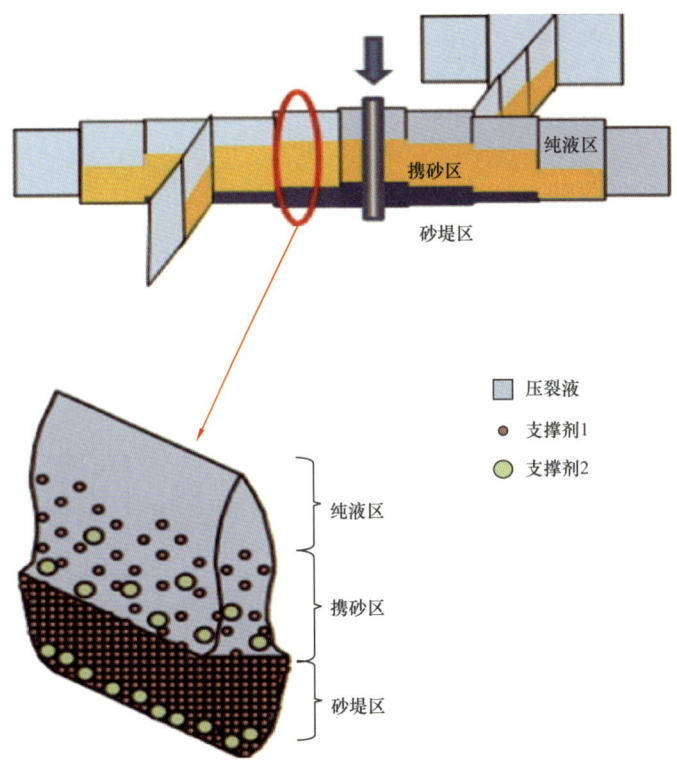

图 4-16 支撑剂运移模型示意图

二、压裂缝网模拟技术流程

常规压裂模拟主要基于单井的测井解释数据和地应力数据，同一层位具有相同垂深和地应力，可以满足均质储层的压裂模拟需求，但页岩气藏储层非均质性强，且受地层倾角的影响，位于同一层位的不同压裂段垂深差距可达300m，地应力相差8～10MPa，故常规压裂模型不能适应页岩气水平井体积压裂模拟要求，必须建立三维压裂模型，引入前面已建立的三维地质静态模型和三维地应力模型，并输入压裂相关的入井材料、施工泵注等资料。

斯伦贝谢公司的Mangrove软件三维压裂模拟技术流程如下。

1. 压裂井的建立

输入页岩气压裂井在三维空间的井眼轨迹，包括井口坐标、补心高度、钻头直径、套管尺寸和强度、井斜角、方位角、井深等数据。

2. 三维地质静态模型和三维地应力模型输入

由于建立的三维地质模型和三维地应力模型通常是井区或平台模型，开展压裂模拟前应根据压裂模拟的需要（单井压裂模拟、平台井压裂模拟和井区井压裂模拟）选择输入三维地质模型和三维地应力模型的大小，避免运算量过大，影响计算效率。

三维地质模型导入的数据包括每一层位的静态参数，包括小层垂深、厚度、含气饱和度、含水饱和度、基质渗透率、有机质渗透率、孔隙度、黏土含量、岩石压缩系数、热传导系数、热容、层理密度、漏失系数、岩石类型、地层温度等参数。

三维地应力模型导入的数据包括每一层位的岩石力学参数，包括最大水平地应力方向、上覆岩层压力、最大水平地应力、最小水平地应力、上覆岩层压力梯度、地层孔隙压力、地层孔隙压力梯度、破裂压力梯度、杨氏模量、泊松比、内摩擦角、内聚力、抗拉强度、抗压强度、天然裂缝刚度等参数。

3. 入井材料性能输入

输入压裂液和支撑剂的性能，其中压裂液主要输入压裂液的厂家、类型、密度、黏度、不同排量下的摩擦阻力系数等参数；支撑剂主要输入支撑剂厂家、类型、粒径、颗粒直径、体密度、视密度、不同压力下的裂缝导流能力等参数。

4. 分段分簇射孔方案输入

针对待压裂井的分段分簇射孔方案设计，利用单井测井解释数据（图4-17），划分完井品质和储层品质，差异化设计最优射孔位置，确保每簇裂缝都能顺利起裂；针对已压裂井的压后评估，只需将实际压裂分段射孔位置输入模型中即可，输入的参数包括每一段的顶界和底界、射孔簇的顶深和底深、射孔编号、孔眼数、簇间距、射孔弹直径、射孔长度和相位角等参数。

5. 压裂施工泵注程序输入

针对待压裂井压裂施工泵注程序设计，通过对比不同泵注程序下裂缝扩展形态和储层改造效果，精细化设计每一段的泵注程序，确保每簇裂缝都能顺利起裂；针对已压裂井压后评估，需要将实际压裂施工泵注程序的秒点数据输入模型中，为了满足压裂模拟计算要求，必须对秒点数据的异常数据和分段段塞重新处理，同时需要将地面加砂浓度转化为井底加砂浓度。

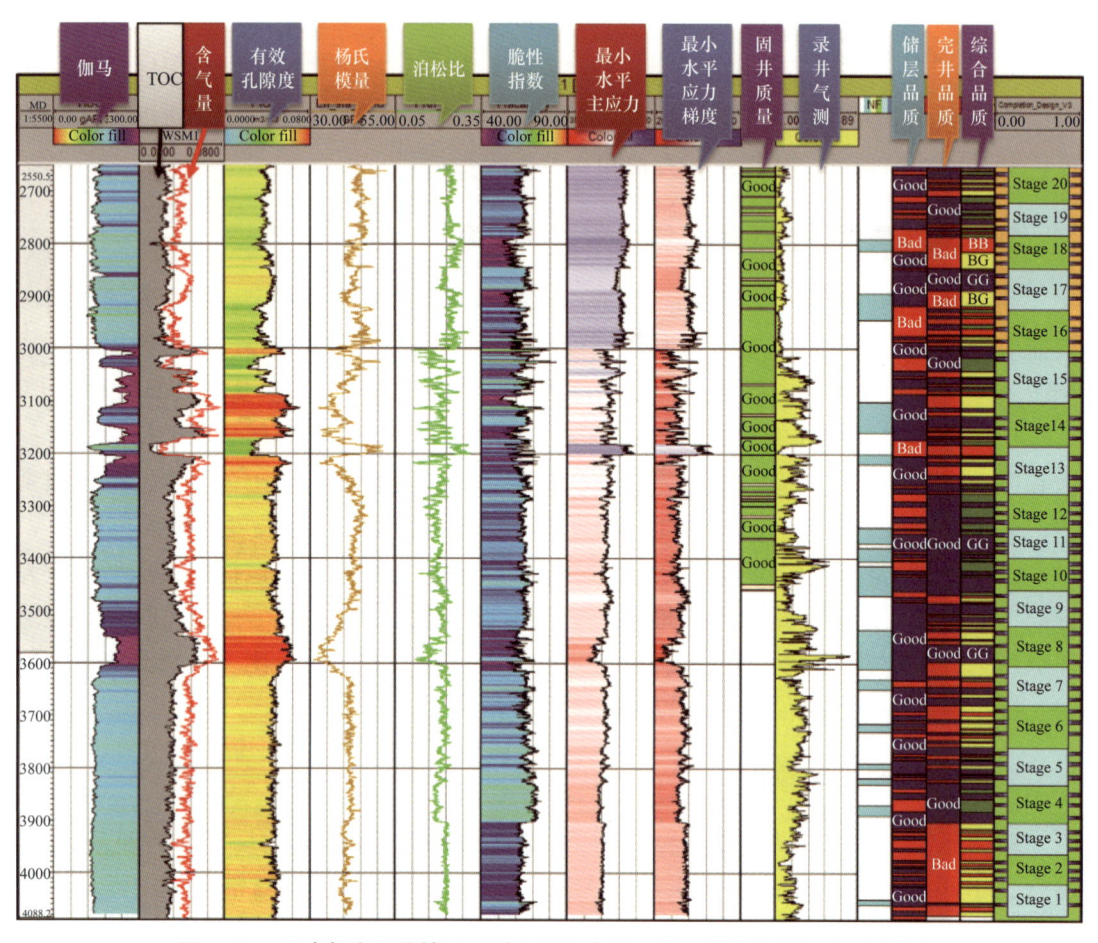

图 4-17　页岩气水平井精细压裂分段设计图（根据储层品质和完井品质）

6. 天然裂缝模型输入

天然裂缝形态是影响水力压裂效果的关键参数（图 4-18），直接从三维地质模型中导入天然裂缝数据，包括裂缝长度、强度、角度等数据。为防止计算量过大，需要对原有的天然裂缝模型编辑，选择合适的天然裂缝模型大小。

根据微地震监测结果或区域模拟经验，设置裂缝高度扩展的上限和下限以及井间干扰的范围，开展仿真模拟，即可初步得到复杂裂缝的形态（图 4-19 和图 4-20）。

三、压裂缝网模拟结果校正

页岩储层体积压裂缝网形态受多种因素影响，十分复杂，模拟过程中仍然存在一些不易测量的参数和标定数据，需开展压裂模拟参数校正。

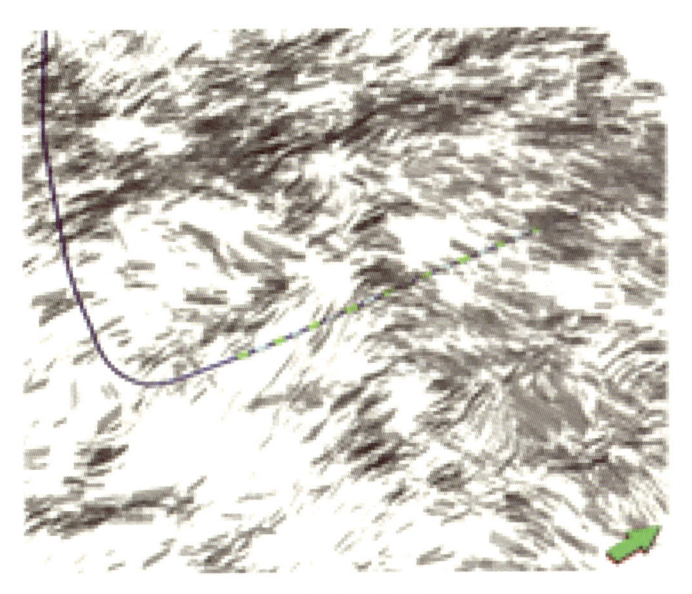

图 4-18 页岩气水平井天然裂缝模型图

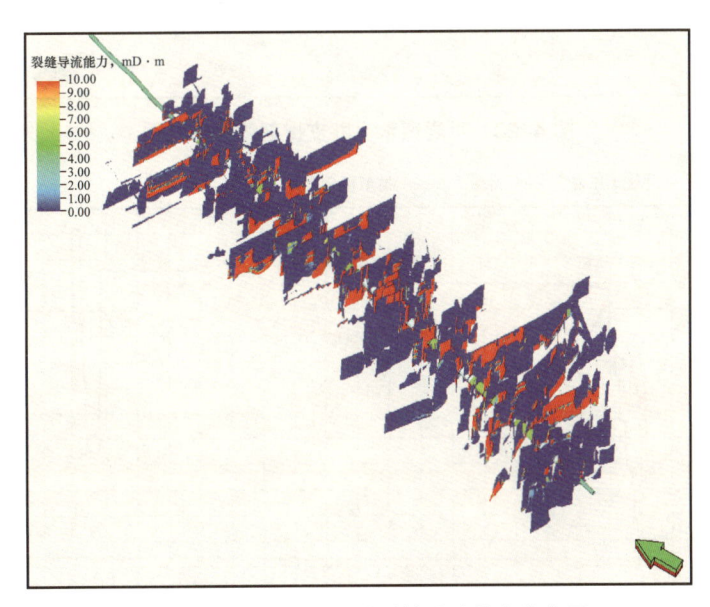

图 4-19 页岩气水平井裂缝导流能力分布图

1. 实际压裂施工曲线校正

受压裂液体系和降阻剂比例的影响，不同排量下施工的摩擦阻力不同。以实际施工压力为基准（图 4-21），调整压裂施工摩擦阻力参数，以获得精确的净压力和裂缝形态。

受非均质性的影响，三维地质力学模型预测的最小水平地应力可能存在一定偏差，利用实际停泵压力和预测停泵压力的对比，对三维地质力学模型进行校正，可以提高三维地质力学模型精度。通过不断校正和拟合，最终实现预测停泵压力吻合度90%以上，施工压力吻合度在85%以上。

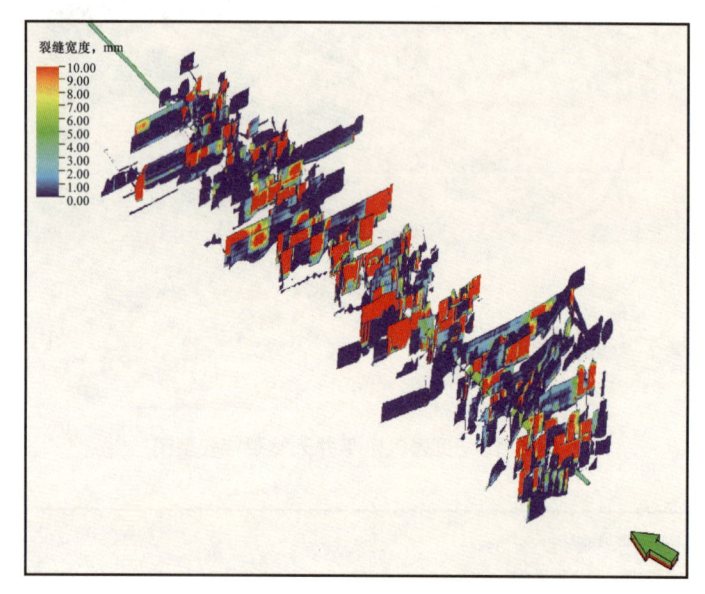

图4-20 页岩气水平井支撑剂浓度分布图

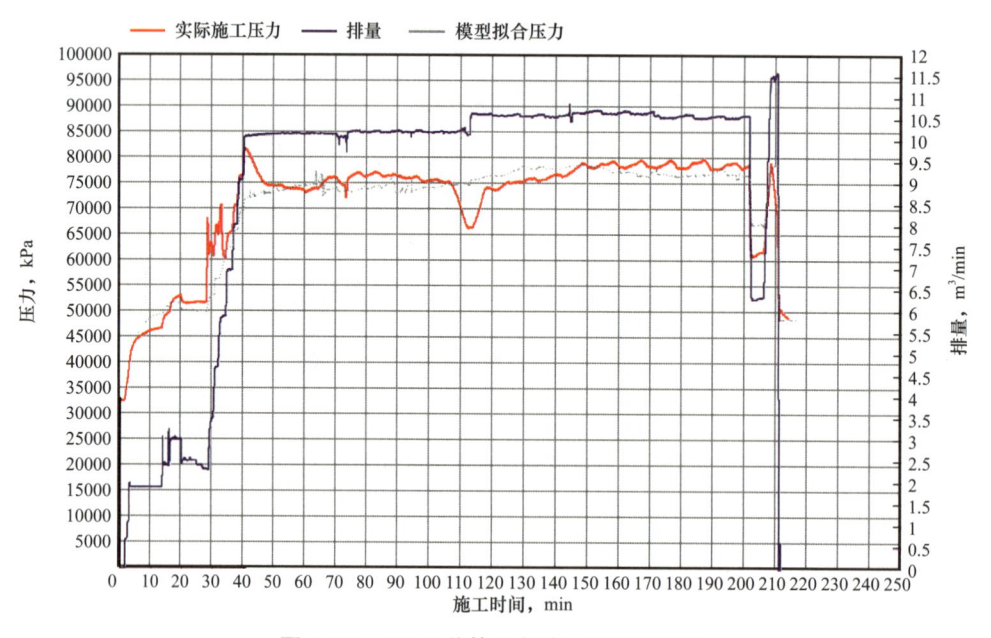

图4-21 H9-5井第6段施工曲线拟合图

2. 微地震监测数据校正

目前，微地震数据是唯一能够在压裂现场进行实际检测和验证水力裂缝改造范围的数据。使用微地震监测的详细事件点数据，对水力裂缝几何尺寸、地应力方向进行校正。纵向上，以微地震事件点分布范围为压裂模拟的约束条件，页岩气水平井体积压裂后微地震累计地震矩范围能够控制在 60m 以内；横向上，微地震事件点分布差异较大，受井间干扰、地应力、天然裂缝的影响一般在 200~500m 之间，如图 4-22 和图 4-23 所示。

图 4-22 微地震裂缝高度标定图

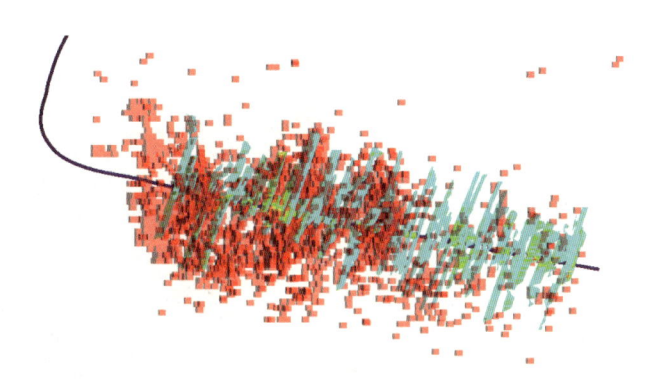

图 4-23 微地震裂缝长度标定图

第四节 水平井组数值模拟

数值模拟技术在非常规油气藏得到了广泛应用和快速发展，随着新一代高性能数值模拟器的出现，以 Fan Li 等为代表的结构化网格等效数模技术转向了非结构网格高分辨率数模技术（图 4-24）。

运用高精度非结构数值模拟网格对压裂裂缝网络进行剖分，用细小网格精细表征高度非均质的裂缝体系，用较粗的网格表征基质，并保持原始基质网格结构不变，精确描述复杂缝网的几何形态，在细致描述裂缝特征的同时，大大降低总网格数，提高数模运算效率，并根据压裂裂缝的导流能力、有效支撑以及无支撑区域计算压裂裂缝渗透率分布。建立的非结构数值模拟网格，可以直接采用 INTERSECT 新一代数值模拟器计算压后产能，通过单孔单渗模型直观地模拟裂缝渗流特征，实现压裂复杂缝网多相流动模拟，形成从压裂到生产的数据无缝对接，建立从完井压裂设计到生产模拟的一体化工作流程（图4-25）。

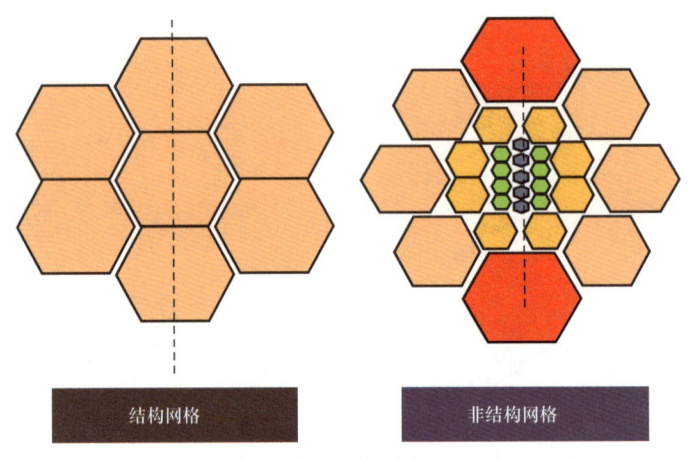

图4-24 结构网格和非结构网格对比示意图

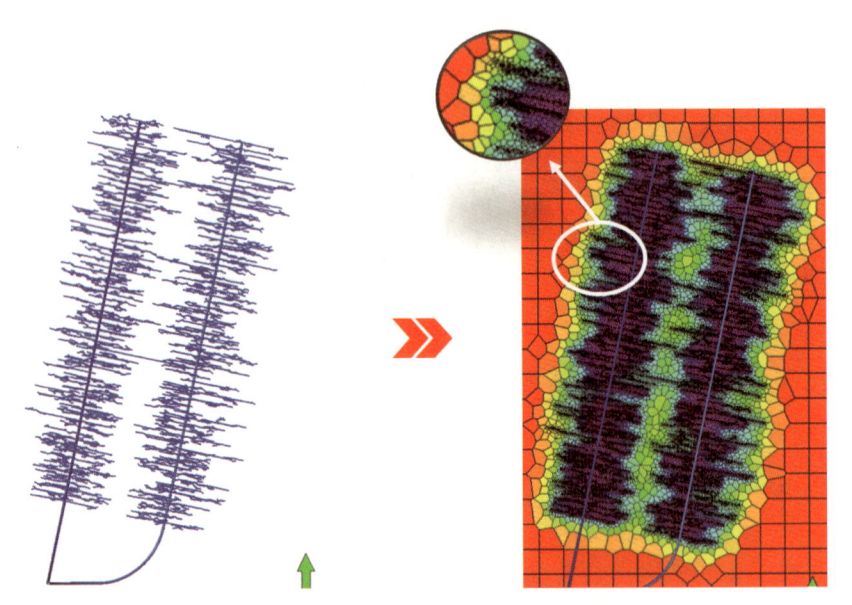

图4-25 水力裂缝的非结构数值网格剖分

一、考虑的流动机理因素

1. 等温吸附曲线

页岩气与常规天然气最主要的区别是页岩气主要以吸附状态储存于页岩基质中，开采过程中地层压力下降，打破原来的吸附平衡，原先吸附在页岩基质表面的气体将发生解吸，形成游离态气体，重新达到平衡。Langmuir 等温吸附曲线一般用来描述恒温条件下页岩气吸附解吸的平衡关系，不仅能定量描述吸附气体的压力和被吸附量之间的关系，也可以表征页岩气的解吸特征。因此，在数值模型中采用 Langmuir 状态方程表示页岩气体的吸附与解吸计算。

$$V_g = \frac{V_L p}{p_L + p} \tag{4-11}$$

2. 扩散系数

众多学者研究认为，由于页岩基质块的孔径很小、渗透率极低，页岩气在其中的达西渗流非常微弱，几乎可以忽略不计。页岩气在页岩储层基质孔隙中的流动方式主要是扩散作用，即流体分子在浓度梯度驱动下由高浓度区向低浓度区随机流动。数值模型中主要采用 Fick 第一定律中的扩散系数 D 表征页岩气的扩散能力大小[16-17]。

3. 裂缝应力敏感

大量学者都指出页岩气生产过程中地层压力变化对气井产能会造成巨大的影响。北美 Haynesville 页岩存在非常强的应力敏感特征，经过大规模水力压裂所形成的复杂裂缝网络是强应力敏感的渗流通道。不同支撑剂类型、粒径有效支撑的裂缝区域，以及无支撑裂缝区域的应力敏感强弱各有差异，无支撑裂缝区域应力敏感最强，100 目小粒径支撑剂有效支撑区域应力敏感程度次之，40/70 目支撑剂有效支撑区域应力敏感程度相对较弱。数值模型中需对不同裂缝区域的应力敏感程度分别赋值，如图 4-26 所示。

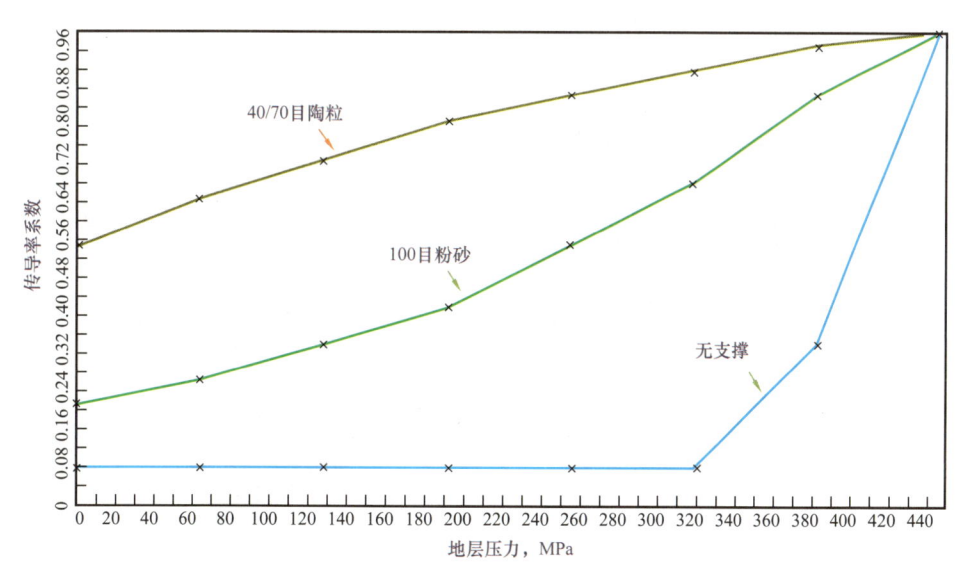

图 4-26 裂缝应力敏感曲线

二、压裂缝网模型网格化

在三维地质模型和复杂缝网模型基础上,采用平衡法对裂缝与基质的地层压力、流体饱和度参数场进行初始化[18]。在数值网格剖分时,基质使用交点网格表征,平面网格尺寸一般为30m×30m或50m×50m,实现压后复杂缝网几何形态的精细表征,裂缝部分必须使用非结构化网格,缝网格尺寸控制在1~3m(图4-27和图4-28)。

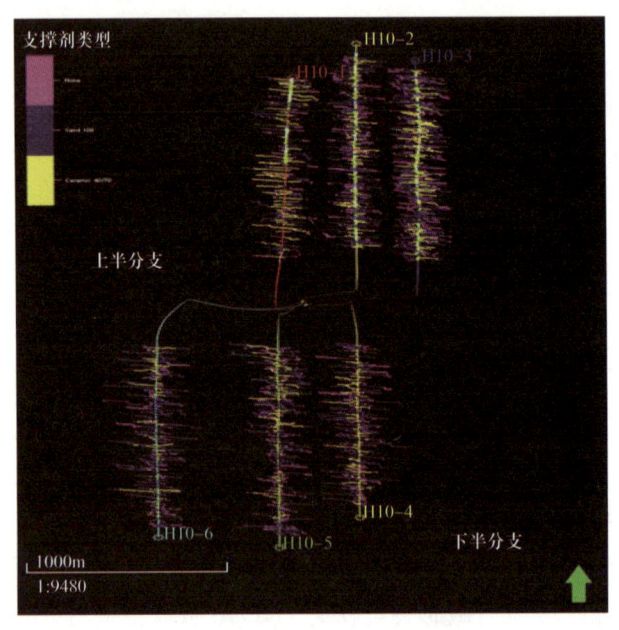

图4-27 页岩气平台压后缝网形态

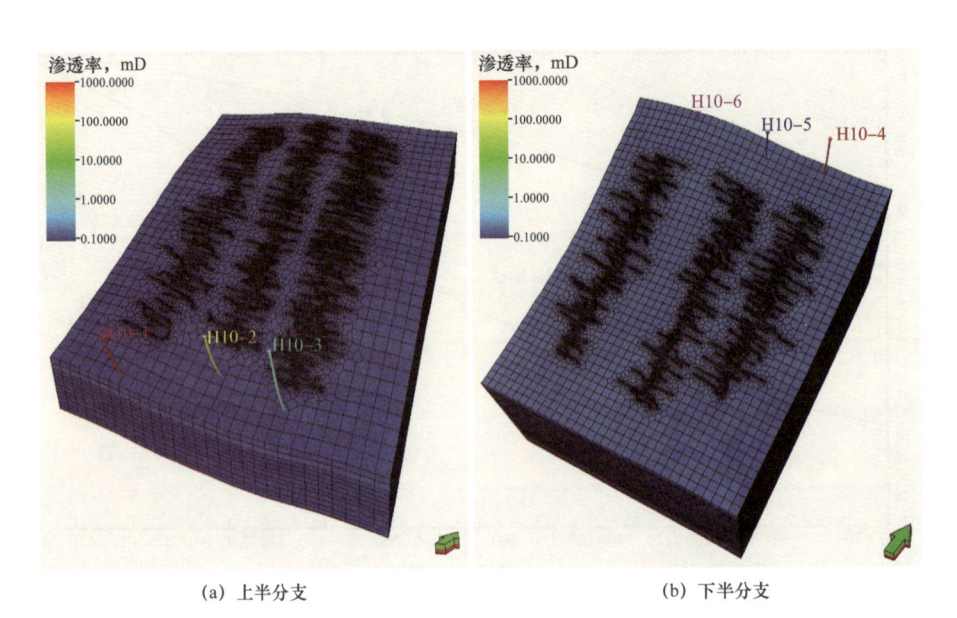

(a) 上半分支　　(b) 下半分支

图4-28 平台数值模拟模型

大多数气井现场采用井口压力计量，根据典型页岩气井的井眼轨迹（图4-29），利用井筒多相流计算公式可以将井口压力折算为井底流压（图4-30），便于生产历史拟合直接使用。

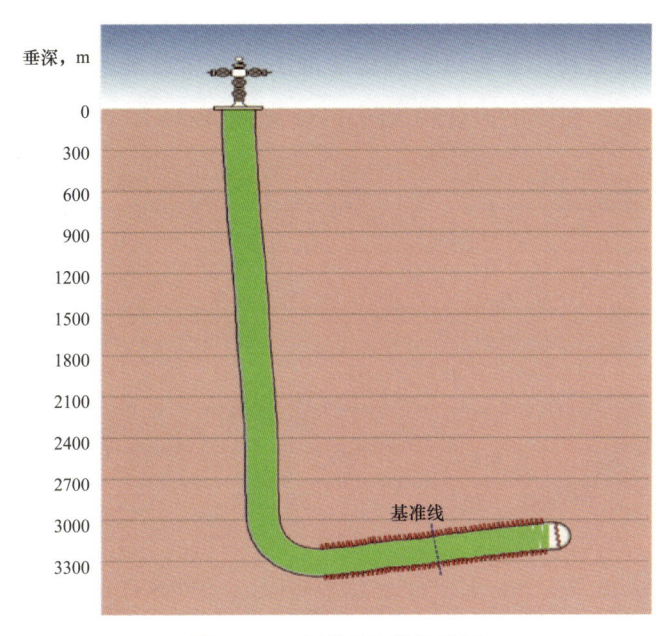

图 4-29　典型井井眼轨迹图

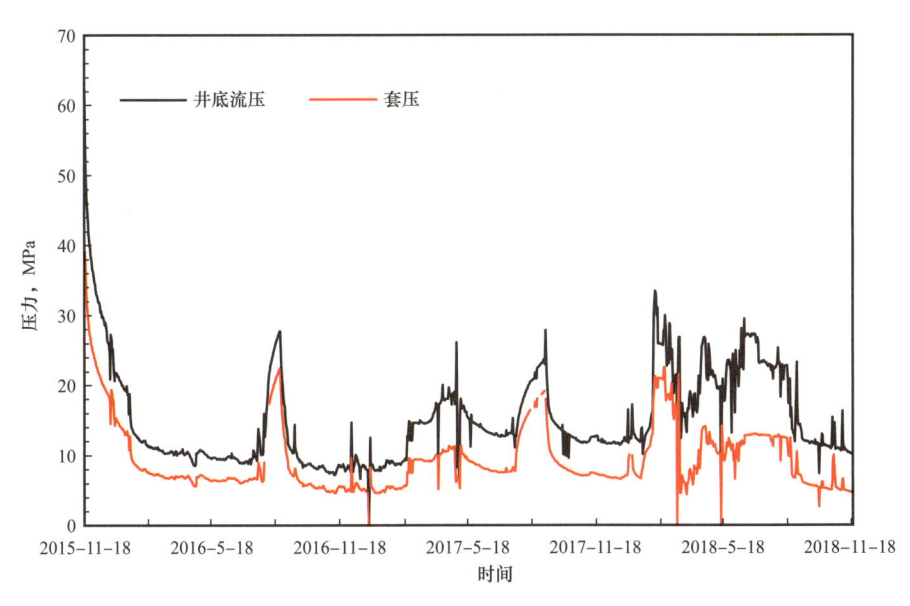

图 4-30　典型井转换前后的压力曲线

三、生产历史拟合

生产历史拟合从可靠性最低的参数入手调整，其中基质区域的属性源于三维地质模型，可靠性较高；水力裂缝有效支撑区域的渗透率源于裂缝拟合得到的导流能力，也有较高的可靠性；水力裂缝无支撑区域的导流能力由裂缝壁面的粗糙程度和裂缝剪切错位导致不能完全闭合决定，相对而言在模型中的渗透率赋值的可靠性最低，因此生产历史拟合以调整无支撑区域的渗透率为主[19-22]。

通过对裂缝导流系数、非支撑裂缝导流能力、基质渗透率和垂向动用范围等不确定参数进行调整标定，在历史拟合后（图4-31至图4-34），可以提高模型的可靠性。

图4-31 平台上半分支日产气量历史拟合图

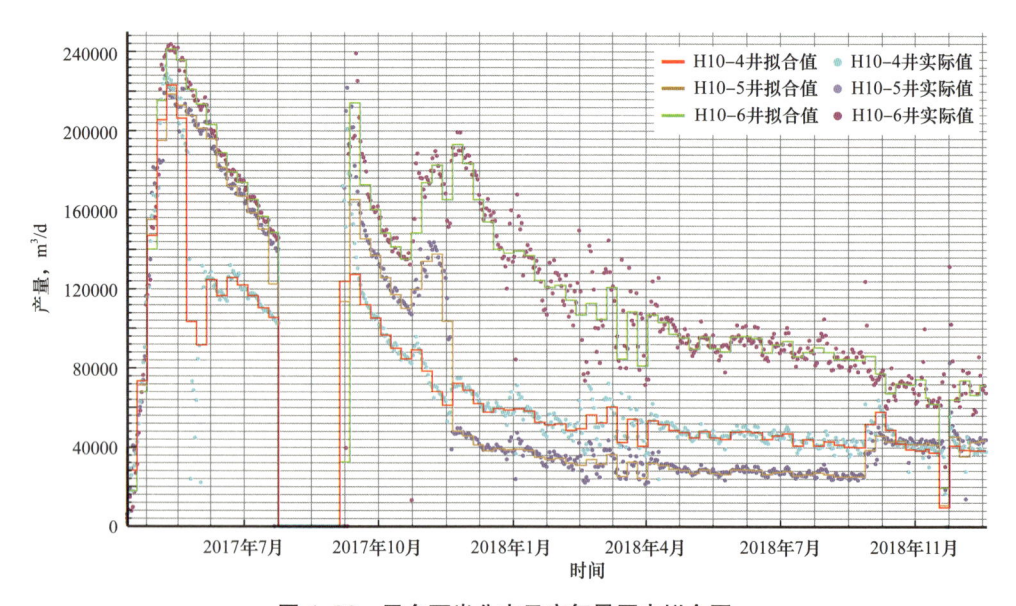

图4-32 平台下半分支日产气量历史拟合图

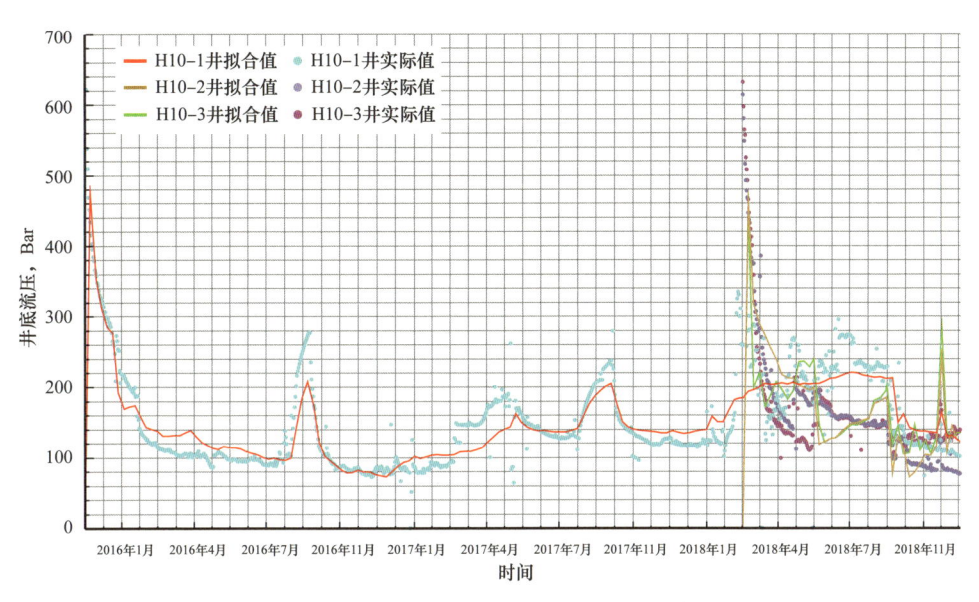

图 4-33　平台上半分支气井井底流压拟合图

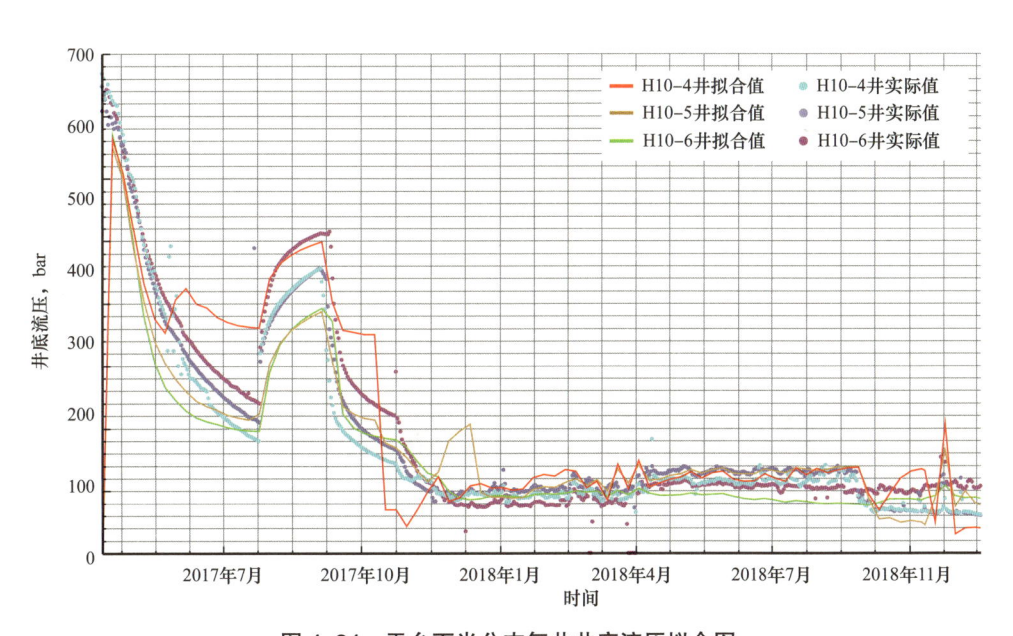

图 4-34　平台下半分支气井井底流压拟合图

四、产量预测

在历史拟合基础上，开展生产动态模拟预测，得到单井中长期累计产气量，可用于预测最终可采储量（EUR）（图 4-35 和图 4-36），支撑开发技术政策及开采方式优化。

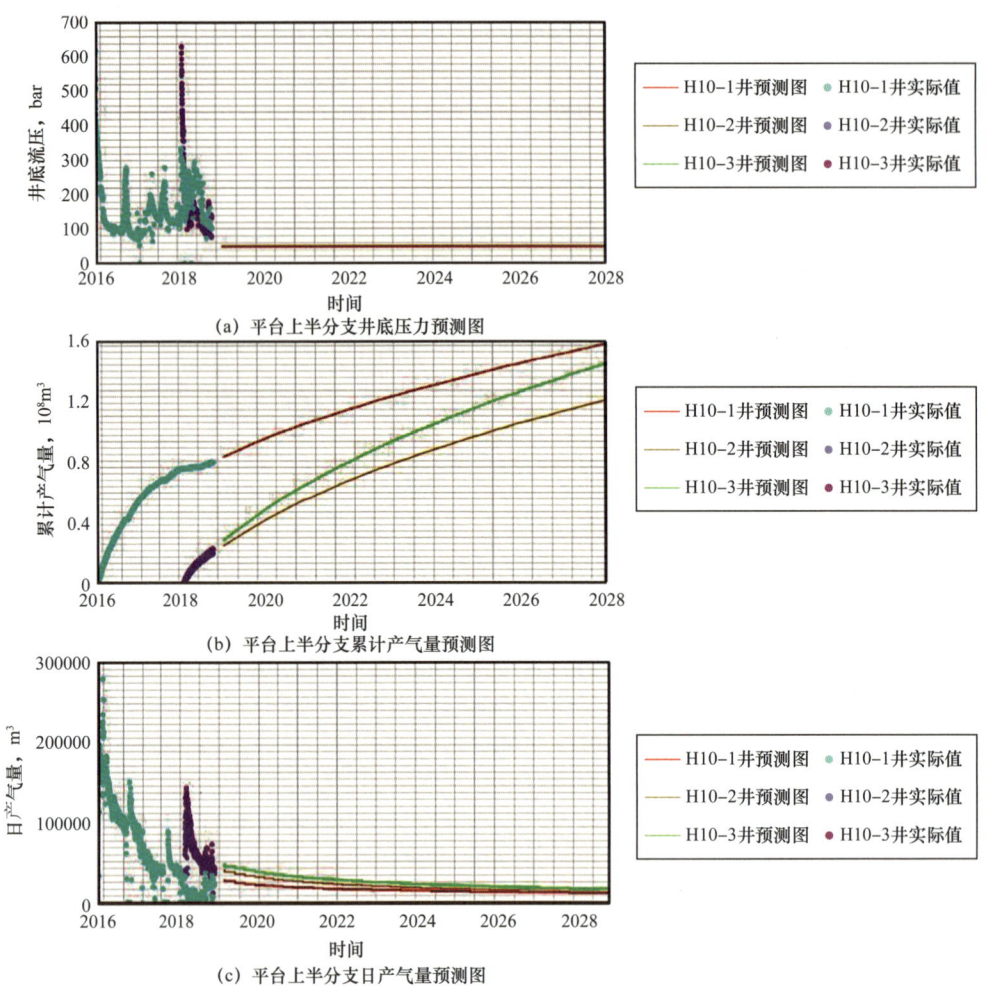

图 4-35 平台上半分支生产动态预测曲线

第五节　地质工程一体化优化设计

一、开发技术政策优化

1. 靶体位置

应用数值模拟技术分析靶体位置对气井产能的影响。通过模拟发现，受支撑剂沉降影响，支撑裂缝区主要位于五峰组底部向上 10m 以上范围，且越往上部，支撑剂铺置浓度越低（图 4-37）。

通过比较靶体位置分别在龙一$_1^3$、龙一$_1^2$、龙一$_1^1$五峰组的生产效果，可以发现水平井靶体位于储层下部优质储层时，生产效果更好。当靶体位于优质页岩底部附近

(a) 平台下半分支井底压力预测图

(b) 平台下半分支累计产气量预测图

(c) 平台下半分支日产气量预测图

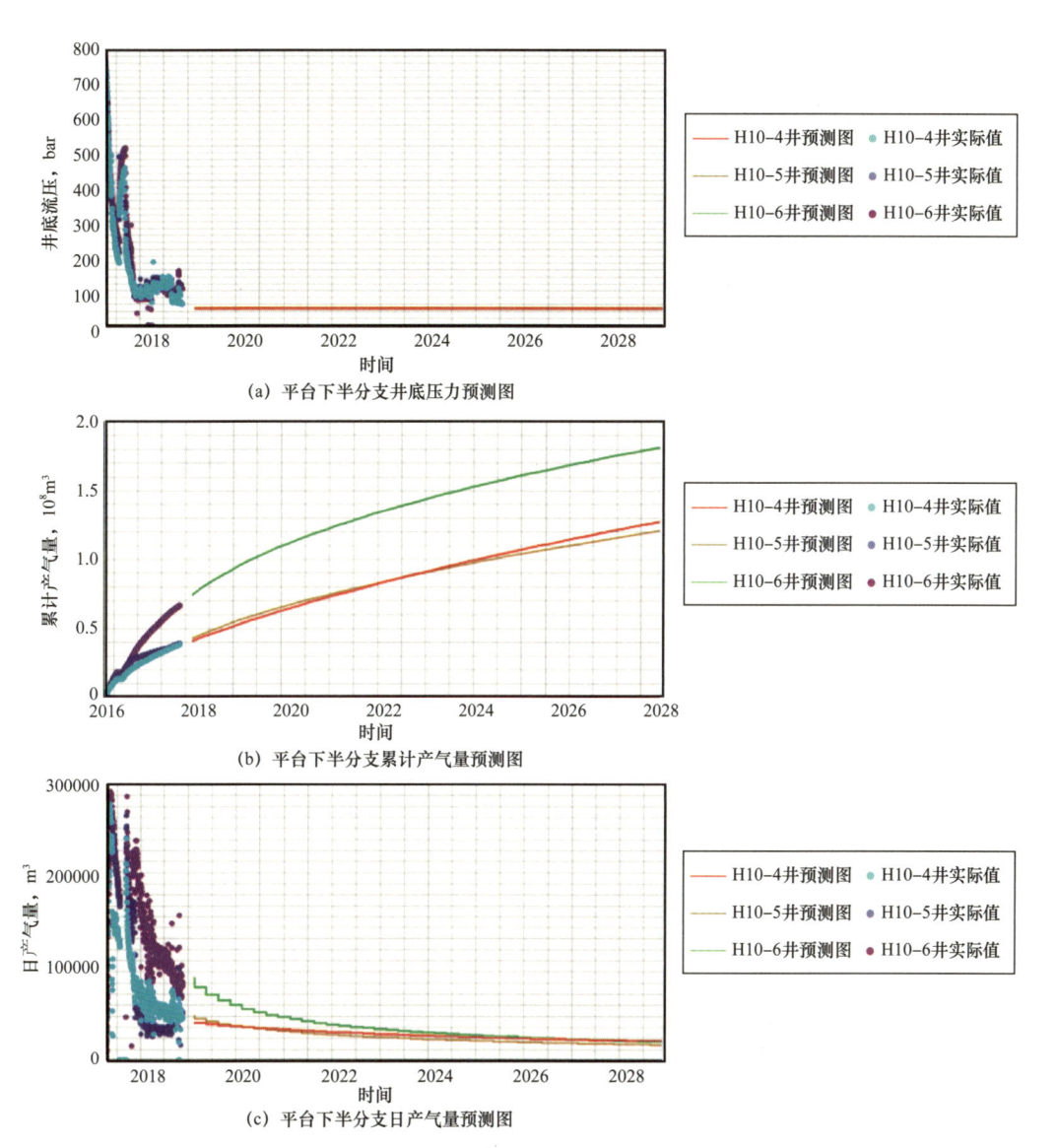

图 4-36 平台下半分支生产动态预测曲线

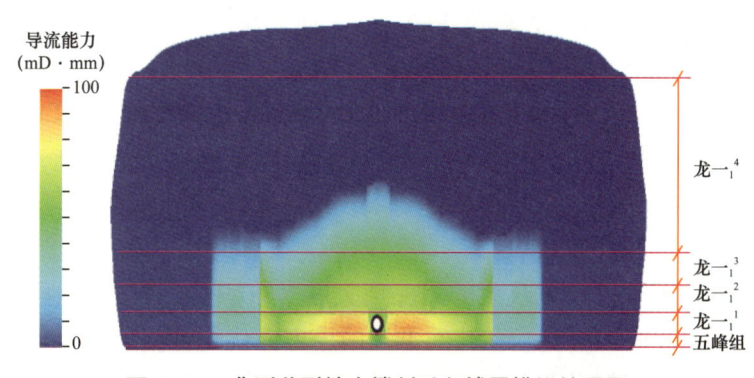

图 4-37 典型井裂缝支撑剂垂向铺置模拟结果图

时，井筒附近铺砂浓度高。良好的裂缝系统导流能力、井筒连通性和储层物性共同作用，使得生产效果最好（图4-38和图4-39）。

图4-38 典型井不同箱体位置的井轨迹图

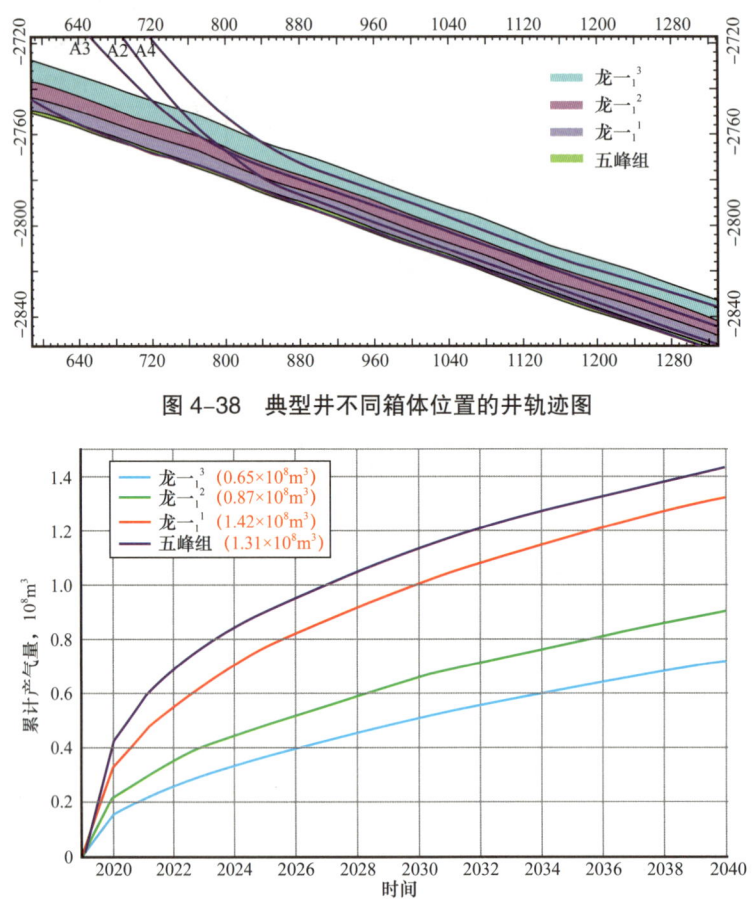

图4-39 典型井不同箱体位置气井生产曲线

2. 水平段长度

水平段长是页岩气开发技术政策的关键参数，但是其指标确定一直以来主要参考国内外相关经验，基于地质模型，通过压裂产能一体化模拟，可对水平井段长进行优化设计（图4-40）。

数值模拟结果（图4-41）表明：随水平段长的增加，页岩气井EUR呈线性增加，从动用程度和开发效果而言，应结合经济评价方法和工程施工条件进一步评价。

3. 井间距

井间距是页岩气开发技术政策的另一项关键参数，基于典型井地质模型，通过压裂产能一体化模拟，从压裂安全和井间干扰两个方面优化井间距。

明确不同井间距下气井干扰情况，结合压裂施工安全，设计井间距分别为250m、

300m、350m、400m以及无井间干扰共5套方案。

模型压裂模拟结果如图4-42所示。

模拟结果表明，总体上，压窜风险随井间距增大而降低，典型井地质工程条件下，井间距250m时压窜风险明显，300m时仍存在一定压窜风险，350m时几乎没有压窜风险，400m时模拟未显示明显压窜风险点（图4-42）。

基于压后复杂裂缝网络生成非结构数值模拟网格，开展压裂产能一体化模拟，结果如图4-43所示。

产能模拟结果显示，在不同井间距下，近井地带由于裂缝网络密集均可实现较好动用。井距太大，井组的资源动用率低、采收率低；井距太小，单井EUR难以保证且容易压窜。因此，从区块开发的层面来说，如果以采出程度为最终目标，井间距设计应该在保证单井经济效益的前提下，承受一定程度的井间干扰，从而尽可能地保持井间储量的高动用率，达到更好的区块开发效果。

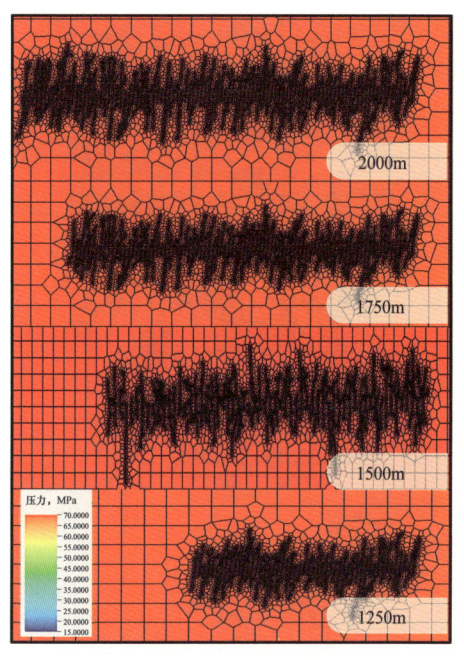

图4-40 不同水平段长气井的复杂裂缝网络产能模型

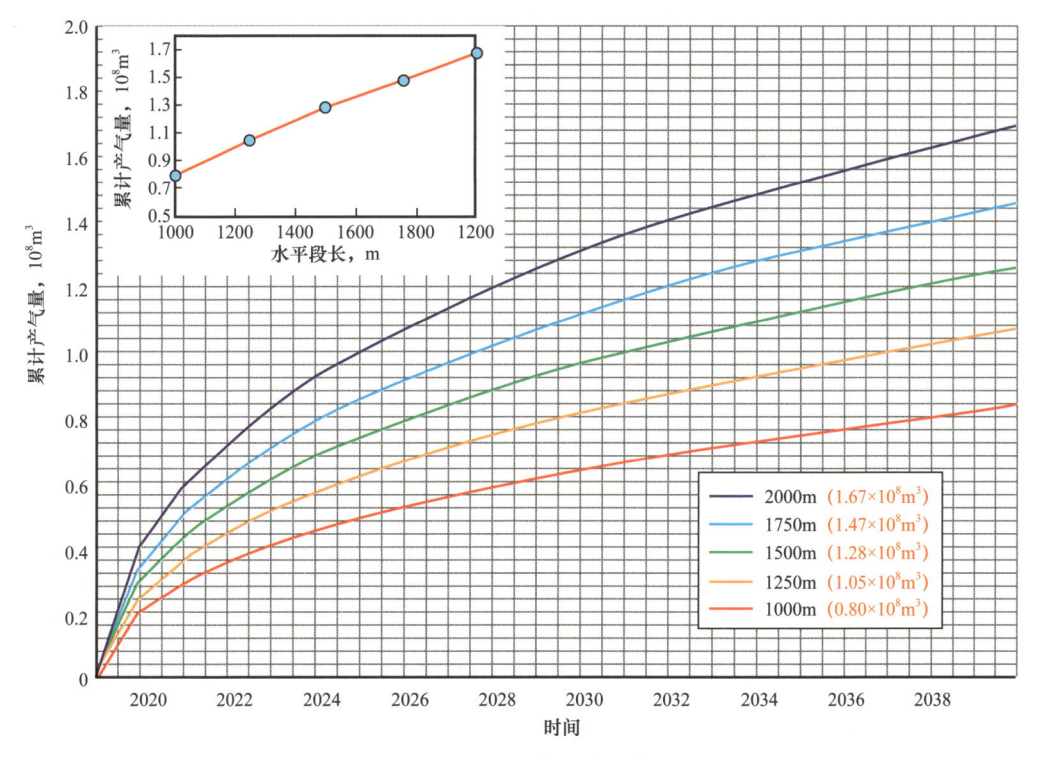

图4-41 不同水平段长气井产能模拟结果图

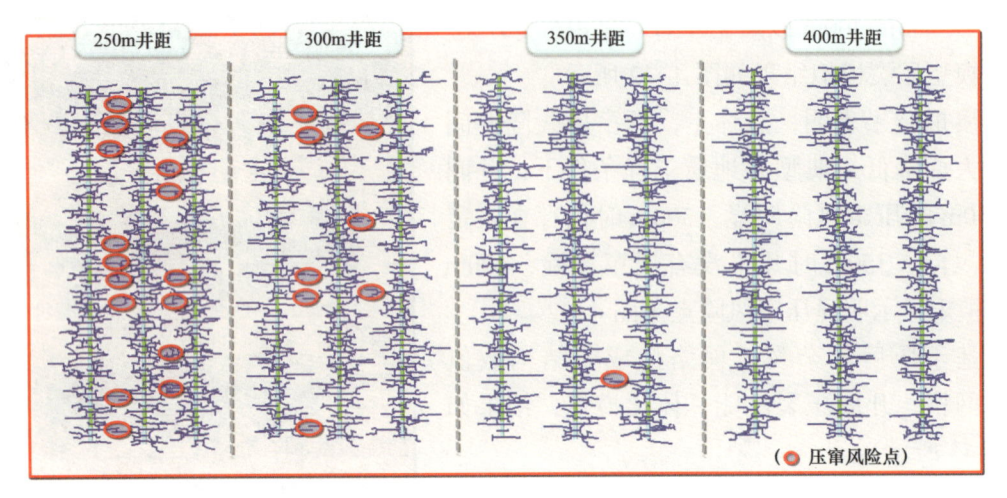

图 4-42　不同井间距气井压裂模拟结果图

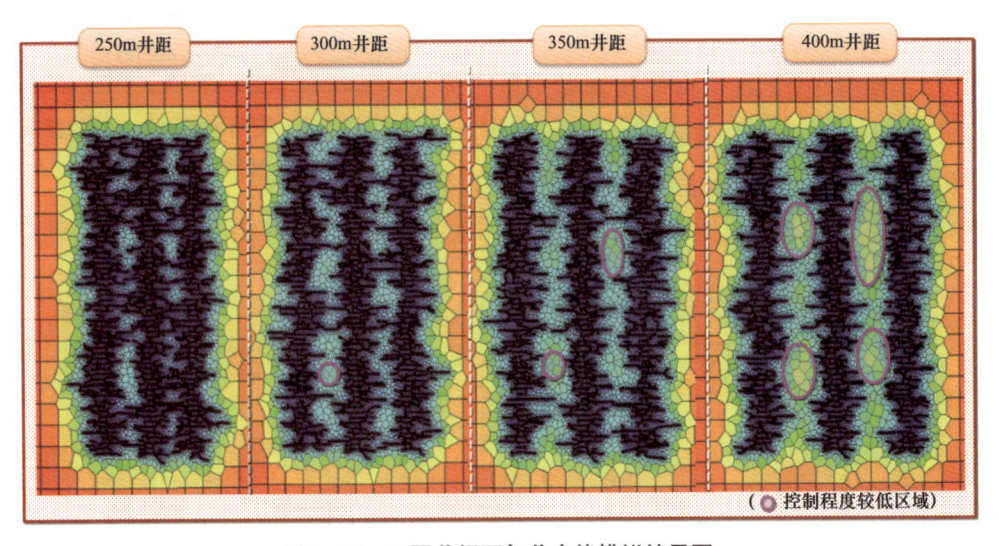

图 4-43　不同井间距气井产能模拟结果图

二、压裂施工参数优化

1. 施工排量

压裂模拟结果表明（图 4-44 至图 4-47 和表 4-1）：随着排量的增大，净压力增大，簇效率提高，储层改造体积增大。但增长趋势在排量达到 14m³/min 之后减缓，施工排量从 14m³/min 提高到 16m³/min，储层改造体积仅增大 1.4%。

产能模拟结果表明（图 4-48 和图 4-49）：随着排量的增大，单井 EUR 有逐渐增大趋势。排量从 10m³/min 提高到 14m³/min 和 16m³/min 时，EUR 分别提高 $500 \times 10^4 m^3$ 和 $900 \times 10^4 m^3$。

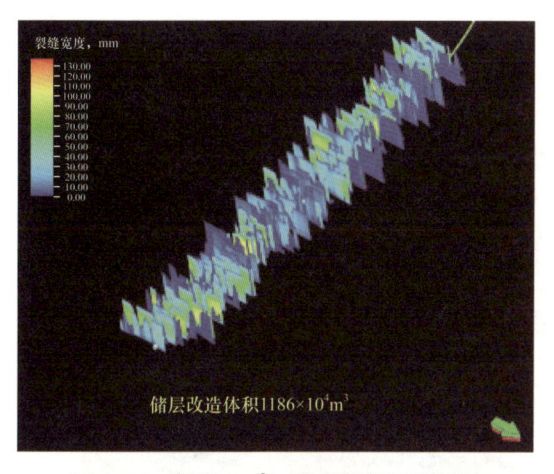

图 4-44　排量 8m³/min 压裂模拟结果图 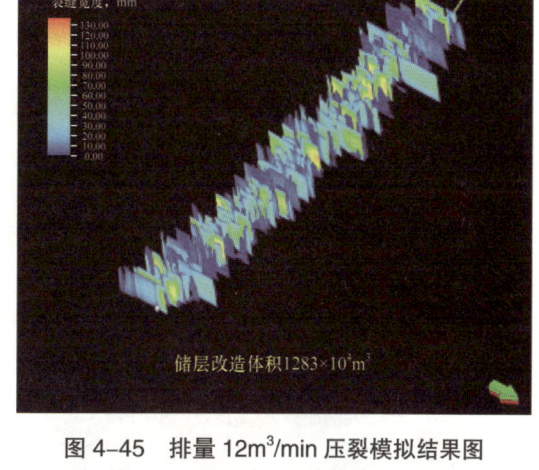　　　　图 4-45　排量 12m³/min 压裂模拟结果图

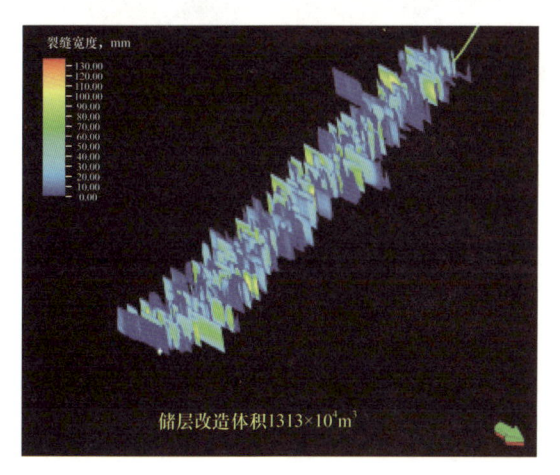

图 4-46　排量 14m³/min 压裂模拟结果图 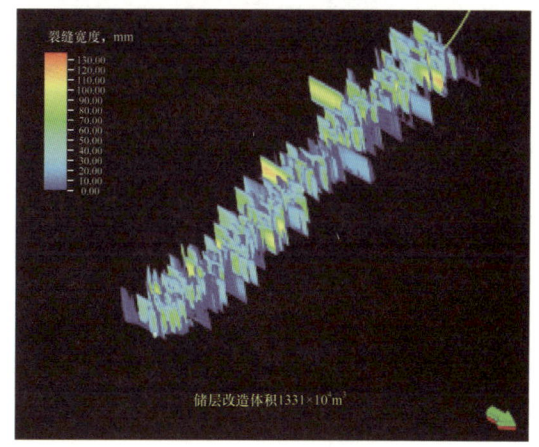　　　　图 4-47　排量 16m³/min 压裂模拟结果图

表 4-1　不同排量下缝网参数统计表

排量 m³/min	长轴缝长 m	短轴缝长 m	平均缝高 m	长轴支撑缝长 m	短轴支撑缝长 m	支撑缝高 m	导流能力 mD·m
8	209	31	43	164	18	16	267
10	211	28	44	158	17	24	297
12	221	32	41	178	22	17	226
14	225	36	35	167	24	25	235
16	216	33	40	177	22	22	205

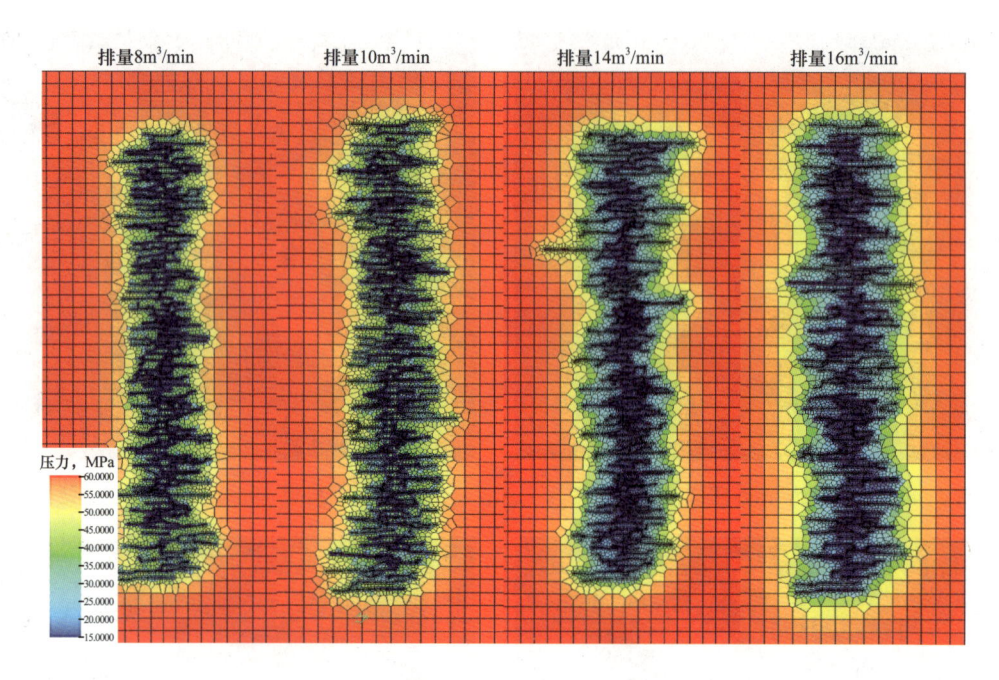

图 4-48　不同排量下的页岩气水平井压力波传播图

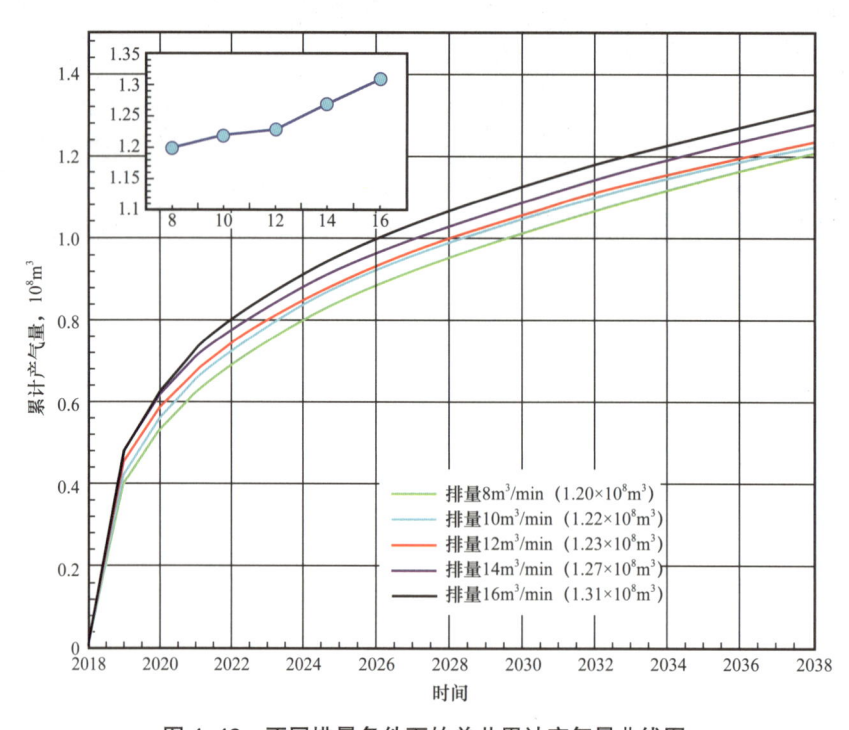

图 4-49　不同排量条件下的单井累计产气量曲线图

2. 用液强度

压裂模拟结果表明（图 4-50 至图 4-53 和表 4-2）：随着用液强度的增大，储层改造体积有增大趋势,但增长趋势在用液强度达到40m³/m之后减缓,用液强度从40m³/m提高到50m³/m,储层改造体积仅增大1%。

图 4-50　用液强度 20m³/m 的压裂模拟结果

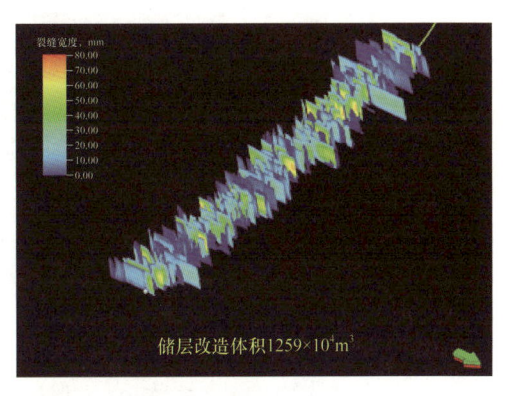

图 4-51　用液强度 30m³/m 的压裂模拟结果

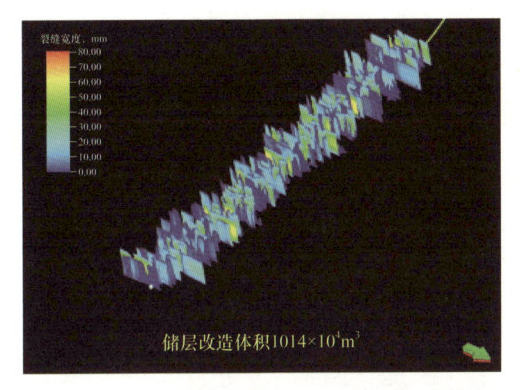

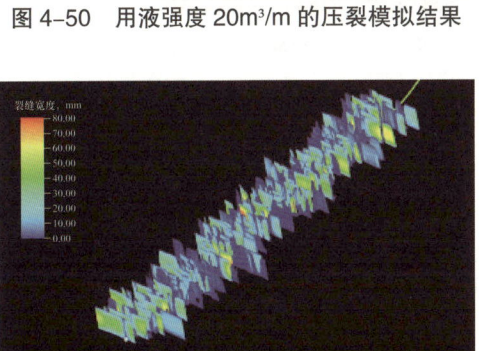

图 4-52　用液强度 40m³/m 的压裂模拟结果

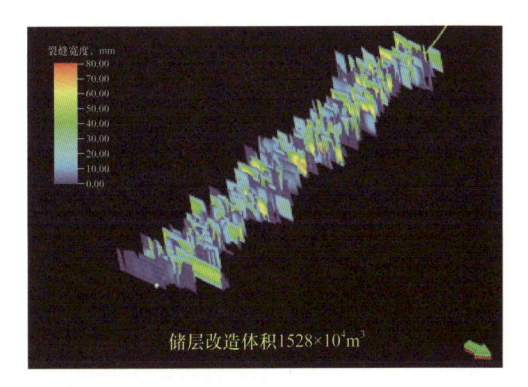

图 4-53　用液强度 50m³/m 的压裂模拟结果

表 4-2　不同用液强度下缝网参数统计表

用液强度 m³/m	长轴缝长 m	短轴缝长 m	平均缝高 m	长轴支撑缝长 m	短轴支撑缝长 m	支撑缝高 m	导流能力 mD·m
20	187	47	43	146	15	36	235
30	231	55	41	158	17	24	307
35	268	51	38	178	22	17	226
40	297	46	45	177	21	30	237
50	236	67	40	180	22	28	255

产能模拟结果表明(图 4-54 和图 4-55):随着用液强度的增大,单井 EUR 逐渐增大,但增长幅度不大,当用液强度提高到 40m³/m 和 50m³/m,EUR 比 30m³/m 分别提高 $500 \times 10^4 m^3$ 和 $700 \times 10^4 m^3$,增幅分别为 3.9% 和 5.5%。

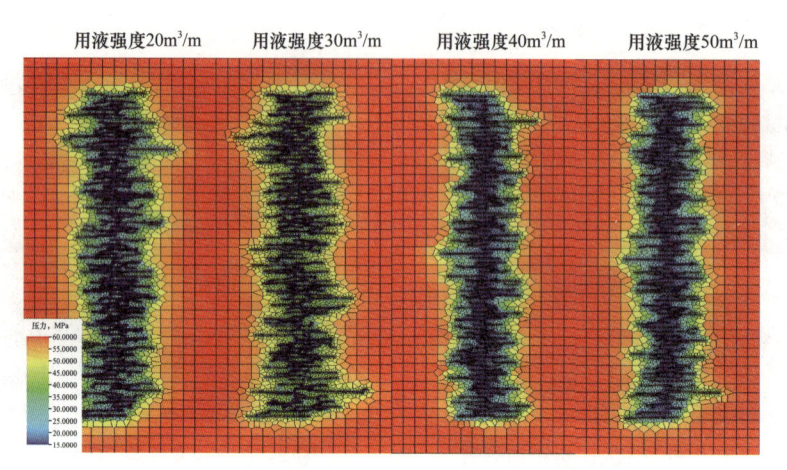

图 4-54　不同用液强度下的页岩气水平井压力波传播图

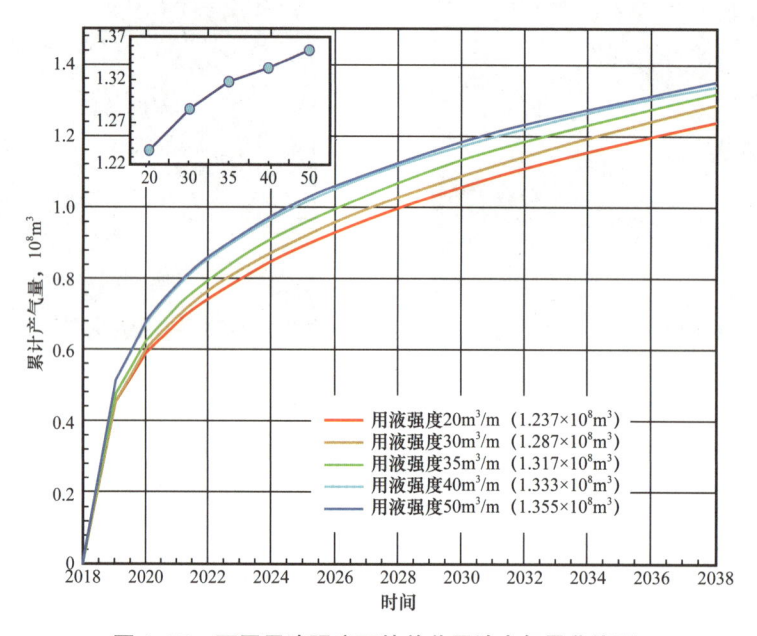

图 4-55　不同用液强度下的单井累计产气量曲线图

3. 加砂强度

压裂模拟结果表明（图 4-56 至图 4-59 和表 4-3）：随着加砂强度的增大，储层改造体积有一定增大，导流能力由 107mD·m 增加到 311mD·m，增加明显。

产能模拟结果表明（图 4-60）：随着加砂强度的增大，储层改造体积有一定增大，导流能力显著增大，单井 EUR 逐渐增大，但增长趋势减缓，从 2.5t/m 提高到 3t/m，EUR 变化不大（图 4-61），2～2.5t/m 能满足高产需求。

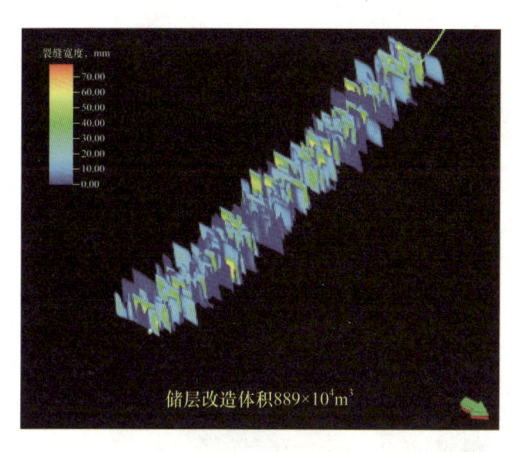

图 4-56　加砂强度 1.5t/m³ 的压裂模拟结果

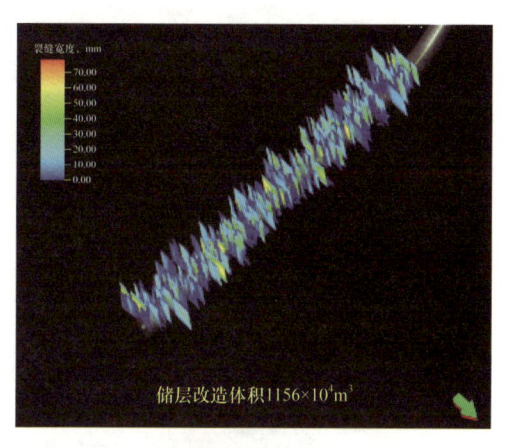

图 4-57　加砂强度 2t/m³ 的压裂模拟结果

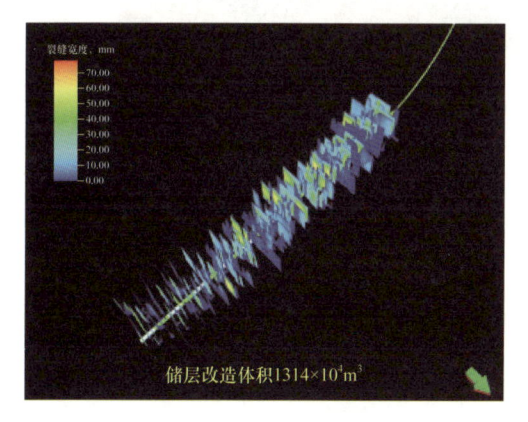

图 4-58　加砂强度 2.5t/m³ 的压裂模拟结果

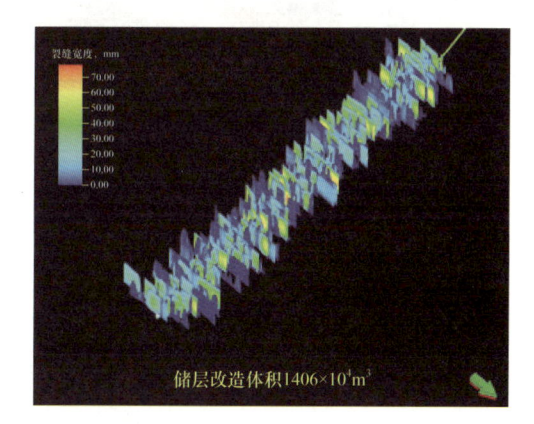

图 4-59　加砂强度 3t/m³ 的压裂模拟结果

表 4-3　不同加砂强度下缝网参数统计表

加砂强度 t/m³	长轴缝长 m	短轴缝长 m	平均缝高 m	长轴支撑缝长 m	短轴支撑缝长 m	支撑缝高 m	导流能力 mD·m
1	227	31	37	168	18	17	107
1.5	231	38	42	155	17	15	137
2	221	42	41	182	22	24	226
2.5	225	36	35	167	24	19	285
3	216	43	40	176	22	20	311

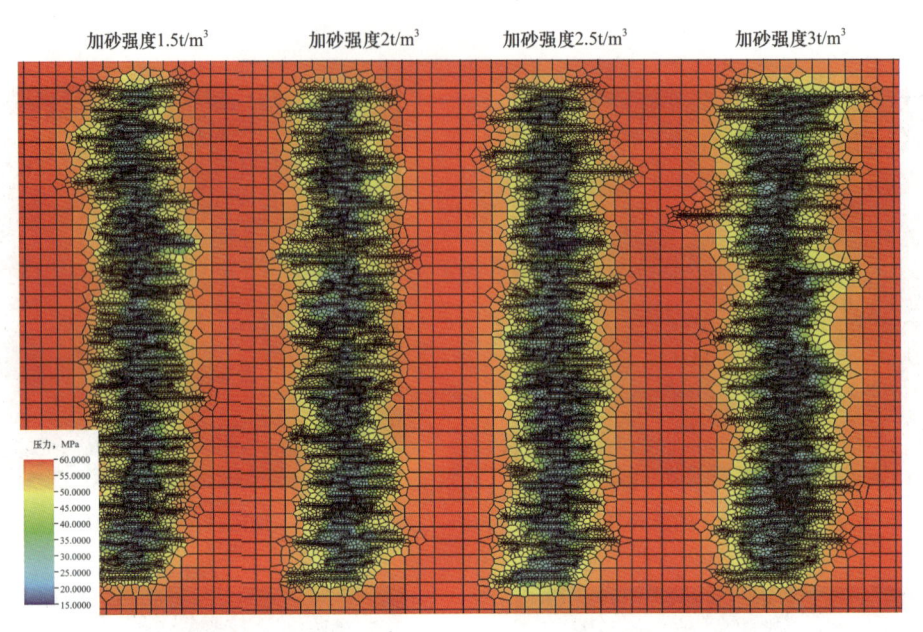

图 4-60　不同加砂强度下页岩气水平井压力波传播图

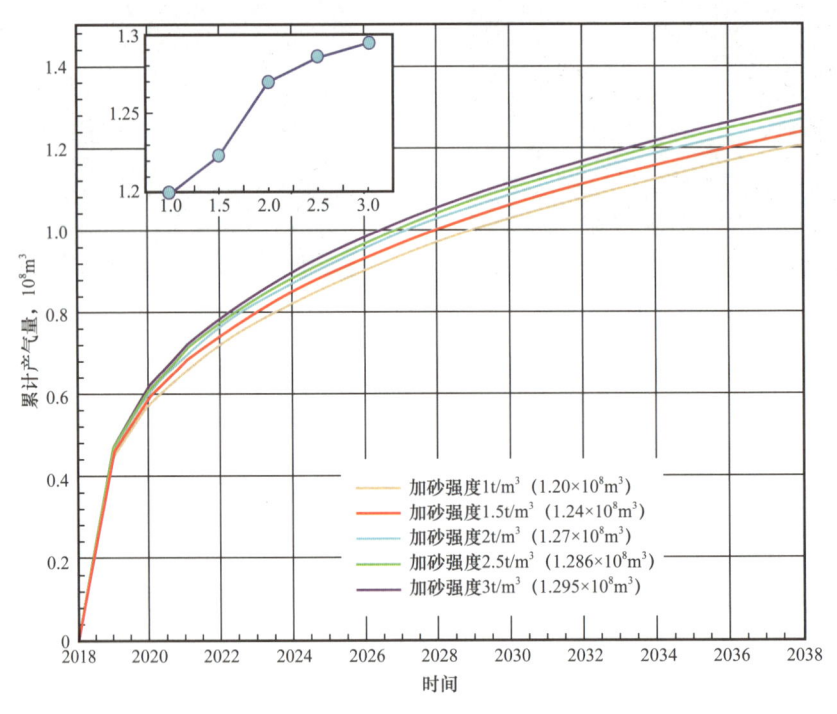

图 4-61　不同加砂强度条件下的单井累计产气量曲线图

参考文献

[1] 马永生，黎茂稳，蔡勋育，等.中国海相深层油气富集机理与勘探开发：研究现状、关键技术瓶颈与基础科学问题［J］.石油与天然气地质，2020，41（4）：655-672，683.

[2] 乔辉，贾爱林，位云生.页岩气水平井地质信息解析与三维构造建模［J］.西南石油大学学报（自然科学版），2018，40（1）：78-88.

[3] 郝建飞，周灿灿，李霞，等.页岩气地球物理测井评价综述［J］.地球物理学进展.2012（4）.

[4] 王建君，李井亮，李林，等.基于叠后地震数据的裂缝预测与建模——以太阳—大寨地区浅层页岩气储层为例［J］.岩性油气藏，2020，32（5）：122-132.

[5] 舒红林，王利芝，尹开贵，等.地质工程一体化实施过程中的页岩气藏地质建模［J］.中国石油勘探，2020，25（2）：84-95.

[6] 张磊夫，董大忠，孙莎莎，等.三维地质建模在页岩气甜点定量表征中的应用——以扬子地区昭通页岩气示范区为例［J］.天然气地球科学，2019，30（9）：1332-1340.

[7] 陈旭日，杨康，张公社.基于页岩储层的离散裂缝网络建模技术［J］.能源与环保，2017，39（10）：172-175，180.

[8] 龙胜祥，张永庆，李菊红，等.页岩气藏综合地质建模技术［J］.天然气工业，2019，39（3）：47-55.

[9] 张天炬，刘明阳，李东哲，等.页岩岩石物理建模研究［J］.海洋石油，2019，39（1）：11-16.

[10] 马成龙，张新新，李少龙.页岩气有效储层三维地质建模——以威远地区威202H2平台区为例［J］.断块油气田，2017，24（4）：495-499.

[11] 刘国良，胡洪涛，莫勇，等.川东南地区页岩气的三维地质建模与气藏数值模拟［J］.辽宁化工，2015，44（8）：982-984.

[12] 马新仿，李宁，尹丛彬，等.页岩水力裂缝扩展形态与声发射解释——以四川盆地志留系龙马溪组页岩为例［J］.石油勘探与开发，2017，44（6）：974-981.

[13] 时贤，程远方，蒋恕，等.页岩储层裂缝网络延伸模型及其应用［J］.石油学报，2014，35（6）：1130-1137.

[14] 张士诚，郭天魁，周彤，等.天然页岩压裂裂缝扩展机理试验［J］.石油学报，2014，35（3）：496-503，518.

[15] 周彤，王海波，李凤霞，等.层理发育的页岩气储集层压裂裂缝扩展模拟［J］.石油勘探与开发，2020，47（5）：1039-1051.

[16] 刘卫群，王冬妮，苏强.基于页岩储层各向异性的双重介质模型和渗流模拟［J］.天然气地球科学，2016，27（8）：1374-1379.

[17] 曲冠政，曲占庆，HAZLETT Randy Dolye，等.页岩拉张型微裂缝几何特征描述及渗透率计算［J］.石油勘探与开发，2016，43（1）：115-120，152.

[18] 糜利栋，姜汉桥，胡向阳，等.复杂裂缝网络页岩气藏自适应网格剖分方法［J］.石油学报，2019，40（2）：197-206.

[19] 胡永全,蒲谢洋,赵金洲,等.页岩气藏水平井分段多簇压裂复杂裂缝产量模拟[J].天然气地球科学,2016,27(8):1367-1373.

[20] 赵金洲,符东宇,李勇明,等.基于改进三线性流模型的多级压裂页岩气井产能影响因素分析[J].天然气地球科学,2016,27(7):1324-1331.

[21] 赵金洲,周莲莲,马建军,等.考虑解吸扩散的页岩气藏气水两相压裂数值模拟[J].天然气地球科学,2015,26(9):1640-1645.

[22] 糜利栋,姜汉桥,李俊键.页岩气离散裂缝网络模型数值模拟方法研究[J].天然气地球科学,2014,25(11):1795-1803.

第五章

水平井开发优化设计技术

"水平井+体积压裂"是页岩气开发的重要技术手段,已成为北美增加单井产量、改善开发效果、提高经济效益的技术核心。国内页岩气地质、工程条件与北美存在较大差异,完全照搬国外经验是不可行的。为实现川南页岩气的高效开发,通过近十年的探索实践,采用多学科的方法对地质特征、气藏特征、开发特征进行基础研究,对页岩气水平井井位部署、靶体、井轨迹方位、井距、水平段长、生产制度等进行论证和优化,逐渐形成了一套适应于川南地区的开发经验和开发模式。

第一节 井位优化部署设计

川南地区地质条件复杂,受多期构造运动影响,局部构造复杂、断裂发育,地应力变化大,储层非均质性强。地形多为丘陵、低山,平原占比小,考虑到就近用水、运输成本、人口密集等因素,需优化地面平台和水平井组部署。

一、地面平台部署优化

1. 平台选择原则

(1)避开保护区、水源区、煤矿采空区、人口密集区;
(2)避开地表溶洞、滑坡点;
(3)统筹地下构造、断层发育情况,优化井场位置;
(4)结合地形、道路、水资源优化井场布局。

2. 平台选择条件

川南地区优质页岩地质条件复杂,在储层厚度大、品质优、保存条件好、埋深适中和三维地震资料覆盖的建产区内开展平台选址论证。综合考虑构造条件、断层发育情况、地应力方向等因素,结合地面可实施平台踏勘位置,按照方案要求的井距、布井模式、水平段长、轨迹方位部署平台,充分合理动用页岩气资源(图5-1)。

图 5-1 川南地区详查地面条件

川南地区总体地势西高东低，地形起伏较大，地貌类型复杂，沟谷纵横，平均地面海拔 800~900m。由于川南地区地面可利用区块有限，通过优化地面平台、增加平台井数、扩大控制范围，最大限度提高单井资源动用率。

二、水平井组部署优化

中国石油川南页岩气三大国家级示范区块（长宁—威远、涪陵、昭通）主要采用大规模"工厂化"连续作业方式开采，按照"区块、平台、井位、轨迹"一体化井位部署和井轨迹设计，根据地质条件的差异性，优化水平井组部署，是实现页岩气规模效益开发的关键。

在储层精细评价和地质工程甜点优选的基础上，利用开发区块内的评价井测井资料及工区三维地震资料开展区域地应力评价，明确地应力方向，以垂直最大水平主应力方向为原则，确定区内水平井部署的轨迹方位；结合已压裂井缝网模拟、微地震监测及动态监测成果，明确合理的平台井组井间距；利用静、动态资料，开展开发区地质工程一体化三维地质建模，实现三维空间井网设计。

井组设计的原则是最大限度动用地面和地下资源，结合不同地质特征，主要有以下几点做法：（1）相同面积地质有利区内，适当缩小井距，确保井间资源动用；（2）遇到城镇、景区及水源等地面不可工作区域，适当增加水平段长度，实现更大范围资源动用；（3）针对常规双排井造斜段盲区资源无法动用情况，当地面条件受限时，部署单排井；在地面条件较好时部署交叉型井，有效动用平台下方盲区资源；（4）地面条件受限的平台，可部署大平台，增加平台井数，提高平台控制范围，有效动用更多资源。

完成井组井网设计后，开展地面平台踏勘，利用无人机设备、区域地质图、卫星成像等先进技术，进一步优化落实平台地面坐标，结合周边人文、地理、自然、经济等因素，预估钻前改造工作量及费用，开展风险分析评估。

井网部署设计及现场地面踏勘工作完成后，结合高分辨率三维地震成像解释成果，开展不同地质条件下井位论证，明确钻井轨迹剖面，优化井位设计各项指标，制定完整的井位部署参数预测大表，提交现场钻井施工人员，开展井位钻探的设计和准备。

第二节　开发技术政策优化设计

一、开发单元

开发单元包括开发层系和开发区块。纵向上，优先选择储层厚度大、品质优、试气效果好的层段作为开发层系；平面上，在地质特征认识程度较高的三维地震工区内，选择地质工程甜点区作为开发区块。

二、开发井设计

1. 布井模式

常用的布井模式包括双排型布井、单排型布井、勺型布井和交叉型布井（图 5-2）。

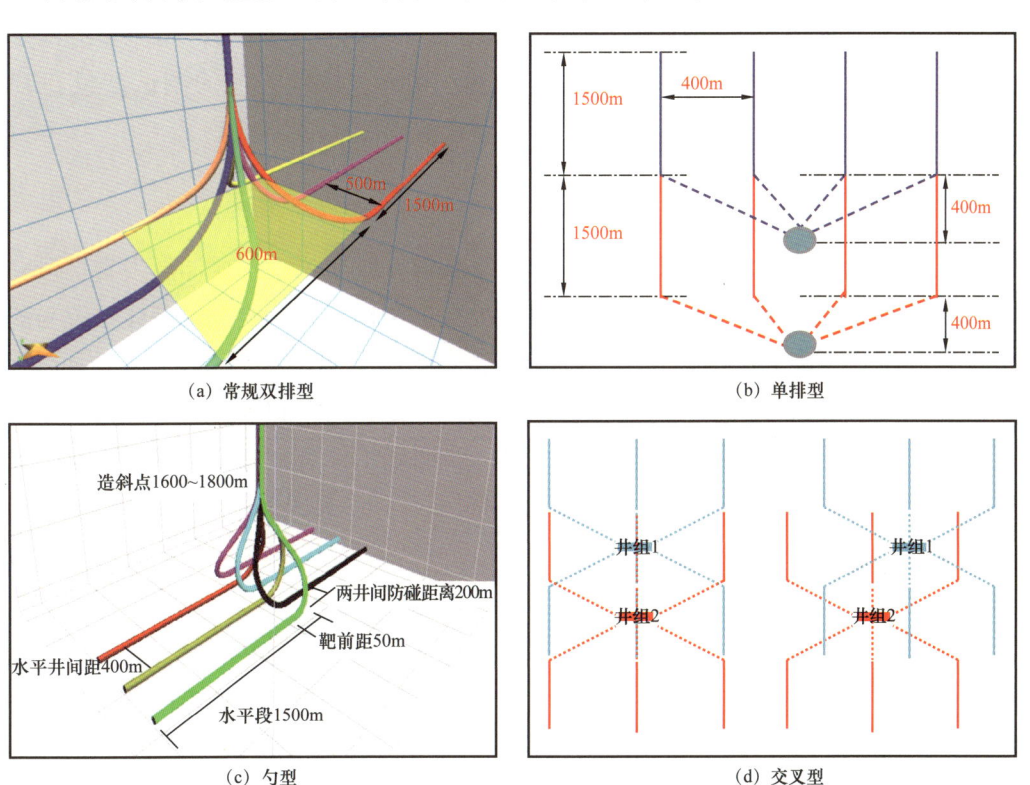

(a) 常规双排型

(b) 单排型

(c) 勺型

(d) 交叉型

图 5-2　页岩气水平井四种布井模式

双排型布井较为成熟，工程实施难度适中，单井占用井场面积小，平台利用率高，但平台正下方存在较大的开发盲区，资源动用程度低。

单排型布井工程难度适中，井场面积小，资源动用程度高，但地面平台利用率低，单平台布井数量有限，要求平台数量多。

勺型布井既能充分动用地下资源，又能适用崎岖地表条件，但工程难度较大。

交叉型布井资源动用程度高，但工程难度较大，对地面条件要求高，在地层倾角较小、地表平整、平台位置较为规则的区域可广泛部署[1-2]。

2. 水平轨迹方位

水平轨迹方位综合考虑井壁稳定和利于压裂改造，一般认为当井眼方向平行最小水平主应力方向时，有利于提高压裂改造效果；当井眼方向平行最大水平主应力方向时，井壁稳定性最好。在天然裂缝复杂区（天然裂缝走向差异大），井轨迹设计方向应兼顾地应力方向和天然裂缝走向，应尽可能保证井轨迹设计方向垂直于最大水平主应力方向，同时考虑井轨迹设计方向与天然裂缝走向不平行[3]。

威远气田开展井轨迹方向试验，井轨迹方向调整为南北向后，与压裂缝网走向垂直，取得良好效果。W2井井轨迹方向315°，与压裂缝网走向不垂直，测试日产量$19.8 \times 10^4 m^3$，EUR为$0.73 \times 10^8 m^3$。W1井井轨迹方向调整为0°后，与压裂缝网走向垂直，测试日产量$23.2 \times 10^4 m^3$，EUR为$1.55 \times 10^8 m^3$，较调整前的测试产量和EUR均有大幅提高。

3. 靶体位置

最优靶体的确定必须兼顾地质与工程两个条件，既要位于优质储层发育层段，又要利于形成复杂裂缝网络。根据实施井效果大数据统计分析，绘制了靶体位置与测试产量图版，确定距离五峰组底界5~8m为"黄金靶体"（图5-3）。2019年6月后，为进一步提高压裂改造效果和单井产量，采用测井"铀钍比"和录井"硅铝比"分别表征"黄金靶体"中的甜点段和高脆性段，进一步明确了"黄金靶体"内部的龙一$_{11}$小层上部—龙一$_{12}$小层下部3~5m为"铂金靶体"[1-2,4]，实现了"甜中选脆"。

4. 井间距

水平井间距是页岩气关键开发技术政策之一，既要保证单井改造效果，又要考虑单井EUR，并能实现资源的有效动用。井间距太大会造成资源动用率低；井间距太小会造成井间压力干扰，不利于提高单井EUR。合理的水平井间距，应该是保证尽可能高的单井EUR，允许适度的井间干扰，实现平台经济效益和资源动用的兼顾。

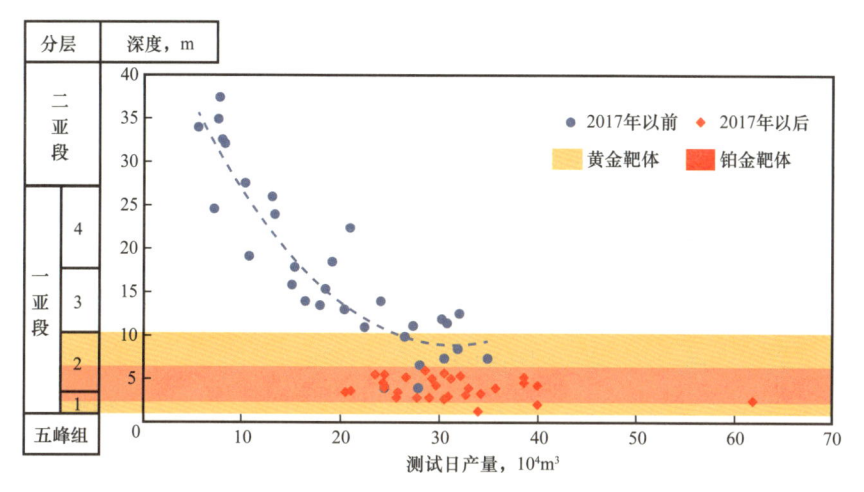

图 5-3　长宁水平井测试产量与靶体距离优质页岩底界距离关系图

以川南地区典型页岩气平台为例，在地质模型及地质力学模型的基础上，运用地质工程一体化模拟的手段，开展合理井距论证。在 2.38km²（1700m×1400m）、储量丰度 $6.06×10^8m^3/km^2$ 的固定范围内，部署 2～6 口气井，定量分析 200～600m 井距条件下井间干扰特征（图 5-4）。经济评价结果显示，平台内部收益率随井距增加而增

(a) 2口井600m井距　　(b) 3口井400m井距　　(c) 4口井300m井距

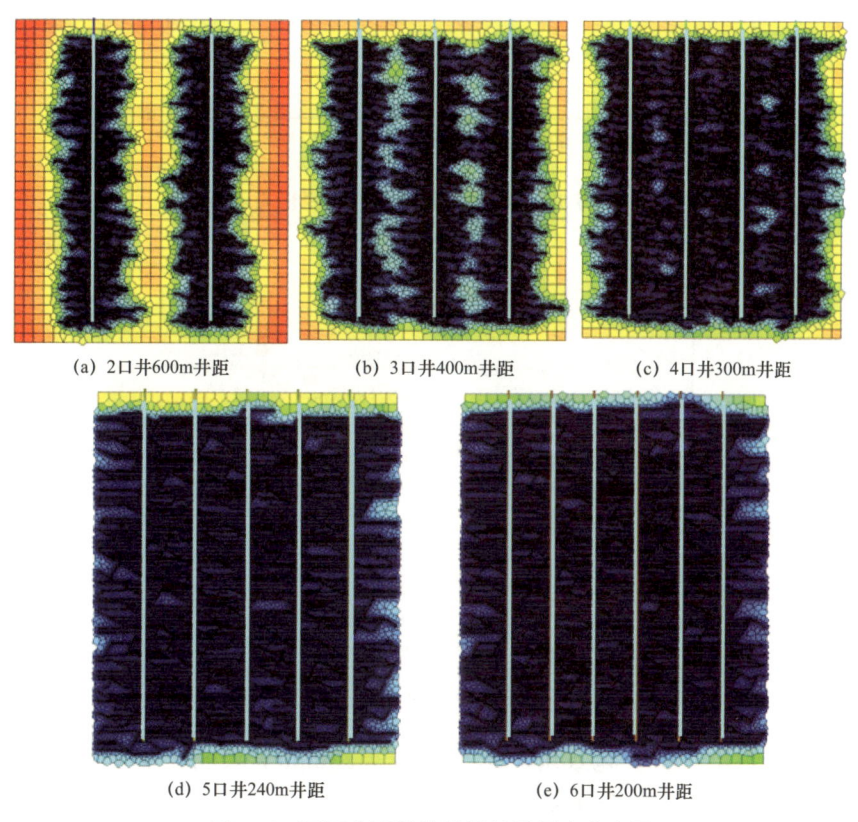

(d) 5口井240m井距　　(e) 6口井200m井距

图 5-4　不同井距数值模拟结果压力分布图

大，井距240m时，平台内部收益率达到基准下限8%，井距大于375m后，平台内部收益率基本保持在16.9%左右（图5-5）[5-6]。

5. 水平段长度

水平段长优化一方面取决于不同水平段长下气井的生产效果，另一方面也受到工程技术水平的制约。早期借鉴北美经验，川南地区普遍采用1500m水平段长。近年来，随着钻完井工艺技术的不断进步，并借鉴北美"超长水平段"的实施经验，川南地区开展了长水平段模拟论证和现场试验。

通过一体化模拟论证：单井EUR与水平段长总体呈线性变化趋势，水平段长越长，单井EUR越高（图5-6）。

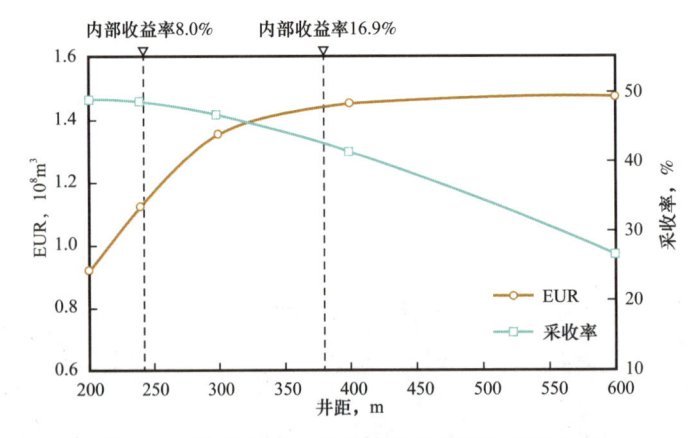

图5-5 单井EUR、采收率随井距变化关系曲线

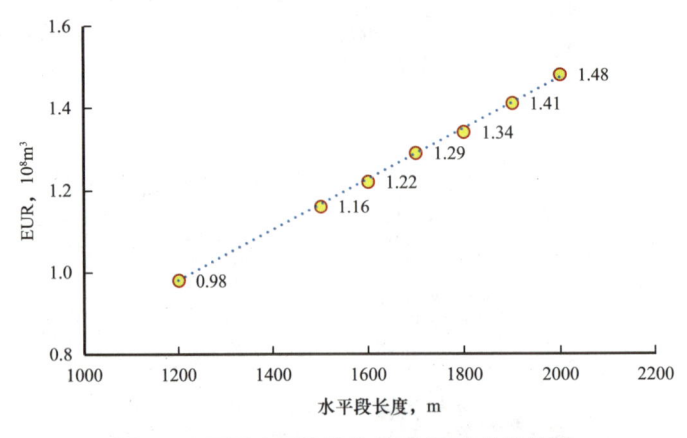

图5-6 不同水平段长单井EUR变化趋势图

8口超长水平井现场实施效果（水平段长＞2000m）表明，受复杂地质条件和工程技术限制的影响，长水平段水平井在实施中存在一定的困难（表5-1）。

表 5-1　长水平段工程难点统计表

钻井工程	优快钻进困难	随着水平段长度不断增长，钻进过程中滑动摩擦阻力和下套管阻力不断增大，钻柱屈曲及下套管阻卡风险增大
	钻遇率保证困难	川南地区经历多期地质运动，断裂及微幅构造发育，长水平段多次入靶调整情况下，优质储层钻遇率难以保证
压裂工程	连续油管的作业能力有限	随着井深、水平段长的增加，自锁的风险也随之增大
	加砂难度增加	井深越深压裂液摩擦阻力越大，同等排量下的施工压力越高，加砂难度越大，影响压裂效果

综合国内外调研、数值模拟和现场试验的相关结果，并考虑工程技术水平，川南中深层页岩气水平井的长度控制在1500～1800m较为合适[7-8]。

三、生产制度优化

在北美地区，早期开发的页岩气田为了快速收回投资，一般多采用大油嘴放大压差的方式进行生产[1-2]，这种生产方式虽然初期产量高，但递减过快。后来逐步认识到控制油嘴生产有利于减缓支撑剂的嵌入与破损，减少砂堵出现，能够有效保持裂缝的导流能力，维护气井产能，提高单井EUR。目前，通过优化生产制度、保持合理生产压差提高页岩气井生产效果的开发理念在国内外页岩气田开发中得到普遍关注[3-6]。

川南页岩气在近十余年的探索实践中，逐渐摸索出一条生产制度的优化方式，即必须同时考虑人工裂缝的应力敏感伤害、缝内支撑剂回流过快导致压裂缝加快闭合和井筒砂堵、井筒临界携液能力。

1. 影响气井生产制度的主要因素

1）裂缝渗透率应力敏感实验

相关实验研究表明，当气井生产压差较大时，一方面作用在裂缝面和支撑剂上的有效作用力增大，支撑剂极易发生变形、破碎、嵌入等现象；另一方面，支撑剂在高速流体的作用下发生运移，二者共同作用造成页岩人工裂缝渗透率表现出较强应力敏感性和不可逆的伤害。

裂缝中填充支撑剂能够明显增加人工裂缝导流能力，同时显著降低裂缝渗透率的应力敏感性（图5-7）。对于被压裂液压开而支撑剂没有流入的人工裂缝，渗透率应力敏感性往往更强，在相同有效作用力条件下，裂缝更易闭合，渗透率下降更明显。

实验前（图5-8a），支撑剂在裂缝中分布较为均匀；实验后（图5-8b），裂缝中的支撑剂分布出现变化，发生了运移。说明在气井生产过程中，压裂缝网内的支撑剂在压力差的作用下会明显地运移[9-11]。

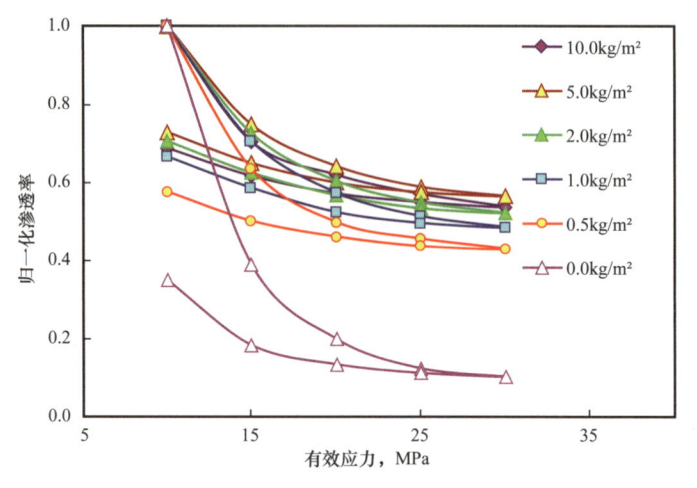

图 5-7 不同支撑剂条件下应力敏感测试曲线

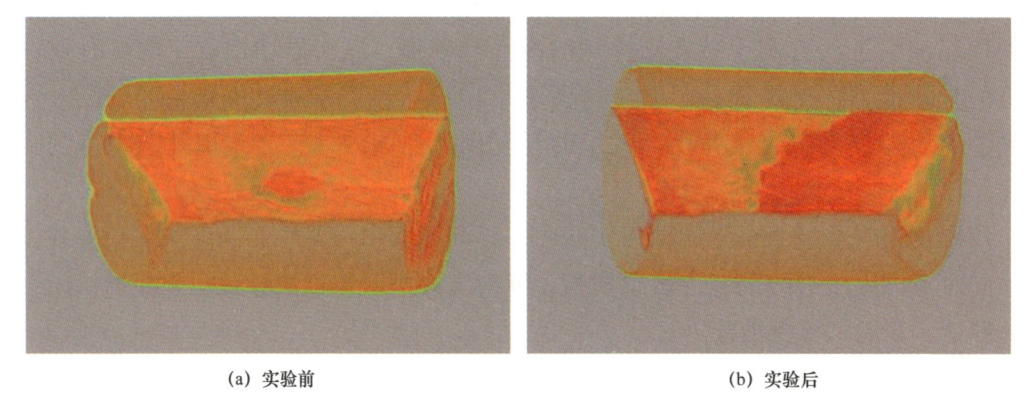

图 5-8 实验前后岩样 CT 扫描图

2）利用数值模拟评价不同控压方式生产效果的差异性

放压生产与控压生产条件下，裂缝的有效应力变化存在显著的差别。图 5-9 为数值模拟计算的放压生产及控压生产的有效应力曲线。模拟结果表明，初期配产高放压生产时，地层孔隙压力快速衰减，衰减幅度大于压后原地应力幅度，导致两者间的差值，即有效应力不断增加。在较大应力作用下，孔隙结构多发生塑性形变，裂缝应力敏感不可逆，渗透率难以随着有效应力的降低而重新恢复至较高水平，地层的传导能力处于较低水平，因而气井产量将明显降低[12-14]。

在控压生产条件下，能抑制有效应力的上升速度和增加幅度，地层孔隙结构发生形变的波动范围一直处于相对稳定的状态，有效渗透率及导流能力可以维持在较高水平。因此，虽然控压生产裂缝的导流能力也会随着有效应力增加而降低，但由于其有效应力峰值较低，最终仍然能够保持相对较高的裂缝导流能力，如图 5-10 所示[15-17]。

(a) 控压与放压的井底流压变化

(b) 控压生产应力场及压力场变化规律

(c) 放压生产应力场及压力场变化规律

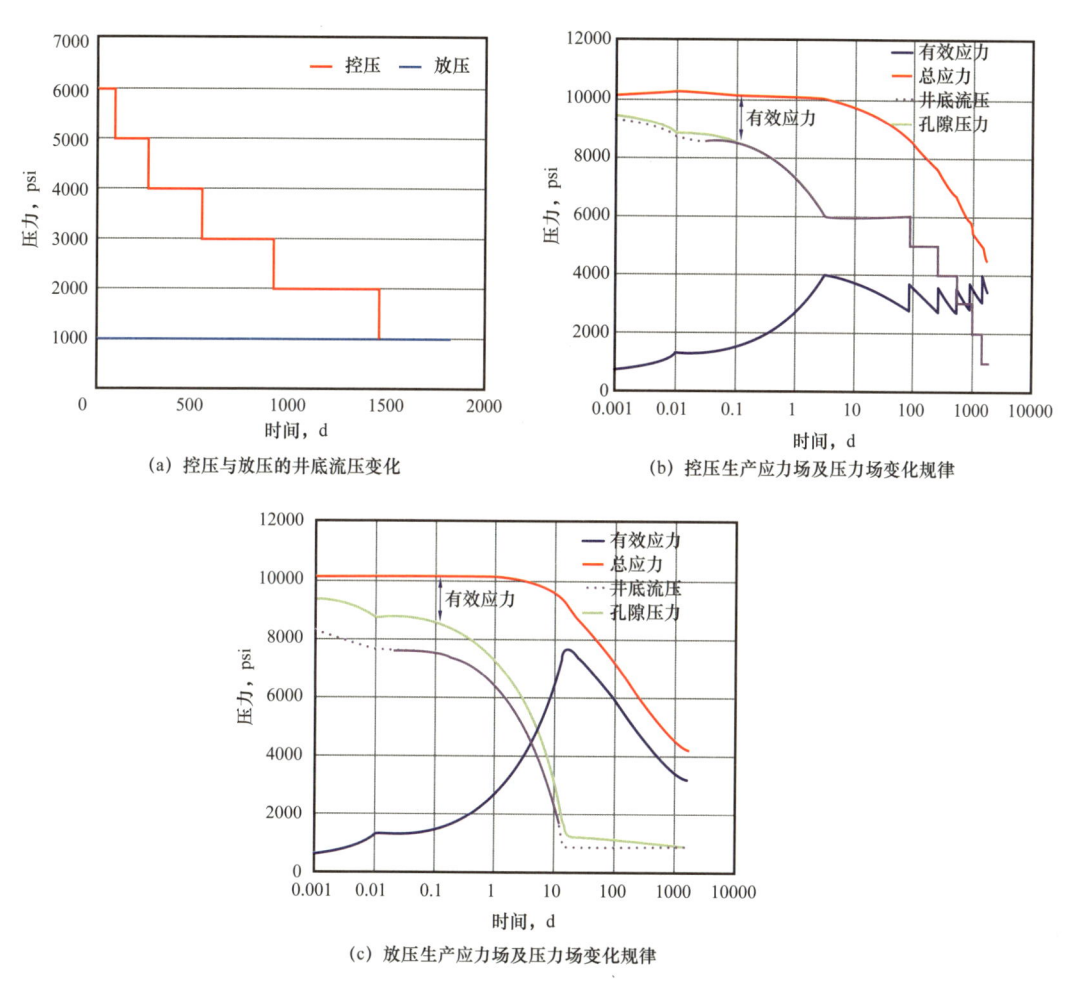

图 5-9　不同生产制度下的应力场及压力场变化规律

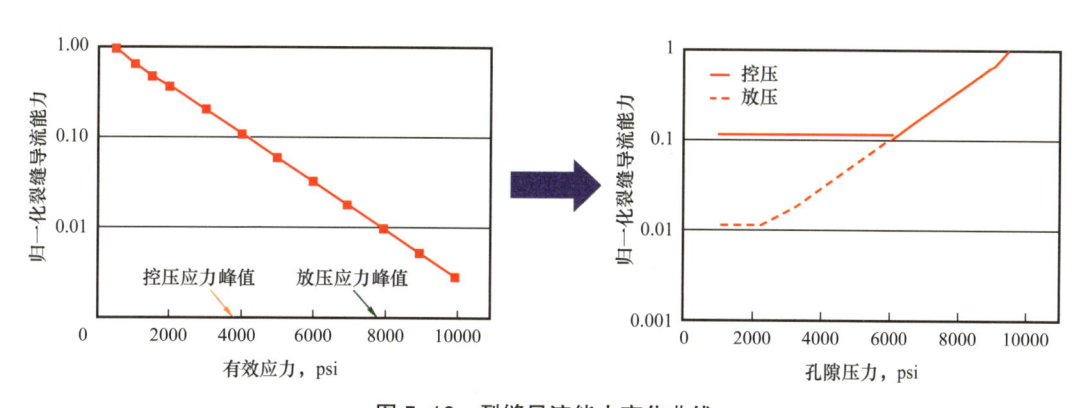

图 5-10　裂缝导流能力变化曲线

3）利用数值仿真掌握气井井筒携液能力

页岩气井生产一直伴随着注入液体的返排，为保证气井能够连续稳定正常携液生产，单井配产需保证在临界携液流量以上。为了准确掌握气井携液能力，根据井筒半径计算不同气水产量时气井的流型（图 5-11），绘制气水两相流流型图版（图 5-12），根据图版可以判定气井不同气水产量条件下井筒内流型及流型之间的转变界限，从而判定气井携液能力及水淹停产的风险[15-17]。

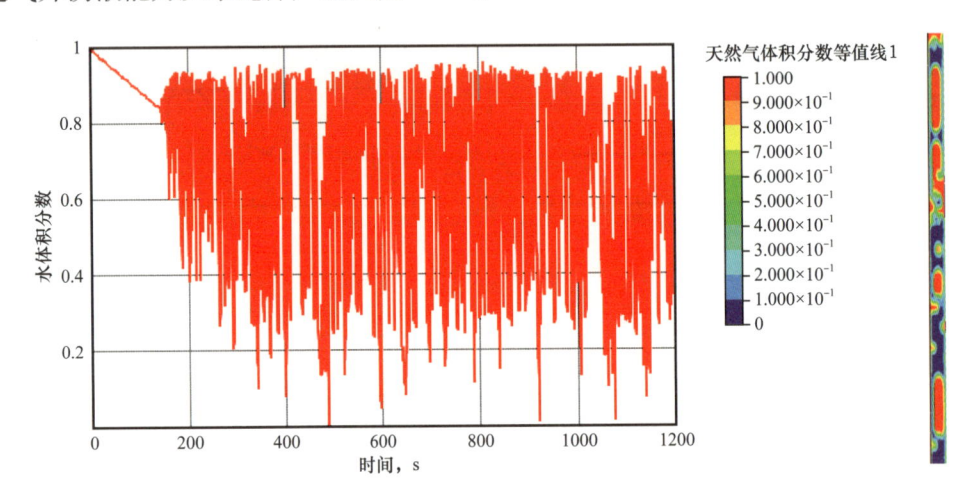

图 5-11 井筒气水两相流动流型（段塞流，水气比 30m³/10⁴m³）

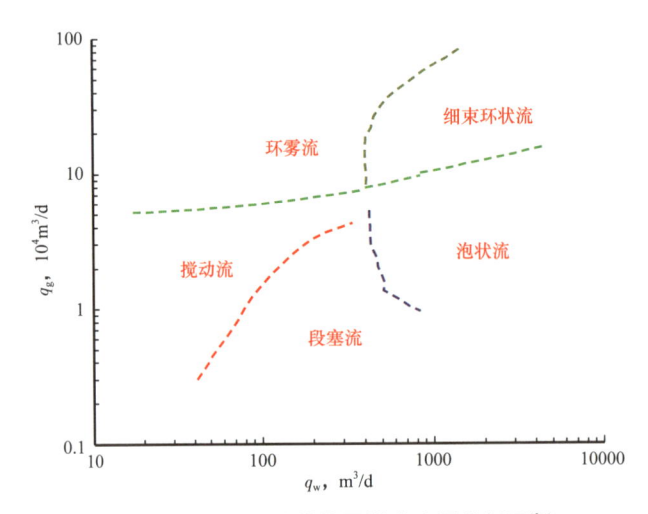

图 5-12 直井段井筒临界携液产量分析图版

2. 页岩气井合理配产效果

1）控压生产效果

N213 井开展了控压生产试验，其测试产量及初期压力与 CNH5-3、H7-1/4/5 等放压生产井相近，CNH5-3、H7-1/4/5 井采用大压差自然递减生产，N213 井初期采用小压差控制产量生产。预测 CNH5-3、H7-1/4/5 井 EUR0.93×10⁸～1.1×10⁸m³，井均 1.0×10⁸m³，N213 井 EUR1.23×10⁸m³，与相同测试产量气井相比，N213 井通过优化配产将 EUR 提高了 23%（图 5-13）。

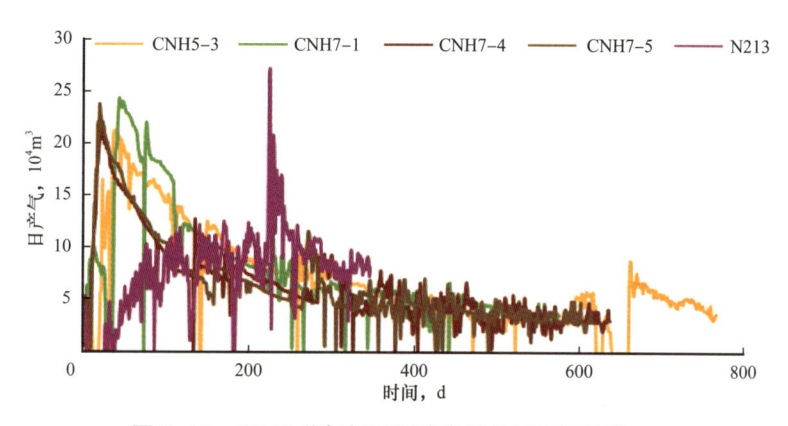

图 5-13　N213 井与相近测试产量井日产气曲线

2）不同控压生产制度效果分析

以地质、工程参数为基础，参考室内实验获得的储层渗透率应力敏感特征，建立水平井数值模型，研究对比不同生产制度下气井的稳产时间和 EUR。

气井两相流仿真模拟表明，要保持气井产出液体持续被携带出，井筒内气水两相流流型必须为环雾流和细束环状流，确定其临界携液流量为日产气量 $5.2\times10^4\text{m}^3$，气井产气量低于该技术界限时，井筒内气水两相流的流型依次向搅动流、段塞流、泡状流转变，气井携液困难，甚至出现水淹停产风险。

数值模拟结果表明（表 5-2），初期配产 $11\times10^4\text{m}^3/\text{d}$ 时第 2 年生产压差超过支撑剂回流临界压差，初期配产 $7\times10^4\text{m}^3/\text{d}$ 时前 3 年生产压差均能控制在支撑剂回流临界压差内。初期配产越高，有效应力上升越快，考虑应力敏感效应，初期配产由 $11\times10^4\text{m}^3/\text{d}$ 降至 $7\times10^4\text{m}^3/\text{d}$，单井稳产时间由 1 年提高到 3 年，单井 EUR 增幅最大（增加 13%）。

表 5-2　长宁区块典型井不同生产制度下指标对比表

生产制度	配产方案	平均生产压差，MPa 第1年	第2年	第3年	EUR 10⁸m³	前3年累计产量 10⁴m³	前3年累计产量占EUR比例 %
单井稳产 1 年	配产 $11\times10^4\text{m}^3/\text{d}$	18.39	31.13	29.30	1.18	7280	62
单井稳产 2 年	配产 $9\times10^4\text{m}^3/\text{d}$	14.11	25.17	30.15	1.27	7620	60
单井稳产 3 年	配产 $7\times10^4\text{m}^3/\text{d}$	11.14	20.20	26.05	1.33	6930	52
单井稳产 4 年	配产 $6\times10^4\text{m}^3/\text{d}$	9.63	17.72	22.69	1.37	5940	43

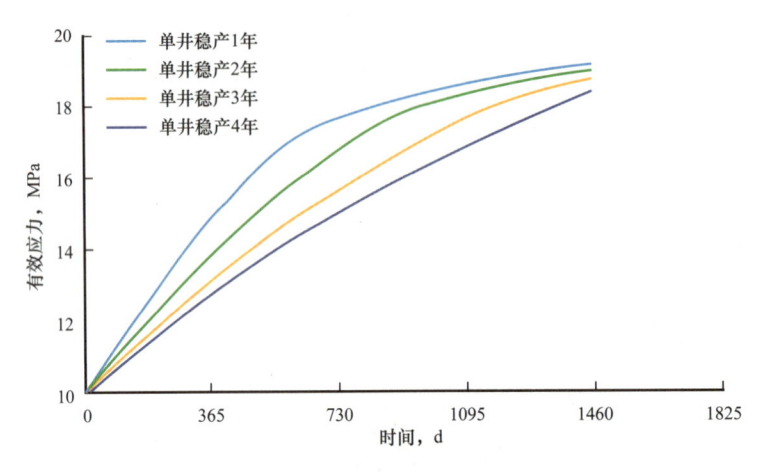

图 5-14 不同配产方案有效应力变化曲线

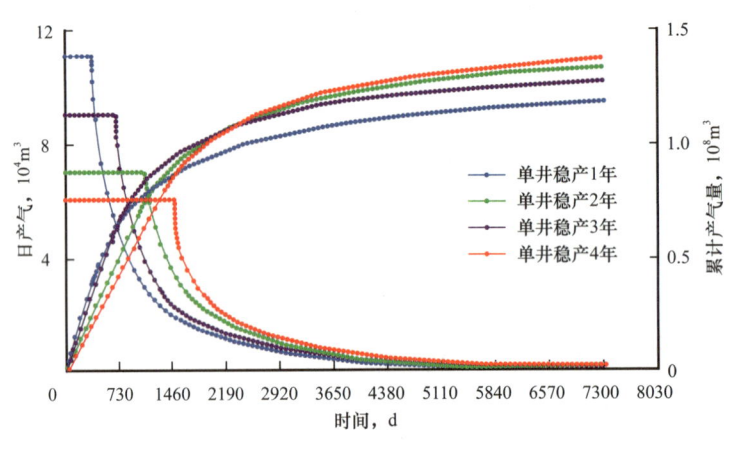

图 5-15 不同配产条件下气井产量数值模拟曲线

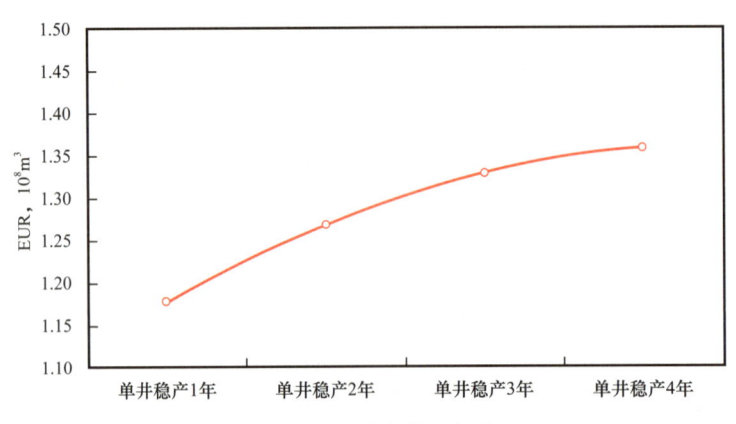

图 5-16 不同配产条件下气井 EUR

参 考 文 献

[1] 王红岩, 刘玉章, 董大忠, 等. 中国南方海相页岩气高效开发的科学问题[J]. 石油勘探与开发, 2013, 40（5）: 574-579.

[2] 马永生, 蔡勋育, 赵培荣. 中国页岩气勘探开发理论认识与实践[J]. 石油勘探与开发, 2018, 45（4）: 561-574.

[3] 贾爱林, 位云生, 金亦秋. 中国海相页岩气开发评价关键技术进展[J]. 石油勘探与开发, 2016, 43（6）: 949-955.

[4] 龙胜祥, 张永庆, 李菊红, 等. 页岩气藏综合地质建模技术[J]. 天然气工业, 2019, 39（3）: 47-55.

[5] 位云生, 王军磊, 齐亚东, 等. 页岩气井网井距优化[J]. 天然气工业, 2018, 38（4）: 129-137.

[6] 雍锐, 常程, 张德良, 等. 地质-工程-经济一体化页岩气开发井距优化研究——以长宁区块宁209井区为例[J]. 天然气工业, 2020, 42（7）: 42-48.

[7] 黄伟和, 刘海. 页岩气一体化开发钻井投资优化分析方法研究[J]. 中国石油勘探, 2020, 25（2）: 51-61.

[8] 谢军, 鲜成钢, 吴建发, 等. 长宁国家级页岩气示范区地质工程一体化最优化关键要素实践与认识[J]. 中国石油勘探, 2019, 24（2）: 174-185.

[9] 欧成华, 李朝纯. 页岩岩相表征及页理缝三维离散网络模型[J]. 石油勘探与开发, 2017, 44（2）: 309-318.

[10] 张磊夫, 董大忠, 孙莎莎, 等. 三维地质建模在页岩气甜点定量表征中的应用[J]. 天然气地球科学, 2019, 30（9）: 1332-1340.

[11] 侯腾飞, 张士诚, 马新仿, 等. 支撑剂非均匀分布对页岩气井产能的影响[J]. 西安石油大学学报（自然科学版）, 2017, 32（1）: 75-82.

[12] 高树生, 刘华勋, 叶礼友, 等. 页岩气藏SRV区域气体扩散与渗流耦合模型[J]. 天然气工业, 2017, 37（1）: 97-104.

[13] 糜利栋, 姜汉桥, 李俊键. 页岩气离散裂缝网络模型数值模拟方法研究[J]. 天然气地球科学, 2014, 25（11）: 1795-1803.

[14] 魏明强, 段永刚, 方全堂, 等. 页岩气藏压裂水平井产量递减曲线分析法[J]. 天然气地球科学, 2016, 27（5）: 898-904.

[15] Wei, Wang, Jun, et al. Influence of gas transport mechanisms on the productivity of multi-stage fractured horizontal wells in shale gas reservoirs[J]. Petroleum ence, 2015（4）: 664-673.

[16] 朱维耀, 亓倩, 马千, 等. 页岩气不稳定渗流压力传播规律和数学模型[J]. 石油勘探与开发, 2016, 43（2）: 261-267.

[17] 糜利栋, 姜汉桥, 胡向阳, 等. 复杂裂缝网络页岩气藏自适应网格剖分方法[J]. 石油学报, 2019, 40（2）: 197-206.

第六章

页岩气动态监测技术

动态监测与分析是认识页岩气地质工程特征、优化开发技术政策不可或缺的重要基础，贯穿页岩气勘探开发全过程。由于页岩气井需要大型水力压裂，影响气井生产效果因素较常规气更为复杂，不仅包括原始储层参数，也包括压裂施工参数、排采制度和投产后的生产制度。因此，除了在常规天然气开发中已经广泛使用的压力恢复试井、产能试井、干扰试井、生产测井等动态监测技术外，为了满足页岩气不同开发阶段动态分析的需要，还需要针对页岩气开发的特殊方式，大力开展微压裂监测、微型注入监测、回流辅助地应力监测、微地震裂缝监测、广域电磁法裂缝监测、FSI 生产测井监测、示踪剂监测等，尽可能取全取准各项动态数据资料，把握气井生产规律，明确高产模式，为持续提升页岩气井的开发效果提供支撑[1]。

第一节　常规动态监测技术

目前，常规气藏开发中常用的动态监测技术手段[1-2]主要有压力恢复试井、干扰试井、产能试井、生产测井等，为气田开发动态分析、调整挖潜和提高开发效果提供支撑。常用的气井动态监测以常规井筒梯度动态监测和专项试井、直井生产测井等动态监测为主。

一、井筒梯度测试

井筒梯度测试包括井筒流压、流温梯度测试和井筒静压、静温梯度测试。一般采取钢丝下电子压力计的方式录取井筒不同深度处的压力，根据各深度测得压力，建立压力—垂深的关系曲线（图 6-1 和图 6-2），回归得到井筒压力梯度。井筒流动压力梯度和静止压力梯度曲线可用于分析气井地层压力、井筒的流体分布情况。定期进行井筒压力梯度监测有利于掌握气井井底积液状况，便于及时下油管或排水采气作业。

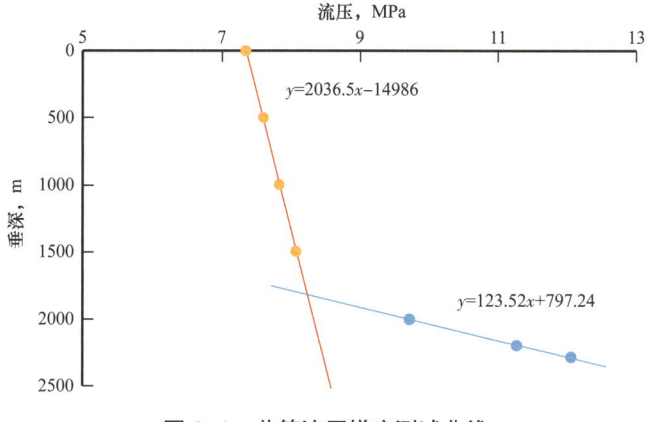

图 6-1　井筒流压梯度测试曲线

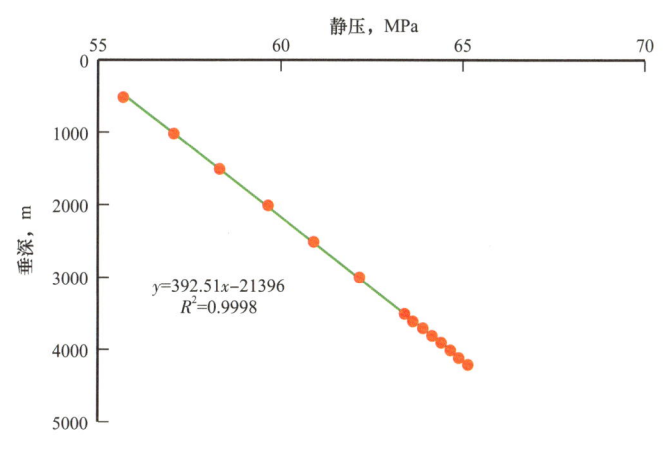

图 6-2　井筒静压梯度测试曲线

二、专项试井测试

气井试井的总体目的是获取动态评价参数。为了提高诊断、评价和计算分析的准确性，根据具体试井目的的差异，试井分析理论对试井流程安排有特殊要求。常见的试井类型包括压力恢复试井、压力降落试井、稳定试井、修正等时试井、干扰试井等。每种试井类型的作用和适用范围有所不同（表 6-1）。

1. 压力恢复试井

试井是高质量动态监测与分析的典型技术代表，是准确获取气藏特征信息的关键技术手段，在认识储层渗流特征、评价压裂效果、定量分析井间连通程度、准确计算地层压力等方面，具有独特的技术优势。虽然试井技术已有近百年的发展史，大规模推广应用超过 30 年，但受页岩气井地质工程条件复杂、储层超低渗透、井筒气液两相流等因素影响，试井解释模型多解性强，在分析页岩气井复杂渗流特征时仍存在一定局限性，相关理论与应用研究尚在持续深入。

表 6-1 常见试井类型及其作用

试井类型		主要特征	主要作用	主要适用条件
不稳定试井	压力恢复试井	以稳定产量生产一段时间后关井测试	识别气藏储集类型、单井渗流模式、储层非均质性、边界特性；计算井筒储集系数、表皮系数、储层渗透率、双重介质弹性储容比和窜流系数、裂缝长度、边界距离、地层压力等参数；建立气井动态预测模型	关井前的稳定生产时间满足试井分析理论要求；关井测试时间足够长，达到试井解释期望的特征流动阶段；相邻井生产的压力干扰未掩盖测试井地层特征在试井曲线上的反映
	定产量压力降落试井	稳定产量开井测试	"一点法"计算气井无阻流量；计算气井有效控制区域动态储量；产量绝对稳定的理想化条件下具有与压力恢复试井相同的作用	稳定生产时间满足试井分析理论要求；产量波动小，产生的压力扰动噪声低，不会使试井分析产生大的偏差；相邻井生产的异常压力干扰小，不会使试井分析产生大的偏差；计算气井有效控制区域动态储量时，要求拟稳态流动阶段
	干扰试井	观察井关井测试，配对的激动井以稳定产量生产	诊断井间连通性；计算连通方向的渗透率和储能系数	井间距相对较小，储层渗透率相对较大，激动井产生的压力扰动传播到观察井时能够被识别；测试时间足够长，满足试井解释要求；存在多口邻井时，其中一口邻井激动产生的压力干扰占绝对主导地位
产能试井	稳定试井	多产量制度开井测试	诊断气井产能特征及影响气井产能的因素；建立产能方程；计算无阻流量	每一开井生产制度产量波动小；每一开井生产制度达到或近似达到地层稳定渗流状态
	修正等时试井	多个等时开关井阶段测试及延长开井测试	含稳定试井的作用；可定量对比分析不同产量制度下表皮系数及近井区渗流特征的变化	每一开井生产制度产量波动小；延长测试达到或近似达到地层稳定渗流状态

利用压力恢复试井资料可以诊断页岩气多段压裂水平井的渗流特征，页岩气井渗流过程可划分为五个阶段：裂缝系统早期线性流、裂缝系统早期径向流、裂缝系统复合线性流、裂缝系统复合径向流及边界拟稳态径向流[2-3]（图 6-3 和图 6-4）。

1）裂缝系统早期线性流

当多段压裂水平井投入开发后，最早出现的流态是垂直于裂缝的线性流动，即早期线性流。如果裂缝导流能力与储层渗流能力相当，通常还会在早期线性流之前出现双线性流，即气体由裂缝流向井筒的线性流和由储层流向裂缝的线性流；如果裂缝导流能力远大于储层的渗流能力，则通常只会出现气体由储层流向裂缝的线性流。

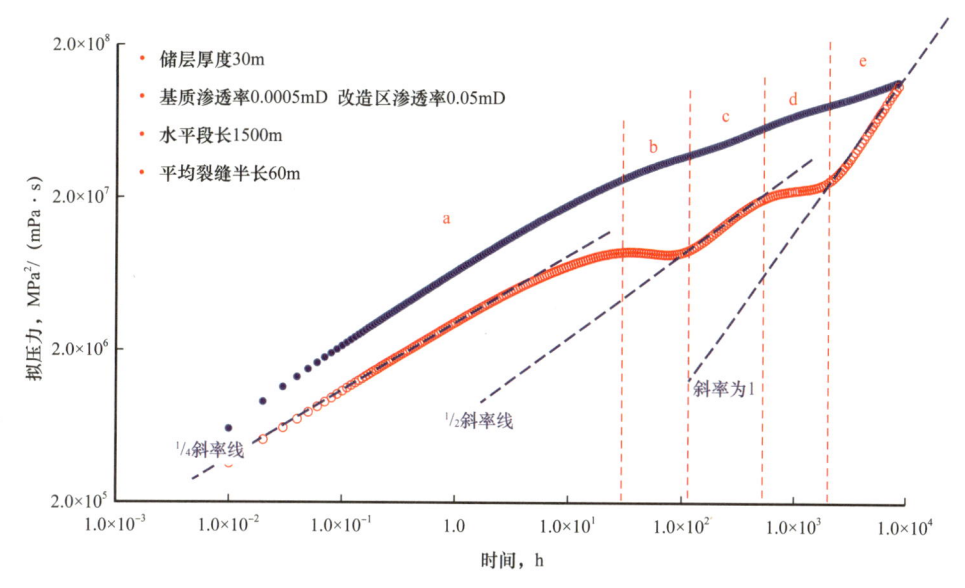

图 6-3 多段压裂水平井压力恢复双对数典型曲线（有限导流裂缝）

(a) 裂缝系统早期线性流
(b) 裂缝系统早期径向流
(c) 裂缝系统复合线性流
(d) 裂缝系统复合径向流
(e) 边界拟稳态径向流

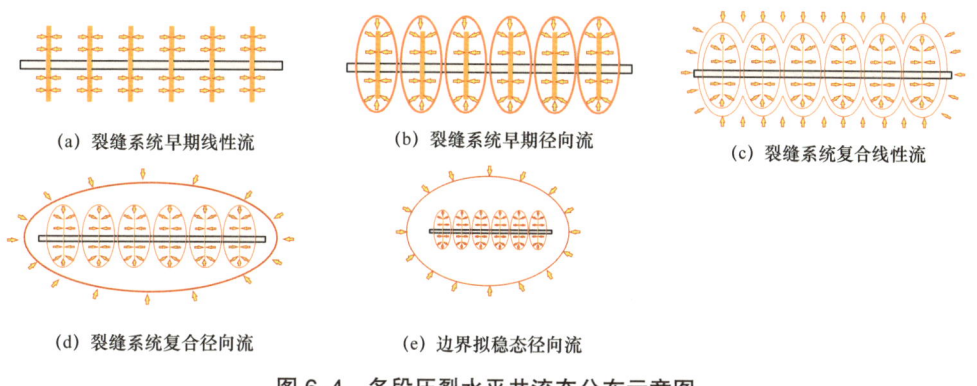

图 6-4 多段压裂水平井流态分布示意图

2）裂缝系统早期径向流

如果裂缝间距够大，早期线性流之后就会出现单个裂缝内部的早期径向流，早期径向流的持续时间取决于裂缝半长和渗透率的大小。如果裂缝半长较小，渗透率较高，则该流态特征不明显，甚至被其他流态掩盖而不会出现该流态。

3）裂缝系统复合线性流

随着生产进行，压力波持续向外传递，在某一时间点，相邻裂缝间的压力波前缘汇合，这样就会出现裂缝间的干扰效应，此时开始出现裂缝复合线性流。

4）裂缝系统复合径向流

当压力扰动逐渐覆盖有效压裂体积整个范围时，流动进入裂缝系统复合径向流，其流动特征等效为一条大的裂缝。该流态以垂直于水平井筒的线性流为主导，水平井段两端的流线则成椭圆形，两端的椭圆流的效应小于垂直水平井筒的线性流。

5）边界拟稳态径向流

如果页岩气井生产时间足够长，随着泄流面积的增大，整个水平井段和裂缝系统就如同一口影响范围扩大了的直井，在距离水平井段和裂缝系统较远的储层内就会出现系统径向流。对于页岩气井而言，由于渗透率较低，压力波难以无限大向外扩散，该流动类似于出现一个封闭边界，流动表现出边界拟径向流的特征。

由于页岩储层及井筒中存在气液两相流，导致气井关井初期数据质量较差，影响压力恢复双对数曲线早期特征，影响解释精度（图6-5）。

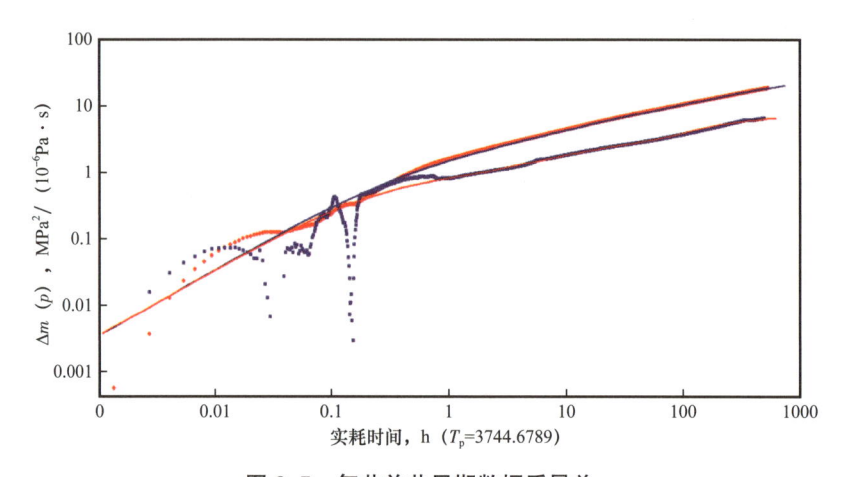

图6-5 气井关井早期数据质量差

页岩气水平井经过大规模人工压裂后，缝网形态一般较为复杂（图6-6），裂缝半长、裂缝高度、裂缝开度等参数均影响气井渗流特征，而解析试井模型将上述压裂参数进行等效处理，参数多解性会影响解释结果的可靠性。

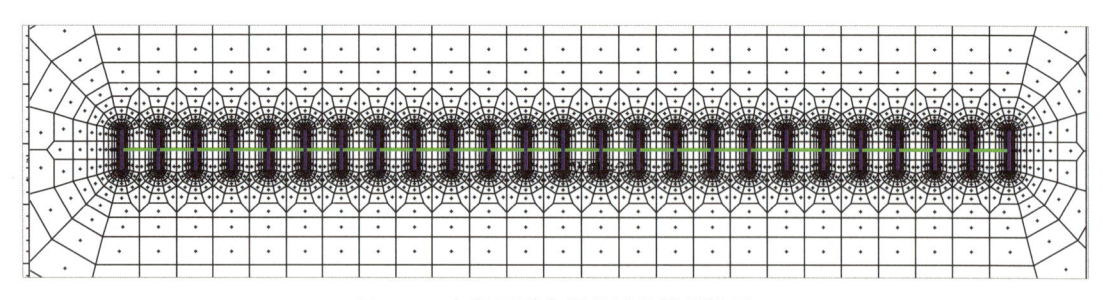

图6-6 多段压裂水平井试井模拟模型

由于页岩储层较为致密、渗透率极低，关井压力恢复之后，压力很难恢复至稳定状态，在双对数曲线上难以出现径向流特征，基质渗透率解释准确性受到影响。

2. 产能试井

气井产能试井常用的三种试井方法，即常规回压试井（亦称二项式产能试井），等时试井和修正等时试井。

1）常规回压试井

第 1 步：关井测压。

气井放喷，确信井底积液已经喷净，即可关井。关井时，应记录压力恢复数据备用。关井一段时间，当井口压力恢复达到压力稳定的规定时，精确测量最大的井口（或井底）关井压力。

第 2 步：开井试气。

关井测压结束即可开井试气，试气测点不少于 4 个测点。按试井设计规定的顺序测试，一般产量由小到大，再返回测前任意一个点做检验，并尽可能保持设计选定的流量无大的变化。每一个测试流量下，生产到井口流压已趋稳定后，精确测量 q_{sc} 和 p_{wf}。一个流量接一个流量重复上述操作，将设计安排的几个流量完成，即可关井或转入正常生产。

上述试井步骤可用 q_{sc}—t 和 p_{wf}—t 关系图表示（图 6-7）。

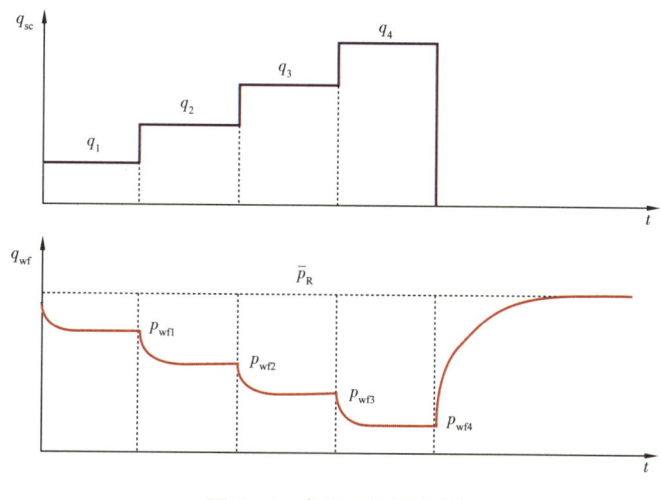

图 6-7 常规回压试井图

2）等时试井

常规回压试井为取得一条准确的 q_{sc}—Δp^2 关系曲线，规定至少要测 4 个稳定的测点，因而历时较长，特别是在低渗透层试井。

库伦特（Cullender）等人提出的等时试井，主要出发点就是缩短试井时间。其基本思路简述如下：气流入井的有效泄流半径仅与测试流量的生产持续时间有关，而与测试流量数值大小无关。因此，对测试选定的几个流量，只要在开井后相同的生产持续时间测试，都具有相同的有效泄流半径。将几个测试流量生产持续时间相同的测压点（例如，3h、6h 测的井底流压）分别按照相同的时距（例如，3h 的等时距、6h 的等时距等），在双对数纸上作 q_{sc}—Δp^2 关系曲线，得到一组相互平行的（指数 n 相同）的等时曲线。任选其中一条确定指数方程中的指数 n，各等时曲线的系数 C 并不相同，它随生产持续时间的增长而减小，到压力接近稳定时，C 也趋于恒值[4]。

等时试井的步骤仍可用 q_{sc}—t 和 p_{wf}—t 关系图表示，与常规回压法试井相比较有以下特点。

（1）等时试井每测试一个流量，都必须在预先规定的生产持续时间测量井底流动压力。要测几次井底流压，时间间隔又是多长，完全是人为的，没有统一的规定。例如，在图 6-8 中，每一流量规定 3 个时距（如 30min、60min 和 90min），4 个测试流量就有 12 个测点。显然，这 12 个测点的井底流动压力都没有稳定，但 4 个测试流量的试井时间是等同的。

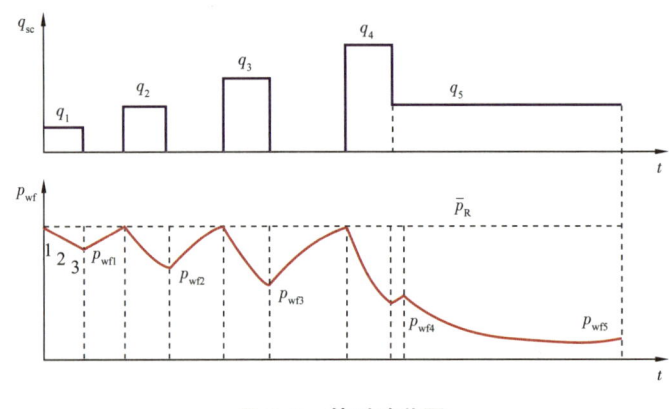

图 6-8　等时试井图

（2）每测量完一个流量，等时试井都要关井恢复压力，待地层压力恢复到 $\bar{p}_R$，再开井测试下一个流量。由于流量从小到大，每次关井到压力恢复到 $\bar{p}_R$，所需的关井时间逐渐增长。

利用等时试井资料在双对数纸上作 q_{sc}—Δp^2 图，每一时距有一直线，如图 6-9 所示。

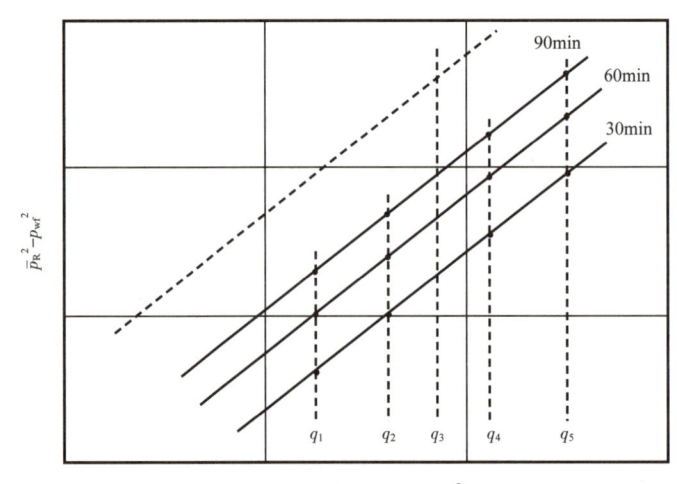

图 6-9　等时试井 q_{sc}—Δp^2 图

3）修正等时试井

等时试井每测一个流量必须关井求 $\bar{p}_R$。几次关井，特别是在岩性致密的低渗透气层关井，所需时间仍然较长，因此等时试井缩短试井时间的目的很难实现。

对于如何缩短等时试井时间的问题，1959 年卡兹等人提出改进意见，要点是：每一测试流量下的试气时间和关井时间都相同，如图 6-10 中的 Δt；每次关井到规定时间就测量气层压力 p_{ws}（p_{ws} 未稳定），并用 p_{ws} 代替 $\bar{p}_R$ 计算下一测试流量相应的 Δp^2（即 $p_{ws}^2 - p_{wf}^2$）。等时试井经过这样的改进，缩短时间的目的就可达到，其结果与等时试井比较相差甚微。虽然对此方法尚无充分的理论说明，但仍为气田广泛采用。

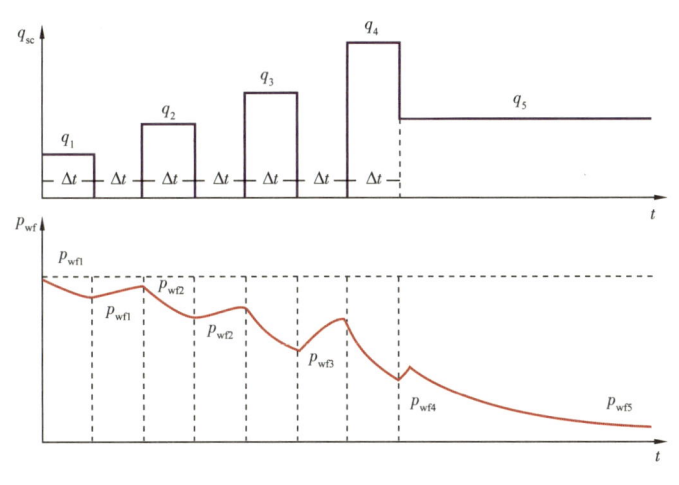

图 6-10 修正等时试井图

采用常规气藏产能测试方法开展页岩气井产能评价时，面临以下问题：首先，由于压力计难以下深至水平段，且大部分页岩气井均带液生产，在采用压力梯度折算井底压力时，折算误差较大；其次，由于页岩基质储层致密，各产能测试制度条件下，测试时间短，井底流压难以稳定，且测试过程中，页岩气井产量无法像常规气井一样保持稳定，使得井底测试流压变化规律复杂，导致二项式产能方程出现"异常点"甚至负斜率现象，导致产能计算结果误差过大，甚至无法计算气井产能（图 6-11 和图 6-12）。另外，受压裂液返排和页岩气井压力快速下降影响，产能测试时机很难统一，综合考虑实际生产运行和经济因素，常规无阻流量法难以很好用于评价页岩气井产能。

3. 干扰试井

页岩气平台式井组井距优化的目的是在井间不产生干扰的条件下，最大限度提高单井 EUR 和储量动用程度。页岩气藏井距优化需要综合考虑储层分布、渗流特征、压裂工程参数及邻井（平台）先期压降等因素。若井距过大，井间则会出现因储层改造范围有限不能被人工缝网沟通，导致井间部分地质储量难以动用，造成井网不能有效控制储量，采出程度过低，出现资源浪费。若井距较小，则会造成压裂过程中出现井间压窜现象，压裂改造区甚至出现重叠，从而产生井间干扰现象，或者先投产井因井间压窜导致生产效果变差，最终影响平台井组累计产气量，大大降低开发经济效益。

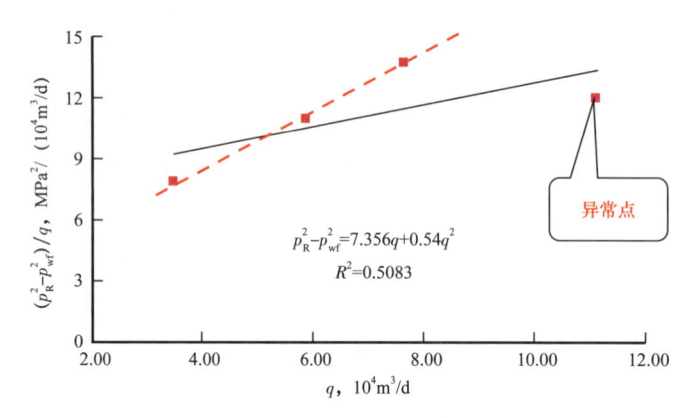

图 6-11　CNH2-2 井二项式产能分析图

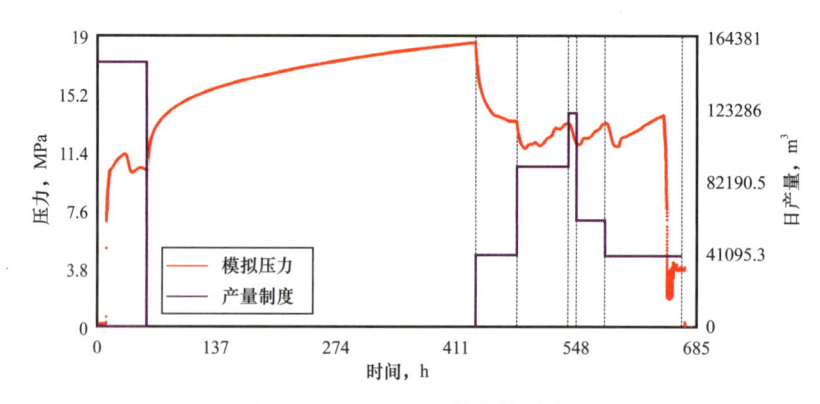

图 6-12　CNH12-4 井产能测试图

干扰试井是气田开发评价井间连通性、确定合理井距的常用方法，即通过改变激动井生产制度，利用高精度压力计监测观测井井底的压力响应，通过试井解释确定井间连通性（图 6-13）。

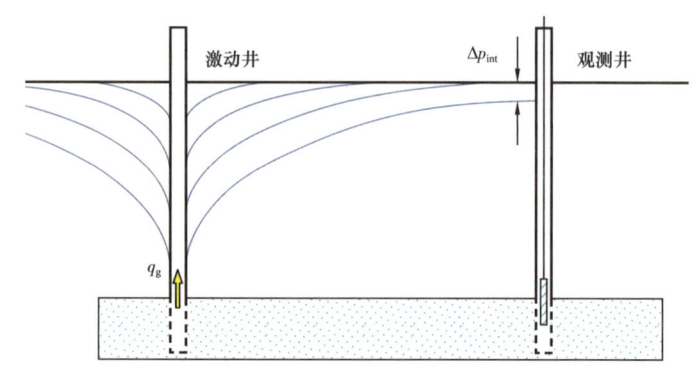

图 6-13　井间干扰试井示意图

对比页岩气多段压裂水平井不同压裂改造效果对井间干扰的影响（图6-14），从图中可以看出储层压裂改造越充分，井间干扰越明显；压裂改造区渗透率越低，观测井受到压力干扰响应的时间越晚，且压力响应强度越微弱，因此，页岩气井井间干扰测试时，井间距不宜过大，尽量安排同平台相邻两口井之间开展干扰测试。

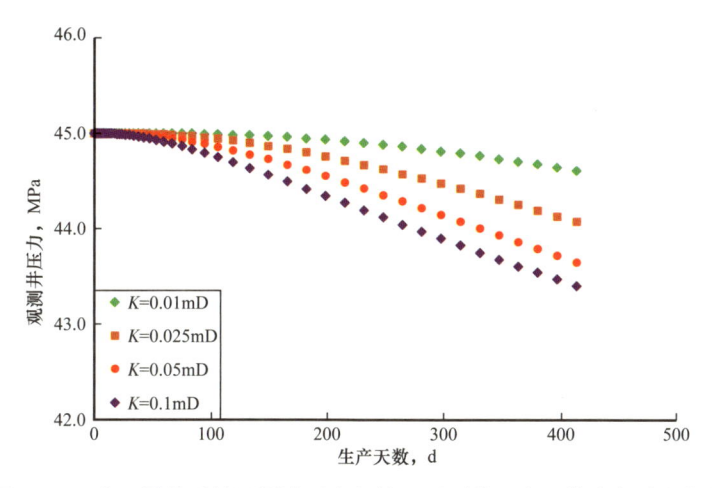

图6-14 人工裂缝系统不同渗透率条件下观测井压力干扰响应对比曲线

从图6-15和图6-16中可以看出，储层压裂改造范围越大，井间干扰越明显。随着压裂规模不断提高，支撑剂展布范围和裂缝延展范围均增加，井间干扰随之同步增强，井间干扰强度与裂缝半长呈二次方变化关系。这表明随着裂缝半长增大，井间干扰强度会大大增强。因此，井距优化时，应该综合考虑压裂施工工艺参数。

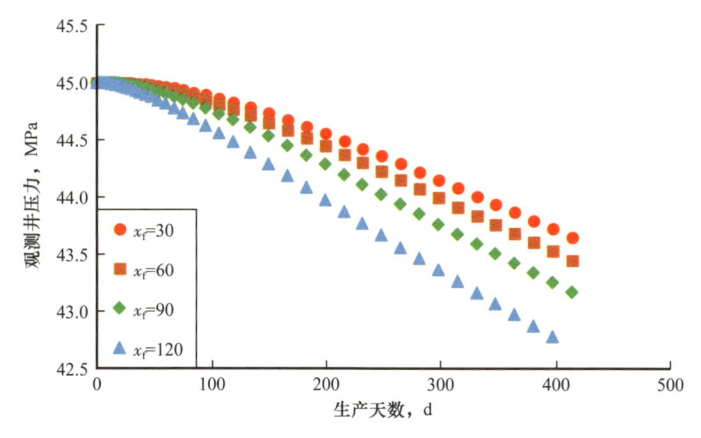

图6-15 不同缝长不同影响范围条件下观测井压力干扰响应对比曲线

从图6-17中可以看出，随着井距增加，井间干扰呈非线性变化特征。井间干扰响应时间与井距呈二次方变化关系，表明随着井距缩小井间干扰相应时间会加速提前。观测井压力下降幅度与井距呈线性变化关系（图6-18），表明随着井距缩小相同生产时间井间干扰程度更强。因此，若井距过小，则井间干扰较强，从而影响单井产能和EUR。

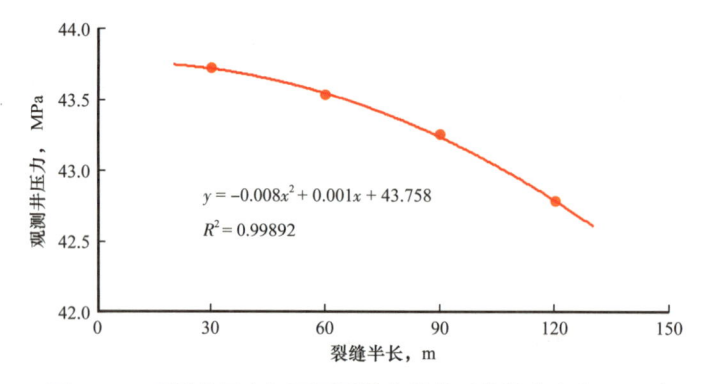

图 6-16　观测井压力与不同裂缝半长关系曲线（生产 400d）

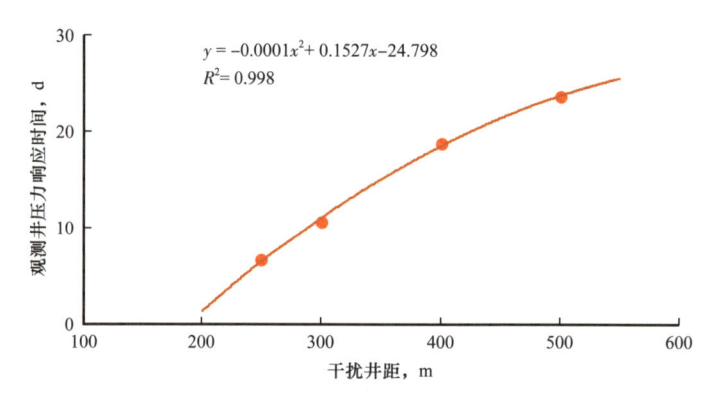

图 6-17　不同井距条件下观测井压力响应时间（生产 3300d）

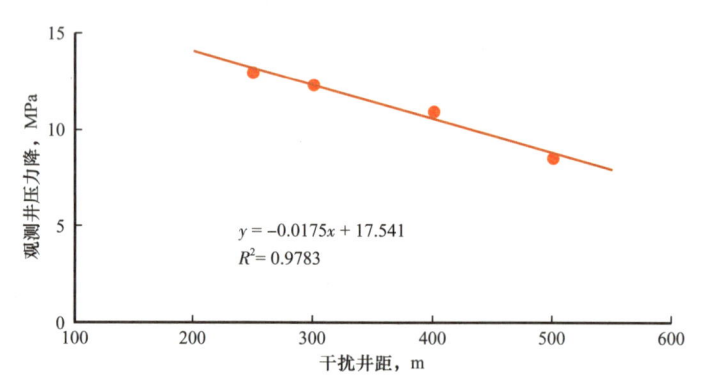

图 6-18　不同井距条件下观测井压力压降幅度（生产 3300d）

第二节　地应力监测技术

使用回流辅助的小型压裂地应力测试是在回流测试期间，注入流体在注入阶段后从注入系统（压裂管柱加上水力裂缝）中以可控的速率/体积回流出。这种方法强制裂缝快速闭合，从而快速高效地获得地层的最小主应力值。

回流辅助的小型压裂地应力测试的优点包括：（1）在回流阶段形成的井底压力具

有明显且可重复的裂缝闭合特征，这使得裂缝闭合压力的判断相对容易；（2）在低渗透地层中，回流测试是快速且高效的。

在低渗透地层中，回流辅助小型压裂地应力的测试曲线通常包含4部分：（1）裂缝开启和扩展；（2）裂缝闭合前的压降；（3）裂缝闭合后的压降；（4）当回流停止后的压力回弹。图6-19是一个典型的回流辅助地应力测试曲线。

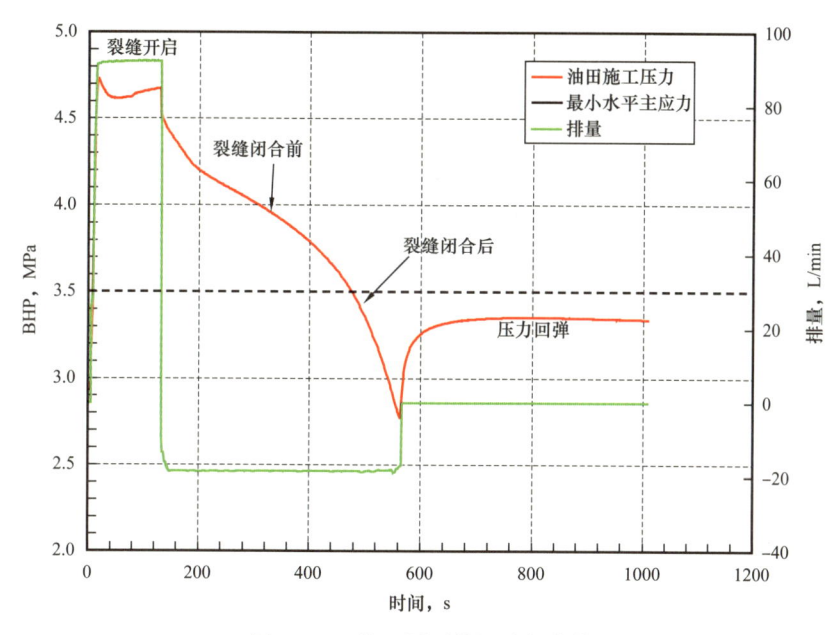

图6-19 井A瞬时停泵分析曲线

按照瞬态压力理论，回流辅助的地应力测试可以用以下的偏微分方程描述：

$$\begin{cases} \dfrac{\partial^2 p_f}{\partial x^2} + \dfrac{\mu}{K_f}\dfrac{q_L(p)}{wh} = \dfrac{\phi_f \mu c_{ft}}{k_f}\dfrac{\partial p_f}{\partial t}, 0 \leqslant x \leqslant x_f \\ p_f(x, t=0) = p_{ISIP}, 0 \leqslant x \leqslant x_f \\ \left.\dfrac{\partial p_f}{\partial x}\right|_{x=0} = -\dfrac{q_{fb}\mu}{2wK_f h} \\ \left.\dfrac{\partial p_f}{\partial x}\right|_{x=x_f} = 0 \end{cases} \quad (6-1)$$

式中　p_f——裂缝中的流体压力；

　　　x_f——裂缝半长；

　　　K_f——裂缝的渗透率；

　　　w——裂缝缝宽；

　　　h——裂缝高度；

　　　μ——流体黏度；

c_{ft}——裂缝刚度。

上述偏微分方程可以通过有限元或者有限差分求解。

回流辅助的小型压裂测试分析方法主要分为平方根法（结合瞬态流体分析）、系统刚度法和 G 函数法。

一、裂缝闭合分析的理论

瞬态压力分析（PTA）方法在小型压裂测试中的应用是从油田试井测试中开发出来的，石油工程师通过 PTA 方法分析油井的渗流模型、裂缝的导流能力以及裂缝的闭合点。通过分析求解流体方程，Cinco-Ley 等提出了井周裂缝瞬态压力分析的求解模型。Bourdet 的经典论文更是奠定了压力导数分析方法的基石。Nolte 提出了 G 函数法。通过 Barree 的进一步优化后，广泛应用于裂缝闭合压力的判断。

Cinco-Ley etal 通过应用拉普拉斯变换和拉普拉斯逆变换，求解了上述控制方程。结果表明在裂缝闭合过程中存在 4 种流体状态（图 6-20）：裂缝线性流、裂缝双线性流、地层线性流、拟径向流。

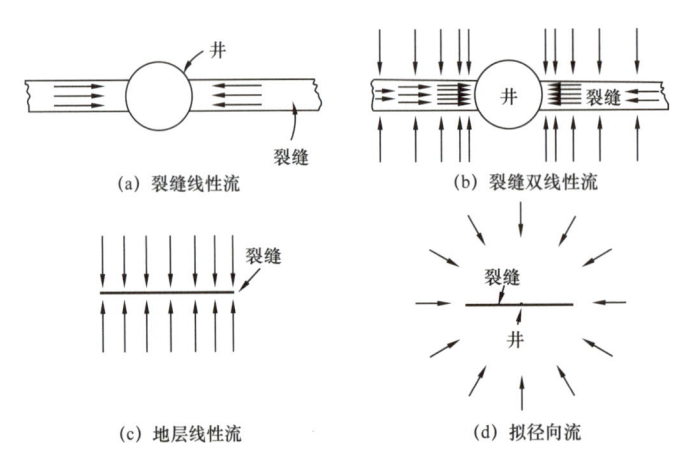

图 6-20 水压裂缝闭合过程中的流体状态示意图

如果忽略井筒储存效应，停泵关井后、裂缝闭合之前的流体状态为裂缝线性流、裂缝双线性流或地层线性流的其中一种。在地层渗透率较低，裂缝内存在一定的流体流动阻力时，存在裂缝线性流状态。在这种情况下，通过裂缝进入地层的流体可以被忽略。双线性流时流体漏失的速度与进入裂缝内的流体速度是可以相比较的。如果地层具有较高的渗透率或者水力压裂时激活了裂缝附近存在的天然裂缝，那么此时流体漏失是裂缝闭合过程中的主导过程。这种情况下，流体状态是地层线性流。值得注意的是，在裂缝逐渐闭合的过程中可以观察到流体状态的转变，从裂缝线性流到裂缝双线性流，最后是地层线性流状态。正如前面部分所提，裂缝闭合是一个动态的、与时间有关的过程，每个流体状态取决于流体漏失和流体进入裂缝之间的平衡。

Cinco-Leyetal 的解析解表明，在裂缝线性流或地层线性流状态时，压降与无量纲关井时间的平方根成正比，如 $\Delta p \propto \sqrt{\Delta t_D}$。对于双线性流状态则是 $\Delta p \propto \sqrt[4]{\Delta t_D}$。因此绘制压力导数对数图 $[\ln(\partial(\Delta p)/\partial\ln(\Delta t_D))$ Vs. $\ln(\Delta t_D)]$，斜率为 0.5 的直线代表裂缝线性流或地层线性流的状态。斜率为 0.25 的直线则是双线性流状态。

最后是拟径向流状态，此时裂缝已经闭合，所有的流体都通过井筒进入地层。通过相同的数学推导，在压力导数图中应该是一条斜率为 0 的直线。因此，从理论上讲，在压力导数图中，裂缝是在斜率为 0.5 或 0.25 的直线与斜率为 0 的直线之间闭合的。针对回流辅助测试，通常来说，由于回流时裂缝中的流速远大于流体向地层中渗漏的速率，地层线性流将不存在。同时，由于回流辅助强制裂缝闭合，裂缝动态闭合过程将很明显。表现在压力导数曲线上将是斜率大于 1.5 的压力导数曲线斜率。

二、裂缝闭合压力解释方法

1. 平方根法

每个测试周期中，裂缝闭合压力通过线性流或平方根法解释。压力导数图可以帮助确认线性流的状态[5-7]。按照裂缝瞬态流体理论，裂缝的闭合分为 4 个过程：井筒储集效应、裂缝线性流、动态裂缝闭合以及地层线性流。通常来说，裂缝在动态裂缝闭合和地层线性流之间闭合。瞬态流体分析的主要目的就是通过压力导数的方法确定裂缝中的流体状态，从而精确定位裂缝闭合点的时间。同时，利用瞬态分析的裂缝闭合时间，在平方根法曲线上确定裂缝的闭合压力。相比其他方法，该方法确定的裂缝闭合压力是基于严格理论基础的，可信度较高。测试数据分析以该方法为主，图 6-21 至图 6-23 介绍了本测试的第二次注入/回流周期确定裂缝闭合压力的流程。

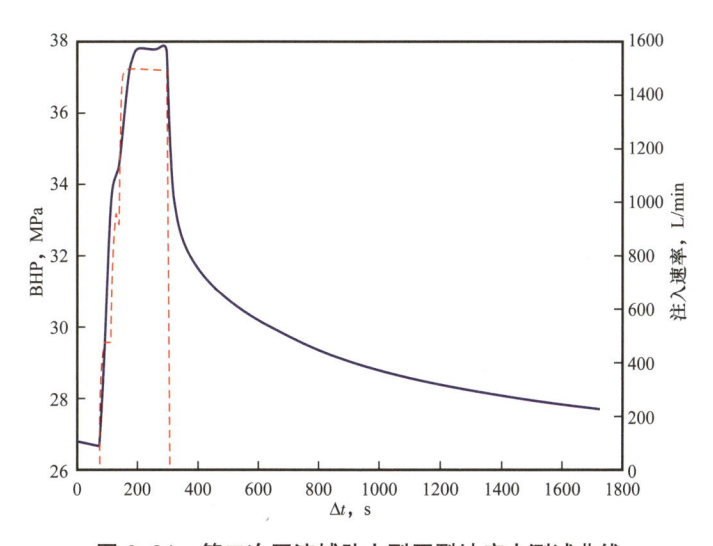

图 6-21　第二次回流辅助小型压裂地应力测试曲线

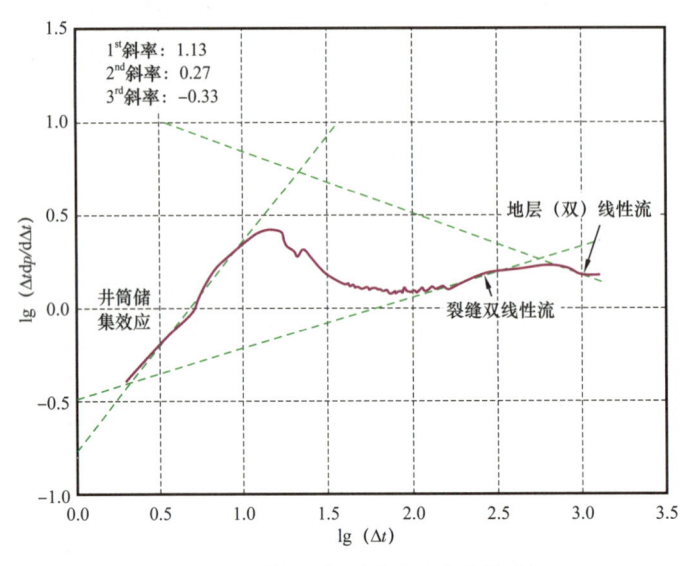

图 6-22 对第 1 次测试的瞬态流体分析

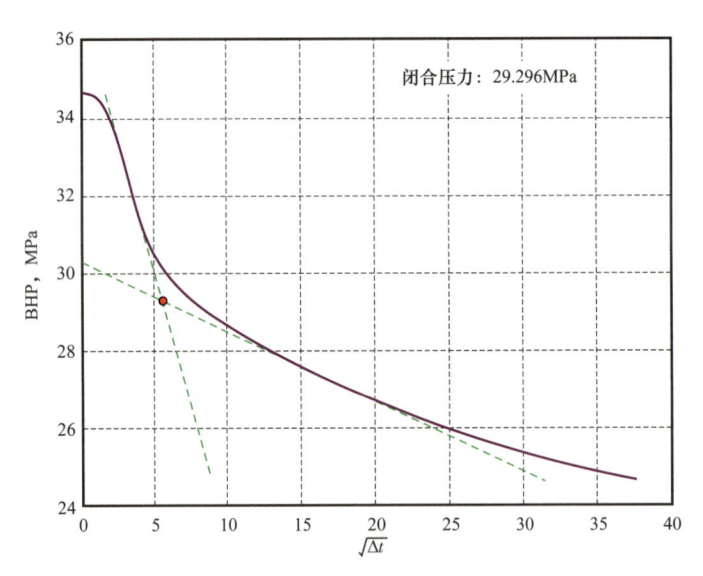

图 6-23 通过瞬态流体分析确定裂缝的闭合压力

2. 系统刚度法

如果有回流，数据分析则可以采用系统刚度分析法，即绘制井底压力与回流体积的关系图，解释裂缝闭合压力。在判断裂缝闭合压力时，标准的刚度曲线图应有两条明显不同的斜率。斜率的倒数称为系统的刚度，单位为体积与压力之比，即 L/MPa。第一条斜率代表裂缝闭合前的刚度，第二条斜率代表裂缝闭合后的刚度，且第一条斜率大于第二条斜率，两条斜率的交点就是裂缝闭合压力。图 6-24 是采用回流刚度法对本测试第二次测试周期的分析。

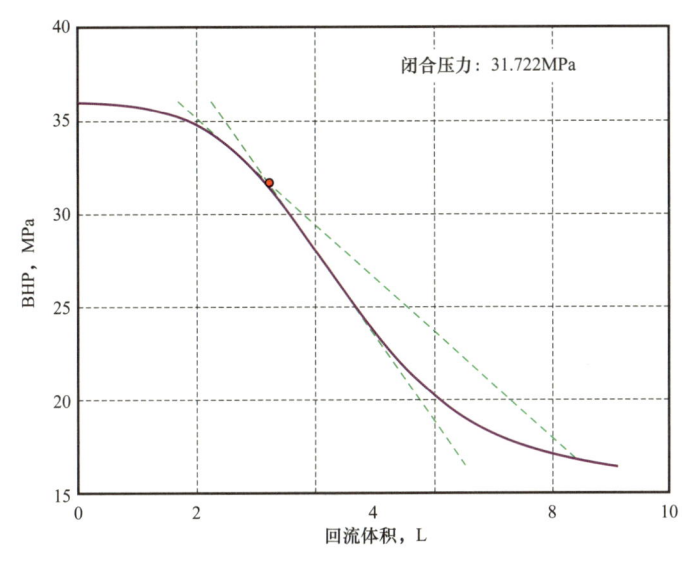

图 6-24 通过回流刚度法确定裂缝的闭合压力

3. G 函数法

在回流测试的裂缝闭合中，G 函数导数曲线上表现为一个斜率的突然增加。按照 G 函数的定义，这个 G 函数导数的斜率突然增加是裂缝闭合后裂缝刚度突变所导致的。图 6-25 是对测试第二个测试周期的 G 函数分析。

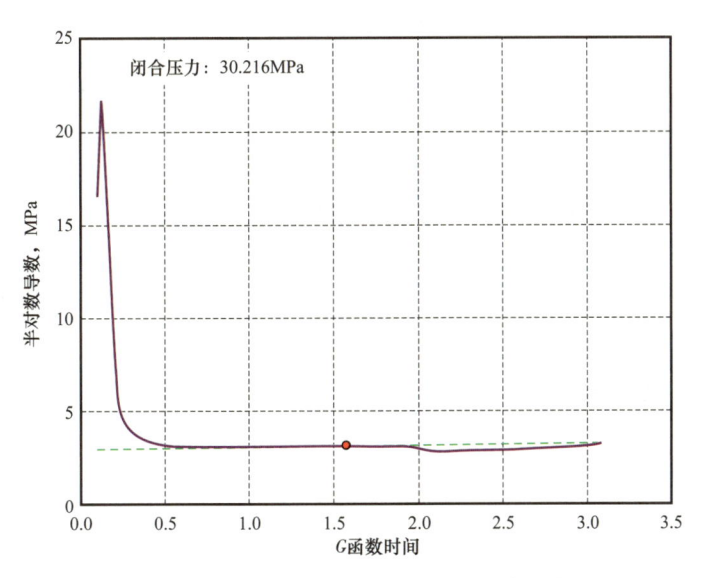

图 6-25 通过 G 函数确定裂缝的闭合压力

三、最大水平主应力的计算

地层的原位主应力具有三个主应力分量。在构造运动不是很活跃的区域，三个主应力分量通常为一个在竖直方向，两个在水平方向。也就是说，它们为垂向应力和两个水平应力（最大水平主应力和最小水平主应力）。垂向应力通常等于测试点深度上覆岩层的重量。对密度测井曲线积分可以计算出垂向应力。最小水平主应力是通过独立的小型压裂测试测量所得。估算最大水平主应力的算法是基于井周射孔炮眼周围的多孔弹性应力条件的数学解。图6-26是通过射孔炮眼周围多孔弹性力学解估算最大水平主应力的数学示意图。

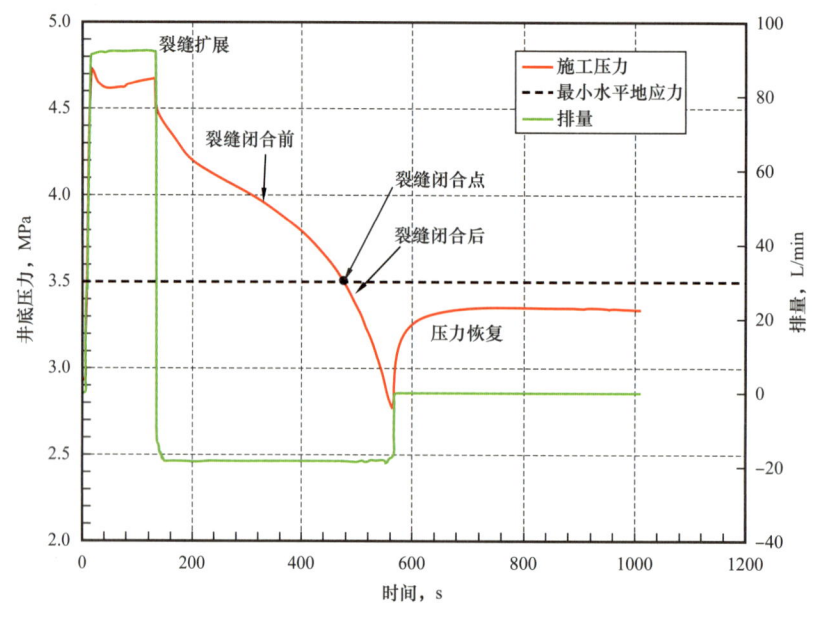

图6-26 通过射孔炮眼周围的多孔介质弹性解估算最大水平主应力

第三节 人工裂缝监测技术

大型人工压裂后形成的缝网形态、范围和改造体积是评价压裂效果的重要依据，复杂缝网是页岩气井获得高产的必要条件，因此，为了评价压裂效果、优化压裂工艺、掌握气井生产动态规律，需要开展人工裂缝的监测。

一、微地震测试

在水力压裂过程中，压裂液进入地层后会影响到人工裂缝周围地层薄弱点（天然裂缝、层理、节理等）的稳定性，造成剪切错动，该类地震波能量与常规地震相比很微弱，故称"微地震"。微地震从震源向四周辐射，这些弹性波信号可以用精密的传感器在邻井探测得到，进而通过处理解释得出每个微地震事件的空间位置。微地震监测是页岩储层压裂过程中最精确、最及时、信息最丰富的监测手段，可根据微地震"云图"实时分析裂缝形态，对压裂参数（如压力、砂量、压裂液、暂堵剂等）实时调整，优化压裂方案，提高压裂效率，客观评价压裂工程的效果。水力压裂微地震监测主要有井下监测和地面监测两种方式[8-11]。

1. 井下微地震监测技术

井下微地震裂缝监测是目前应用最广泛、最精确的方法，井中微地震监测接收到的信号信噪比高、易于处理，但费用比较昂贵，并且受到井位的限制。

现场常用的井下微地震波监测如图6-27所示，井中监测仪器通常为三分量检波器，三个地震波检波器互相垂直布置，并固定在压裂井邻井相应层位和层位上下井段的井壁上，检波器能检测到最远距离为2km的水力压裂微地震实践响应。

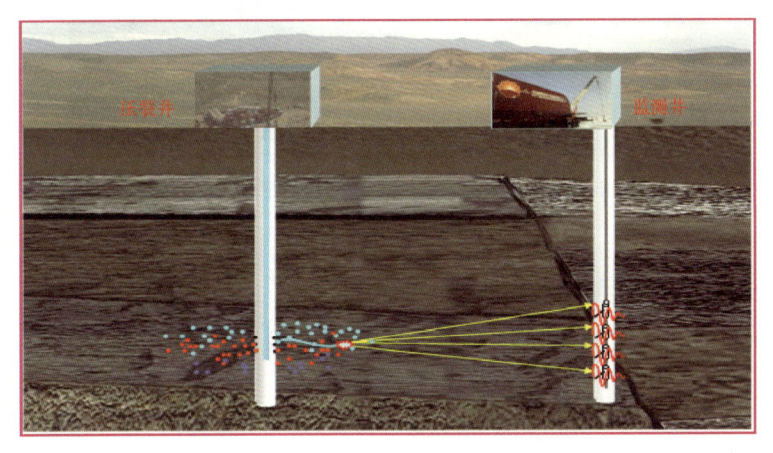

图6-27 井下微地震波测试示意图

井下微地震监测时，首先将仪器下井并固定，同时确定下井的方向进行压裂。记录在压裂过程中形成大量的压缩波（纵波，P波）和剪切波（横波，S波）波对，确定压缩波的偏差角以及压缩波和剪切波到达的时差。由于介质的压缩波和剪切波的速度是已知的，所以可将时间的间距转化为信号源的距离，得出水力裂缝的几何尺寸，测出裂缝高度和长度，再根据记录的微地震波信号，绘制微地震波信号数目和水平方位角的极坐标图，以此确定水力裂缝方位。井中监测可以采用单井或多井同时监测，监测设备级数大于10，井数和级数越多，微地震事件定位精度越高。

2. 地面微地震监测技术

地面微地震监测是将地震勘探中的大规模阵列式布设台站与基本数据处理手段应用到压裂缝网监测中来，即在压裂井地面布设点安装一系列单分量或三分量检波器进行监测（图6-28），采用噪声压制、多道叠加、偏移、静校正和速度模型建立等方法处理数据。通常地面检波器排列类型主要有三种：星型排列、网格排列和稀疏台网。布设点达到几百个，每点又由十几到几十单分量垂直检波器阵组成，检波器总数可以万至数万计。

图6-28 地面监测时采用的FracStar阵列图

此方法施工条件要求低，数据量大，可大方位角覆盖，有利于计算震源机制解，但易受地面各种干扰的影响，信噪比低，干扰大。地面微地震监测在国内外油气田的生产实践中得到了越来越多的应用，其监测结果可确定裂缝分布方向、长度、高度等参数，用于评价压裂效果。

3. 分析方法及应用

1）诊断人工裂缝形态

在水力压裂造缝过程中，岩石的剪切滑动开裂类似于沿断层发生的微地震或微天然地震，这些微地震事件产生的地震波信号可以在一定范围内被地震检波器检测到。根据记录到的微地震信号或微地震波列，通过数据分析处理可得到震源的信息。在压裂过程中，随着微地震事件在时间和空间上的不断产生，微地震定位结果便连续不断更新，形成一个裂缝延伸的动态图，从而直观得到裂缝方位，以及长度、宽度、顶底深度和两翼长度（图6-29）。

2）定量评价储层改造体积

储层改造体积（Stimulated Reservoir Volume，SRV）是哈里伯顿在北美Barnett地区根据页岩气井压裂压后产量与储层改造体积成正比关系而提出的用于评价和预测压裂改造效果和压后产量的重要概念（图6-30）。它是通过计算压裂过程中产生的在目的层内部的微地震事件的空间分布体积来描述的，计算的方法是通过微立方体法（每一个最外层微地震事件包络一个垂直于井轨迹的立方体，计算总体的包络体积）得到整体的储层改造体积。

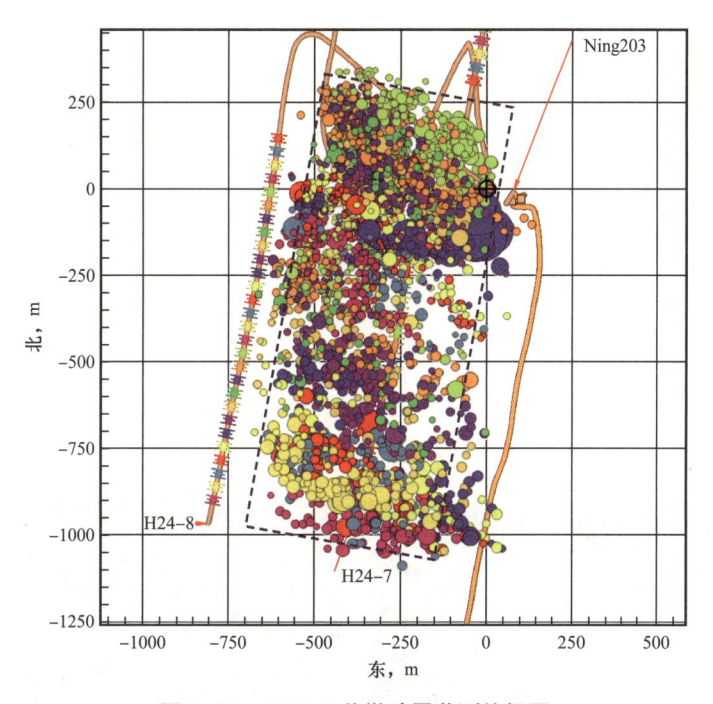

图 6-29　H24-7 井微地震监测俯视图

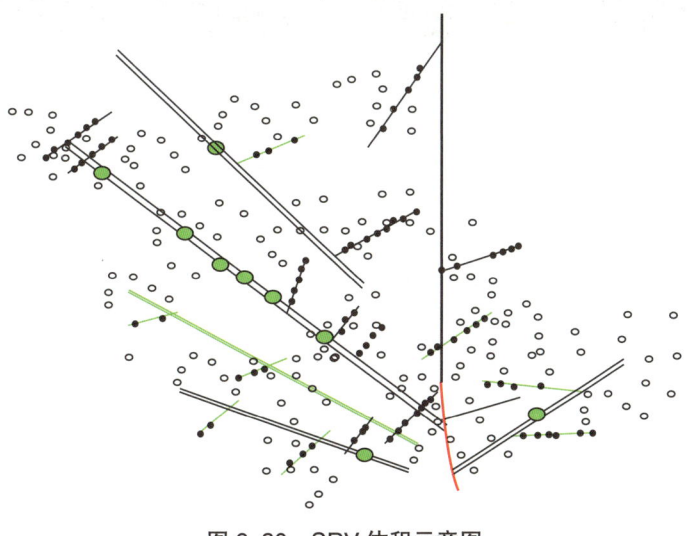

图 6-30　SRV 体积示意图

地震变形是由于水力压裂作用在岩石上的张力、压力或剪切力可能导致岩石变形，它描述地震矩释放的密度和发生破裂程度的比值。一般情况下，SRV 估算的是所有检测到的微地震事件体积和，但是，并非所有的微地震事件都能增加油气产量，只有岩石破裂产生的微地震事件才对 SRV 计算有贡献，因此，上述方法计算的 SRV 往往是不正确的。

通常情况下，很难确定微地震事件中哪些是有效破裂引起的微震，需要根据微震事件的纵、横波波形相似性、走时差、能量比及发生时间等综合进行分类，剔除无法有效分类的弱微震事件，将同一簇微震事件进行裂缝拟合进而得到较为可靠的有效 SRV 估算结果。

通过比较和识别同一裂缝簇上的微地震事件（绿色为较大微地震事件，黑色为裂缝簇的微地震事件，空心灰色为孤立的微地震事件）。在 SRV 计算中，应剔出孤立的弱事件定位结果，不参与计算，这样得到的 SRV 结果更为真实可靠（图 6-31）。分析时间、波形、频率对相邻事件进行相关性，相关性好的事件被认为是同一破裂或相关破裂产生的微地震事件，裂缝应该是连通的，经过分类剔除一些没有直接参与造缝的微地震事件后计算的储层改造体积更具有实际意义。

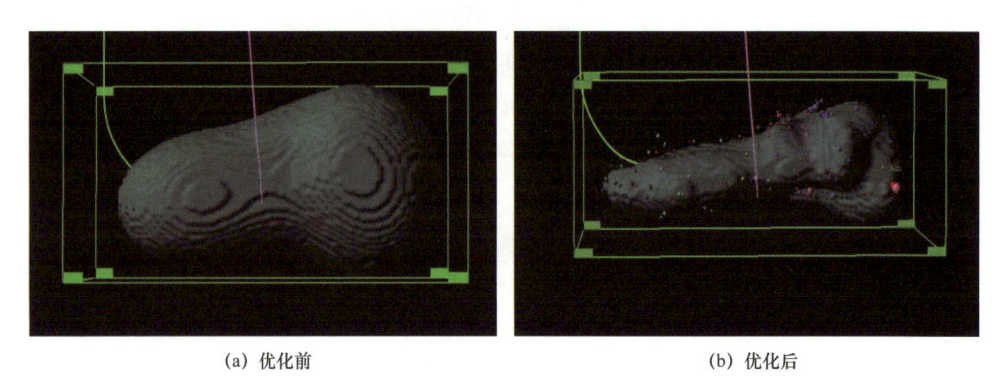

(a) 优化前　　　　　　　　(b) 优化后

图 6-31　SRV 计算优化前后对比图

二、广域电磁法测试

1. 方法原理

广域电磁法是中国工程院何继善院士提出的一种新的人工源频率域电磁测深法，该方法考虑场的统一性，严格从电磁波方程表达式出发，定义了广域电磁法视电阻率参数，将"近区""过渡区"和"远区"有机地统一起来，改善了非远区的畸变效应，使得测深能在广大的、不局限远区的区域进行。

电磁波在地下的趋肤深度 δ 主要取决于地下介质的电阻率和电磁波的频率：

$$\delta = \sqrt{\frac{2\rho}{\mu\omega}} \tag{6-2}$$

式中 ρ——大地的电阻率；

ω——电磁波的圆频率；

μ——介质的磁导率。

趋肤深度是指在均匀半空间中，地面以下深度为 δ 处的电磁波的强度是地面电磁波强度的 1/e。因此，常常粗略地解释为电磁波在介质中透入的大体深度，它可以用来估计电磁波的探测深度。

不论在何种情况下，电磁场的分布都是频率 ω、电阻率 ρ、磁导率 μ 以及观察点与源相对位置 r 和 φ 的复杂函数。在所有场的表达式中，r、ω 和 ρ、μ 并不单独影响场的性质，而是以 $-\mathrm{i}kr$ 的形式出现：

$$-\mathrm{i}kr = -(1+i)\frac{r}{\delta} = -(1+i)r\sqrt{\frac{\omega\mu}{2\rho}} \quad (6-3)$$

距离的远和近，取决于几何距离 r 和趋肤深度 δ 的比值，即

$$p = \frac{r}{\delta} = r\sqrt{\frac{\omega\mu}{2\rho}} \quad (6-4)$$

p 称为电距离，人们常根据电距离 p 的大小，把场的分布范围划分为远区（$p \gg 1$）、近区（$p \ll 1$）以及过渡带（$p \approx 1$）三个区域（图 6-32）。

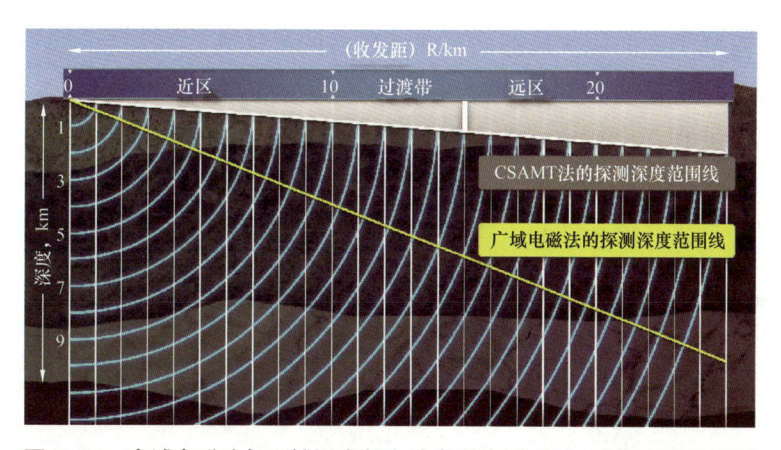

图 6-32 广域电磁法与可控源音频大地电磁法探测深度范围对比示意图

如果当地的电阻率 ρ 很高，使用的频率又很低，则趋肤深度 δ 很大，这时即使距离 r 相当大，但比值 r/δ 并不大，只能算"近区"；反之，在同样的距离 r 上，如果当地电阻率 ρ 很低，使用的频率又很高，则趋肤深度很小，但比值 r/δ 却相当大，可以看成"远区"。因此，在电磁法中，场的分布是以趋肤深度 δ 为单位的距离 r 的大小来进行划分的。

在实际进行电磁测深时，地电条件、施工条件的不同，结果往往差别很大。收发

距越大,虽然越能满足"远区"的要求,然而在一定供电功率下,收发距太大,信号必然太小,很难保证数据精度。为了能在不满足"远区"条件的广大区域进行电磁测深,何继善院士提出了广域电磁测深法。所谓"广域"就是指突破"远区"的局限,在包括远区,也包括非远区的广大地区进行测量,把电磁测深的观测范围扩大到非远区的广大区域。

均匀大地表面上水平电偶极源 x 电场分量严格而精确的表达式为:

$$E_x = \frac{I\mathrm{d}L}{2\pi\sigma r^3}\left[1 - 3\sin^2\varphi + \mathrm{e}^{-\mathrm{i}kr}(1 + \mathrm{i}kr)\right] \quad (6-5)$$

只需要观测电磁场的一个分量就能获得地下电阻率信息,不论观测哪一个分量,电阻率都是同一个大地的电阻率。如果只测量一个分量,不会减少地下电阻率信息,同时测量两个分量也不会增加地下电阻率信息。在包括远区也包括部分非远区在内的广大区域进行测量,观测人工源电磁场的一个分量,即可计算广域视电阻率值。

与 CSAMT 法相比,广域电磁法在同等收发距上勘探深度增大;在同等条件下,广域电磁法比 CSAMT 法探测深度增加 3~5 倍;在相同或者更高分辨率的前提下,只测量电磁场的单个分量,改写了过去 CSAMT 法必须测量两个相互正交的电、磁分量的历史,工作效率提高。广域电磁法一次发送包含多个频率的伪随机信号,同时接收多个频率的地电信息,突破了变频方案的技术瓶颈,使频率域电磁法的野外采集效率大大提高,有利于大面积快速扫面,测量精度明显提高。

页岩气压裂电磁实时监测技术是广域电磁法勘探技术的延伸,其本质为可控源类电磁法。其基本原理与广域电磁法勘探原理相似,监测系统由两部分组成,即发射与接收系统(图 6-33)。通过发射端向地下发射 19 个频率的伪随机信号,在接收端同频率接收,发射与接收系统在空间上相对独立且保持装置不变。

图 6-33 电磁监测原理示意图

对电场作差分处理，可得压裂前后的相对异常幅度，而且可对一个频率或多个频率的异常幅度叠加。考虑到观测电场 E 实际上是通过观测两点之间的电位差来实现的，即：

$$E \cdot MN = \Delta V \quad (6-6)$$

式中　ΔV——观测电位差；

　　　MN——测量电极距。

则，第 i 次相对于 j 次各频点的异常幅度为：

$$\eta_{if} = \frac{\Delta V_{if} - \Delta V_{jf}}{\Delta V_{jf}} \cdot 100\% \quad (6-7)$$

第 i 次相对于第 j 次的总异常幅度为：

$$\eta_{if} = \sum_{f=1}^{N} \frac{|\Delta V_{if} - \Delta V_{jf}|}{\Delta V_{jf}} \quad (6-8)$$

这里 $i>j$，且 $j=0，1，2，3，\cdots$，ΔV_{if} 表示第 i 次测量（采集完成）的第 f 个频率的电位差，ΔV_{0f} 则表示第 0 次压裂即压裂前的电位差。

当 $i = j + 1$ 时，第 i 次的总异常幅度为：

$$\eta_{if} = \sum_{f=1}^{N} \frac{|\Delta V_{if} - \Delta V_{(i-1)f}|}{\Delta V_{(i-1)f}} \quad (6-9)$$

第 i 次相对于第 j 次的各频点的异常变化率为：

$$\xi_{if} = \frac{\eta_{if}}{t_i - t_j} = \frac{\Delta V_{if} - \Delta V_{jf}}{\Delta V_{jf}\left(t_i - t_j\right)} \quad (6-10)$$

其中，t 为时间。

第 i 次相对于第 j 次的总异常变化率为：

$$\xi_{if} = \frac{\eta_{if}}{t_i - t_{i-1}} = \sum_{f=1}^{N} \frac{|\Delta V_{if} - \Delta V_{(i-1)f}|}{\Delta V_{if}\left(t_i - t_j\right)} \quad (6-11)$$

当 $i = j + 1$ 时，第 i 次的总异常变化率可写成：

$$\xi_{i} = \frac{\eta_{i}}{t_i - t_{i-1}} = \sum_{f=1}^{N} \frac{|\Delta V_{if} - \Delta V_{(i-1)f}|}{\Delta V_{(i-1)}\left(t_i - t_j\right)} \quad (6-12)$$

广域电磁法的解释流程如下（图 6-34）：

（1）全面收集工区以往地质、电性、裂缝及压裂资料，综合分析监测区内的地质特征；

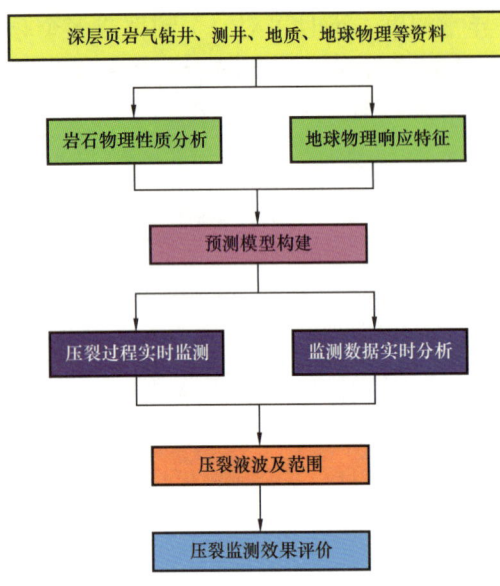

图 6-34 广域电测法成果解释流程图

（2）正确识别曲线：结合原始曲线分析，对飞点产生的干扰要加以辨别；

（3）圈定异常范围：通过监测区测井电物性统计、理论模型正演计算和实际成图效果，确定监测区目标频率 0.5～3Hz，异常圈定阈值（范围值）2%～5%。

三维电磁监测通过监测页岩气井目的层段附近在压裂前后电阻率的变化来确定压裂过程中压裂液的波及体积，有效地评价改造的缝长、缝宽、缝高，对于指导压裂方案、优化压裂工艺具有重要作用。相比传统电磁法，广域电磁法具有以下优势：

（1）采用不做简化的电磁场单分量表达式迭代计算"广域视电阻率"，实现了电磁法理论的重大突破；

（2）只测量一个电场分量，避免了传统电磁法磁场干扰对整体结果的影响，提高了数据采集的精度；

（3）可以在广大的、不局限于远区的区域内进行观测，拓展了观测范围，增大了勘探深度；

（4）多频同时发送和接收，且可以进行一发多收，提高了野外的观测效率。

2. 监测结果

1）典型成果分析

如图 6-35 所示，2019 年 8 月 21 日 15：12—17：26 长约 230m，宽约 140m 的裂缝 M4，推测为压裂液波及范围。压裂液产生的裂缝易受到地层不均匀和天然裂缝的影响，裂缝在井筒两侧通常不对称，裂缝受压力分散影响，呈现不规则分布。

2）单段监测成果

（1）7 井第 1 段压裂监测成果。

2019 年 8 月 20 日 07：00—9：46，7 井第 1 段压裂，电磁监测成果显示主要有 2 个异常区，编号 M1、M2（图 6-36）。M1 北西—南东向长约 190m，北东—南西向宽约 90m，压裂液波及面积约 15630m^2；压裂液在井轨迹东西两侧均有分布，东侧分布范围较大，西侧分布范围相对较小，推测该段井轨迹东西两侧改造较均匀。M2 裂缝中心距 7 井井轨迹约 230m，为一圆形裂缝，水平投影在 7 井 6 段左右，压裂液波及面积约 10750m^2。

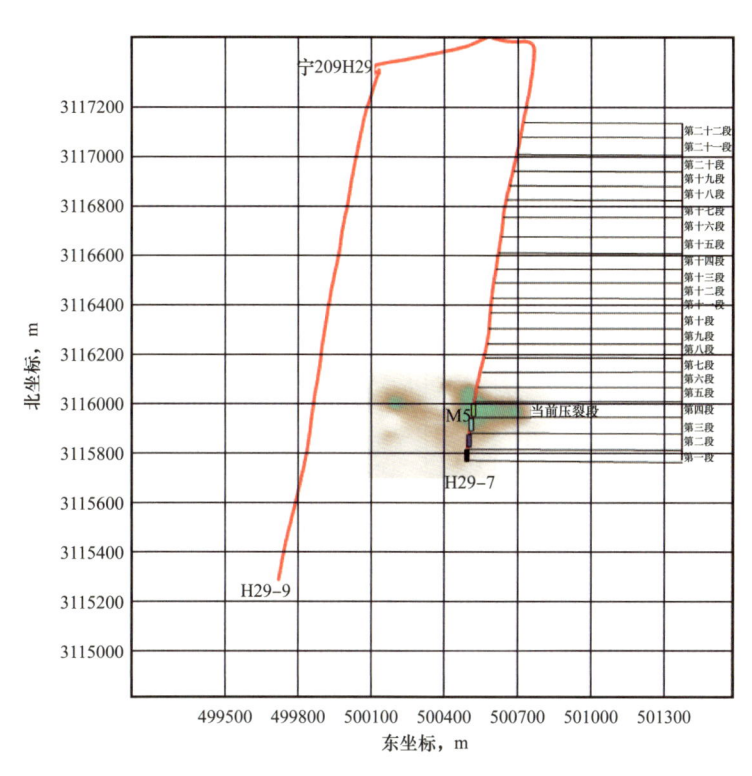

图 6-35　7 井第 4 段压裂液不规则分布

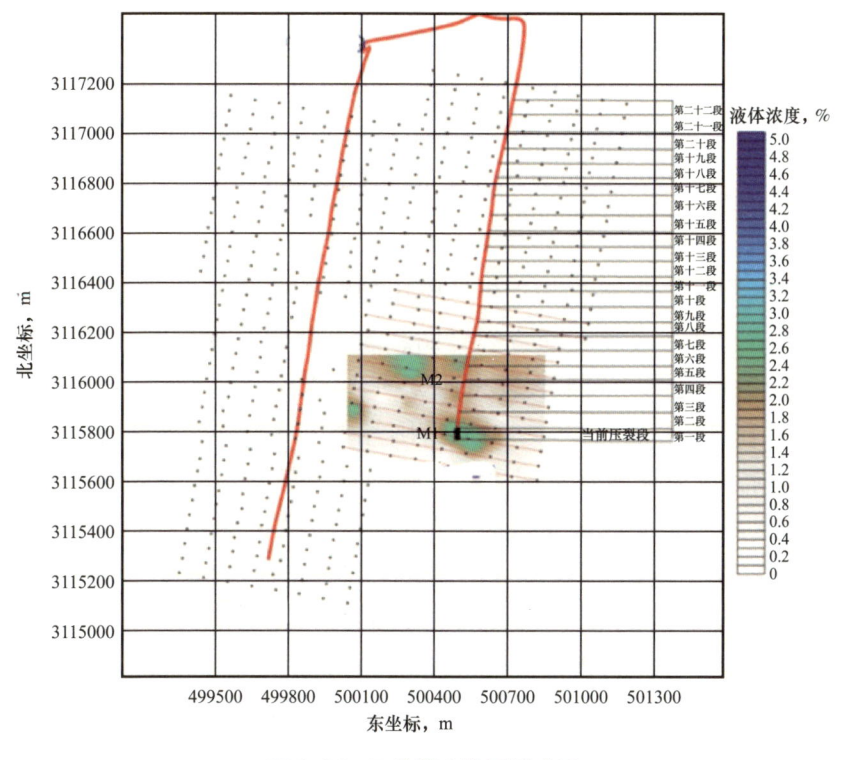

图 6-36　7 井第 1 段压裂成果

（2）7井第10段压裂监测成果。

2019年8月24日14：09—16：44，7井第10段压裂，电磁监测成果显示主要有1个异常区，编号M11（图6-37），位于7井第8~11段，长轴北西—南东向，长约330m，短轴北东—南西向，长约110m，压裂液波及面积约36300m²。压裂液在井轨迹东西两侧均有分布，东侧波及范围大于西侧，推测东侧改造较好。

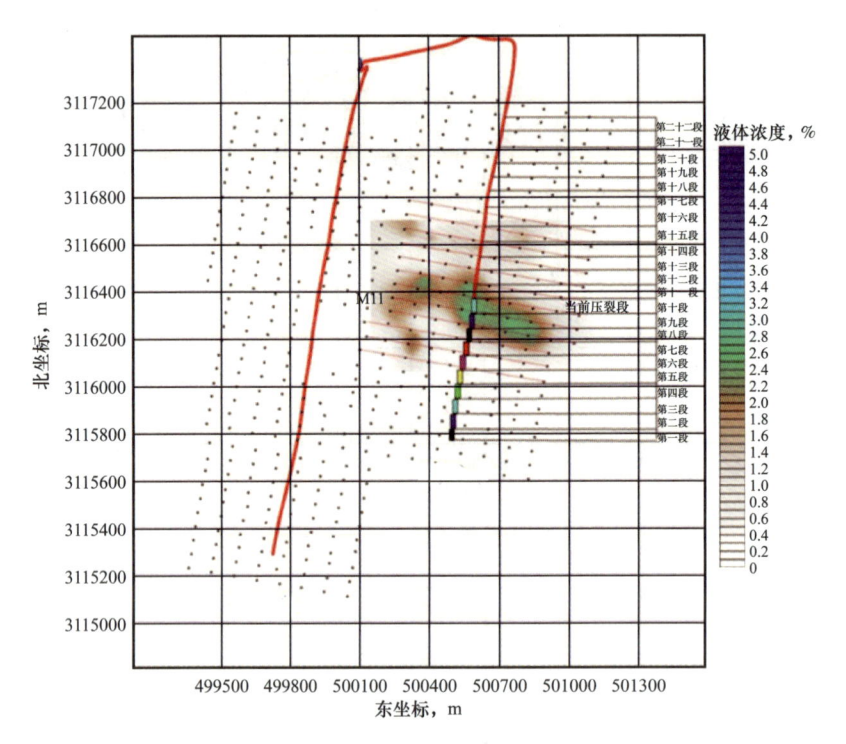

图6-37　7井第10段压裂监测成果

3）监测成果总体评估

通过对7井及该井西侧邻井9井每段压裂监测的裂缝数据进行统计和对每段压裂裂缝做叠加，绘制成测区综合裂缝图、人工裂缝发育包络线图。如图6-38所示，7井压裂液分布范围，人工裂缝东西宽约0.48km，南北长约1.51km，改造面积约0.71km²。由于人工裂缝的方位、分布范围等受天然裂缝、局部地应力场、压裂工艺及规模等影响，压裂液波及范围呈不规则分布，每一段压裂液均有明显波及。如图6-38所示，9井2段到11段压裂形成人工裂缝宽约0.53km，长约0.77km，改造面积约0.26km²；9井22段到25段压裂形成人工裂缝宽约0.28km，长约0.52km，改造面积约0.11km²；由于受地形因素限制，9井第12至21压裂段井轨迹在地面投影附近有51个电极无法铺设，监测效果受到影响，9井第12至21压裂电磁监测成果仅供参考使用。综上所述，通过广域电磁监测，可大致了解压裂形成人工裂缝形态，定性分析压裂进程中压裂液的扩散情况，对评价压裂效果有一定的参考作用。

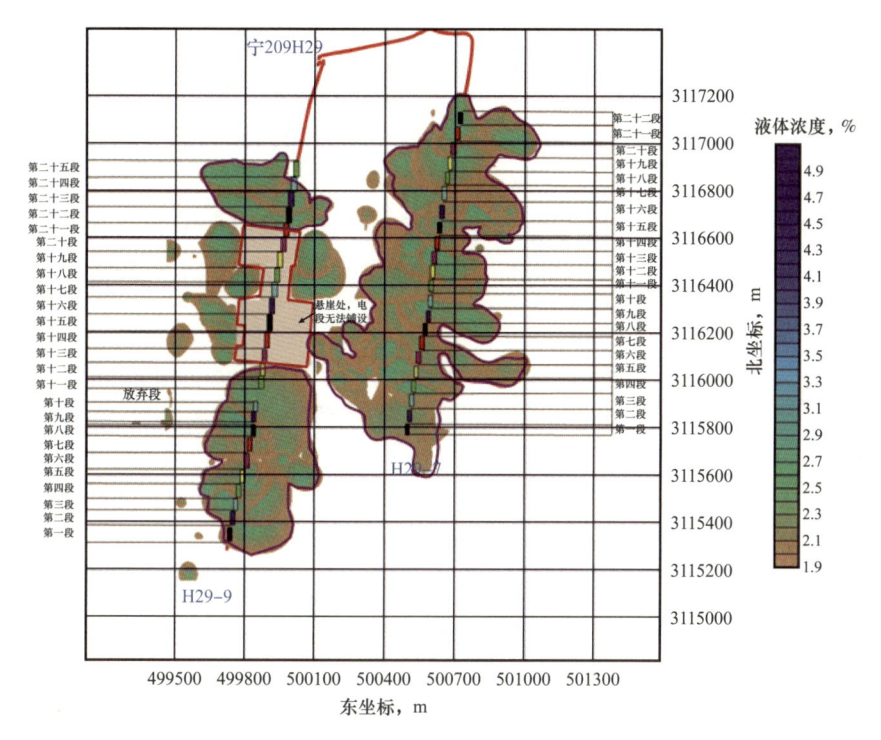

图 6-38　宁 209H29 平台广域电磁法监测压裂效果总体评价

三、分布式光纤监测

分布式光纤传感是一种广泛应用于常规和非常规油气藏监测的先进油井监测技术。它可以提供实时、精确的沿井监控。分布式光纤传感器主要包括分布式光纤温度监测（DTS）和分布式光纤声波监测（DAS）。

1. 分布式光纤温度监测（DTS）

分布式光纤温度监测（DTS）硬件系统主要包括井头的 DTS 问答机和沿井的光纤。在监测过程中，DTS 问答机会向沿井光纤发送实时激光脉冲，由探测器接收，沿井温度会影响反斯托克斯波长强度，通过信号处理技术得到整个沿井的实时温度剖面。分布式光纤温度监测有较高的精度，精度可到达 0.1℃，分辨度可达到 0.01℃（图 6-39）。

由于沿井光纤的安装方式不同，分布式光纤温度监测分为可回收式和永久式。如图 6-40 所示，可回收式光纤放置在油管内，可短时间内监测油管内流体的温度。不可回收式光纤放置在油管外和套管外，可永久实时监控油管壁和套管壁的温度。受益于永久监测的特性，北美地区非常规油气田使用永久式光纤更为普遍。

在非常规油气藏监测领域，DTS 被广泛用来定位裂缝起裂点和定性评估压裂设计。

近些年，DTS 通过与数学物理模型结合，在油气井生产时可以分析沿井筒的流速分布，进而定量分析每条裂缝的产量。在压裂完关井阶段，通过 DTS 回温曲线可以定量分析压裂液和支撑剂的分布。此外，DTS 数据结合历史拟合还可以定量分析裂缝的形态和导流能力。如 YU. 通过自主研发的温度场嵌入式离散裂缝模型来模拟复杂缝网的温度场。如图 6-41 所示，温度模型可以在三维空间模拟人工裂缝和天然裂缝的温度场，通过拟合回温阶段和生产阶段的 DTS 数据定量分析每一簇的流量分布和裂缝形态。

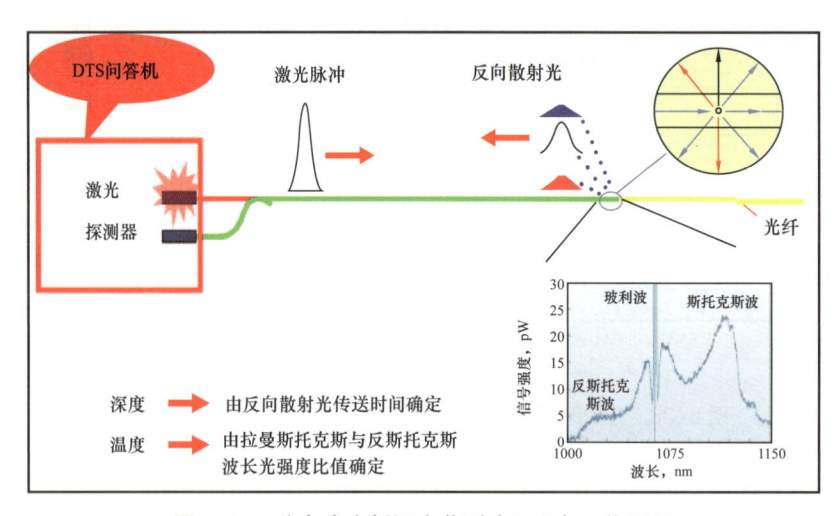

图 6-39　分布式光纤温度监测（DTS）工作原理

图上方是 DTS 硬件以及数据获取流程，图右下方是光纤信号波形

（Pinnacle fiber optics brochures，2012）

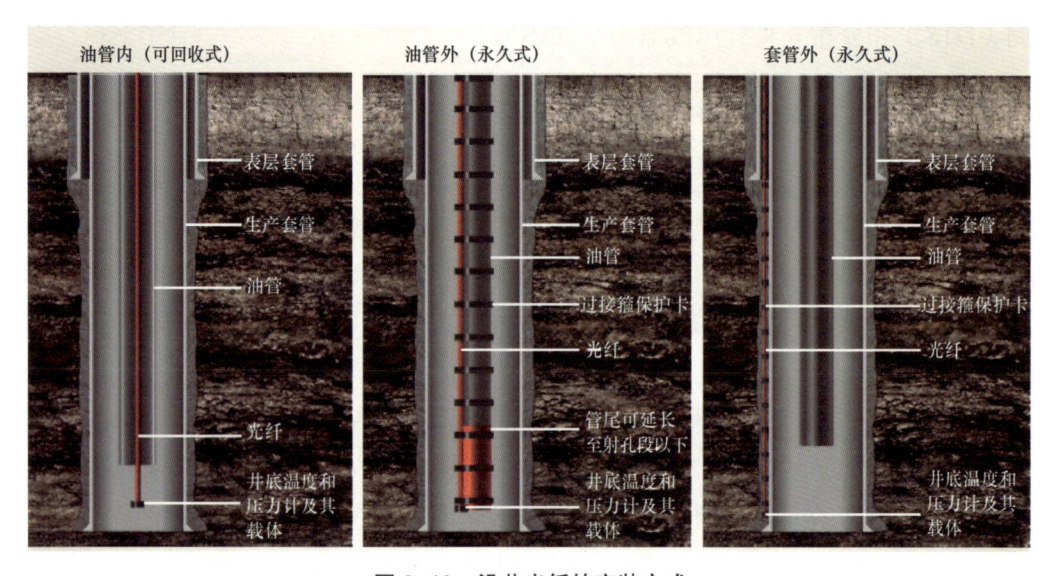

图 6-40　沿井光纤的安装方式

- 156 -

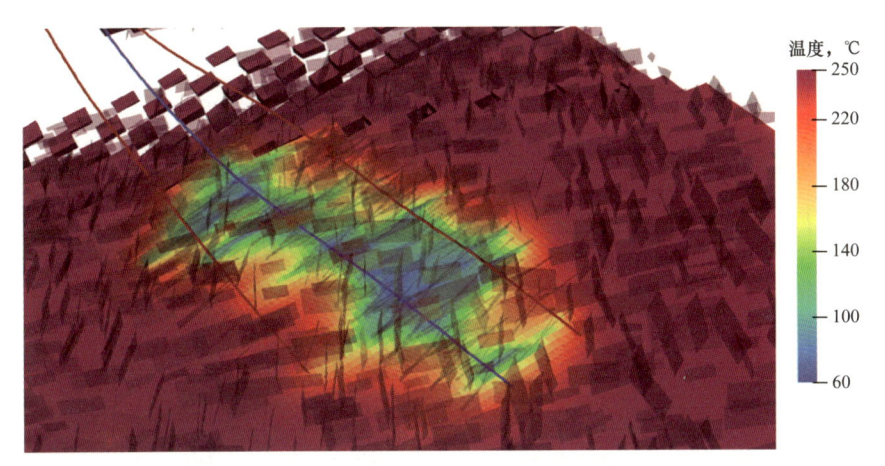

图 6-41　运用温度场嵌入式离散裂缝模型模拟的复杂人工和天然裂缝的温度

2. 分布式光纤声波监测（DAS）

分布式光纤声波监测（DAS）需要激光器沿着光纤发出光脉冲，一些光以反向散射的形式与入射光在脉冲内发生干涉，反向反射的干涉光回到信号处理装置，进而得到沿光纤方向的应变，引起光纤应变的因素包括岩石形变、温度变化、流体流动引起的声波变化等。在石油与天然气工程领域，DAS 可应用于水力压裂监测。DAS 数据可分为高频和低频两个部分。如图 6-42 和图 6-43 所示，高频 DAS 数据收集于压裂井，低频 DAS 数据通过对收集于压裂井附近的监测井的数据进行低频处理得到。

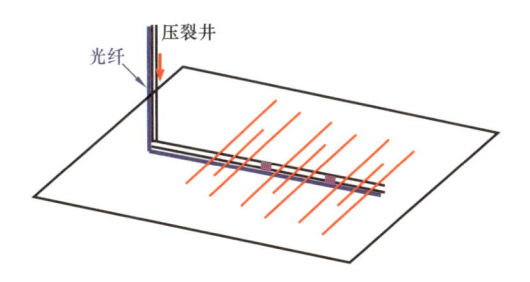

图 6-42　压裂水平井高频 DAS 监测 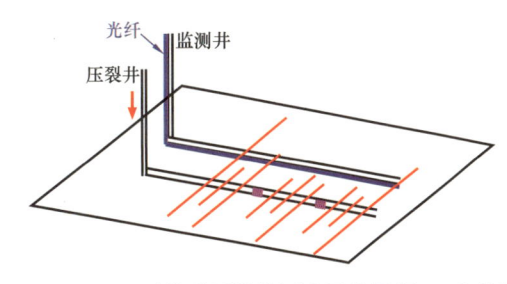　　图 6-43　压裂井附近的监测水平井低频 DAS 监测

低频 DAS 信号主要由裂缝诱发的岩石应变和温度变化引起。如图 6-44 所示，在一个单簇裂缝扩展过程中，不同时间段的光纤应变不同。当裂缝尖端离监测井很远时（时间段 1），光纤监测到微弱的拉伸，随着裂缝尖端逐渐接近监测井（时间段 2），光纤拉伸逐渐增加；当裂缝恰好到达监测井的时刻（时间段 3），裂缝与监测井接触点的光纤被拉伸，其他部分的光纤被压缩；裂缝穿过监测井之后（时间段 4），光纤可以持续监测裂缝扩展过程；当压裂结束之后（时间段 5），裂缝可能闭合，导致光纤产生和压裂期间相反的响应。

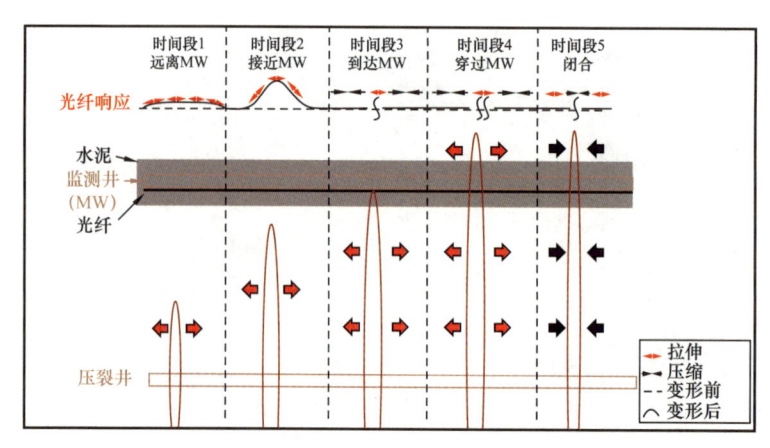

图6-44 单簇压裂过程中不同时间的光纤监测响应示意图（摘自Liu等，2020a）

目前石油工业中的分布式光纤声波监测的测量点间距一般为1m，标距长度一般为5m或者10m。高频DAS监测主要应用于评估单井压裂效率、估计压裂液在裂缝间的分布等。低频DAS监测是近几年的研究重点，由于其可以精确监测水力裂缝引起的岩石应变，可定量描述裂缝。在北美地区，低频DAS监测技术目前主要应用于页岩油气领域，通过邻井监测，判断压裂井人工裂缝到达监测井的裂缝数量和时间，国内尚未见到这项技术应用的相关报道。

第四节 页岩气井产出剖面监测技术

长期以来，水平井分段压裂技术是提高气井生产效果的重要手段，各层段压裂效果及作业后各层段的产气贡献是地质工程技术人员普遍关注的问题，通过页岩气井产出剖面监测，可掌握气井各段压裂改造效果和供气能力，为持续深化地质认识、优化钻井、压裂工程设计提供依据。

一、示踪剂监测

在压裂过程中向不同压裂段内注入示踪剂，通过井口取样，对样品不同示踪剂的返出情况进行测试，从而实现对不同段的油气水产出剖面监测。分别确定压后不同生产阶段井筒产出剖面情况，实现对页岩气井压后较长一段时间内产出剖面动态变化监测。国内外示踪剂技术可分为非放射性化学示踪剂和量子示踪剂[12-14]。

1. 非放射性化学示踪剂

目前，非放射性化学示踪剂测试技术是一种原理可靠、操作简单的录取各层段返排贡献、产油或产气贡献的新型生产测井技术，有效解决了常规生产动态测井中存在的问题。化学示踪剂,包括水溶性示踪剂(以下简称水剂)、油溶性示踪剂(以下简称油剂)和气溶性示踪剂(以下简称气剂),随各段压裂液(或酸液)注入地层,定量(或定性)评价每段的压裂液(或酸液)的返排贡献(水剂)、产油(油剂)及产气(气剂)贡献从而获得改造后返排测试阶段、生产初期及中长期的持续产出剖面。

化学示踪剂可对井下的特定区域进行示踪,通过注入水剂、油剂、气剂,从而获得每段的产出贡献。示踪剂具有如下特点:

(1)化学示踪剂是自然界不常见的、在色谱分析中有各自独特的峰值、易于辨识的化学剂;

(2)惰性,基本不与任何物质发生化学反应;

(3)无毒、无放射性;

(4)扩散率/熔点一致;

(5)极小的地层吸附,与目标介质物理亲和,其中,水剂只与水亲和、油剂只与油亲和、气剂只与天然气亲和(气剂在地层温度下雾化,与天然气融合);

(6)油剂和气剂均疏水;

(7)具有10^{-9}甚至10^{-12}级的痕量示踪能力;

(8)水剂、油剂、气剂均抗酸抗碱。

关于产出剖面监测的基本流程如下:

(1)将各段独有的非放射性化学示踪剂在压裂前(对于水力加砂压裂)或投球前(对于投球分段压裂)随不同阶段的压裂液泵入地层;

(2)施工结束后的返排工程中,返排液携带该段特有的水剂至地面,产出油气携带此段独有的油剂或气剂至地面;

(3)在井口返排测试流程上密集采集返排液及油气样品;

(4)通过实验室室内色谱分析采集样品中不同示踪剂含量,由于示踪剂充分溶解或分散于压裂酸化液体或地层流体中,各段独有的示踪剂所占比例则为该段的返排比例或产油气比例,从而获得不同层段的压裂效果及与之对应的产出剖面。

示踪剂测试可提供类似于生产测井仪器所能提供的数据,而无须高昂的费用。根据生产信息及示踪剂分析数据,可获得每段的产量信息,并且能提供中长期的生产信息,目前已在国内外大量井区得到广泛应用和论证。除了用于直井分层、大斜度井和水平井硬分段的返排及产油气剖面分析外,通过精细化设计,还可以用于论证软分层/分段改造的效果。通过各段的返排贡献、油气产出贡献,井下的哪一段或哪一部分、哪一区域正在产水、油、气(或没有生产),获得非常有价值的油气藏信息:

(1)可确认所期待的区域是否生产;

(2)可确认所指定的油气藏是否生产;

（3）每段产量。

示踪剂测试技术现场操作简单，可定量评价各层段的压裂改造情况及各段产量贡献大小等，对于评价直井分层、大斜度井与水平井分段压裂改造效果具有良好的应用前景，特别是产液、产气剖面解释结果对进一步优化工程方案有较大的帮助。

Z201H6-3井于2018年10月20日至2018年11月4日进行分段加砂压裂，在每段进行分段压裂过程中，伴随压裂液每段泵入一种特有的注示踪剂。2018年12月17日至2019年2月19日连续采样，实际采集气样74个，筛选其中50个样品送实验室检测分析。Z201H6-3井示踪剂检测分析结果（图6-45）表明，各段均见气，其中第2、第3、第14、第17、第21段5个低产段初期未见气，中后期相继见气；第5、第6、第19、第24段产气占比相对较高，产气贡献主要在4%左右波动，其余段产气贡献基本在4%以下；第5、第19、第24段初期高产，中后期递减较快；第6段初期贡献略低，后期产量有所上升；其余段产气贡献相对稳定。

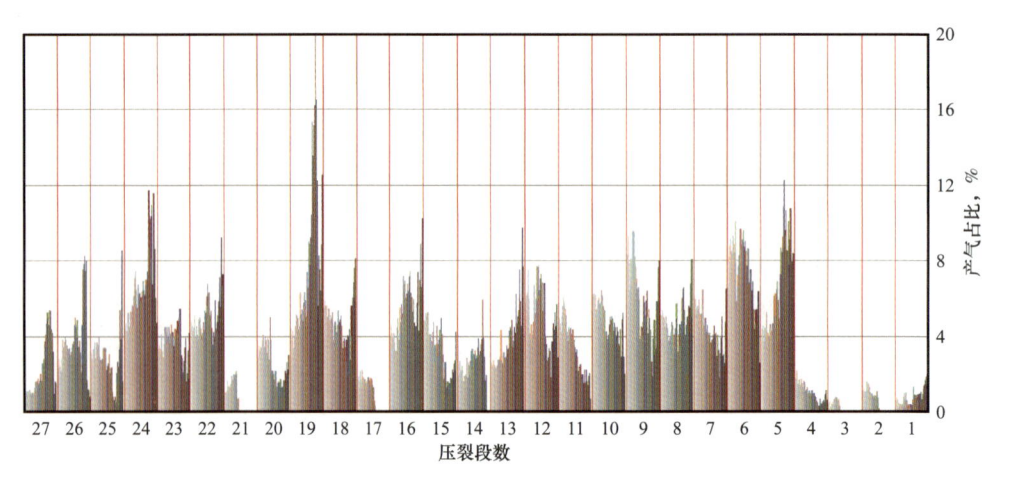

图6-45　Z201H6-3井动态产气剖面图

2.量子示踪剂监测技术

以"量子点"技术为基础，结合特殊的复合材料工艺，将量子示踪剂包覆在陶粒表面，形成特殊的示踪剂陶粒（图6-46）。将不同的量子示踪剂置于井内不同部位，使其在地层流体（油、气或水）冲刷下释放。通过井口取样，对每一相流体所携带的量子示踪剂进行定性、定量分析，得出井筒不同部位的产量贡献率，油、气、水三相互不干扰。

量子示踪剂技术具有以下特点。

（1）物理化学稳定性好：特殊的骨架材料赋予复合材料高强度、无膨胀的物理化学稳定性；

（2）示踪剂稳定释放：特殊的复合材料填充物允许示踪剂微球在填充物内部运移，当复合材料表面的示踪剂微球随着流体冲刷脱离时，新的示踪剂微球会向表面运移给予补充；

（3）只在流体冲刷下释放：当流体静止时，示踪剂不会释放到流体中；

（4）示踪剂含量丰富：每1kg示踪剂包裹陶粒，富含1012个量子示踪剂微球；

（5）对应单一性：油、气、水相示踪剂之间无相互干扰；

（6）监测周期长：陶粒包覆型2~3年，工具填充型3~5年；

（7）种类多：每一相示踪剂种类均有63种。

在每一段注入独特的示踪剂陶粒（图6-47），用于分段压裂后各段产量贡献率的测试。根据需要监测的相，选用适用于不同相的示踪剂陶粒进行混合。

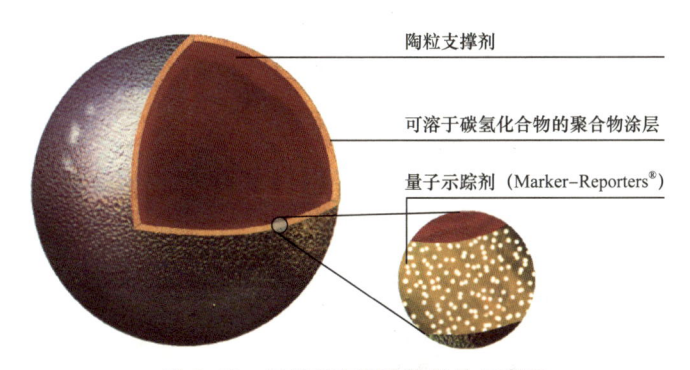

图6-46 示踪剂包覆陶粒结构示意图

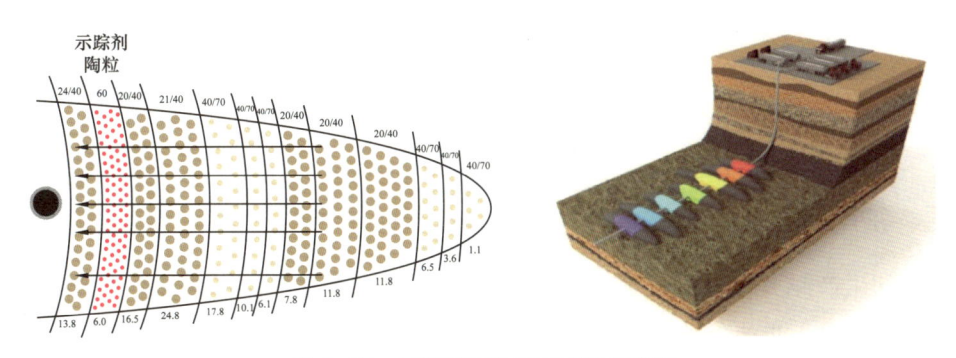

图6-47 示踪剂陶粒现场应用示意图

施工后，根据取样制度在井口进行取样（图6-48）。气体通过特制的过滤装置收集产出气中携带的示踪剂。液相则使用专门的取样瓶进行取样。

实验室对样品进行处理，提取示踪剂并用于仪器分析，室内处理流程如图6-49所示。

页岩气井分段压裂改造后，由于地质、工程等方面存在的差异，各段对产能贡献率会有明显差异。在压裂后排采、投产之后，单井产量会发生较大幅度变化。同时，随着地层压力不断下降，各段产能贡献率（产出剖面）可能会发生较大的变化。

将不同阶段示踪剂监测的产出剖面数据，与压裂井储层地质参数进行综合对比，包括 GR、孔隙度、渗透率、TOC、密度等。分析产气、产水剖面与地质数据的相关性，为后续页岩气井钻井、分段及射孔优化等提供参考意见。与工程参数进行综合对比，包括压裂施工规模、施工排量、施工后净压力裂缝模拟等。对压裂工程参数对压后产量的影响进行综合分析，指导后期压裂施工设计的调整。与排采制度、排采数据进行综合对比，指导页岩气钻完井及压裂改造设计的优化。

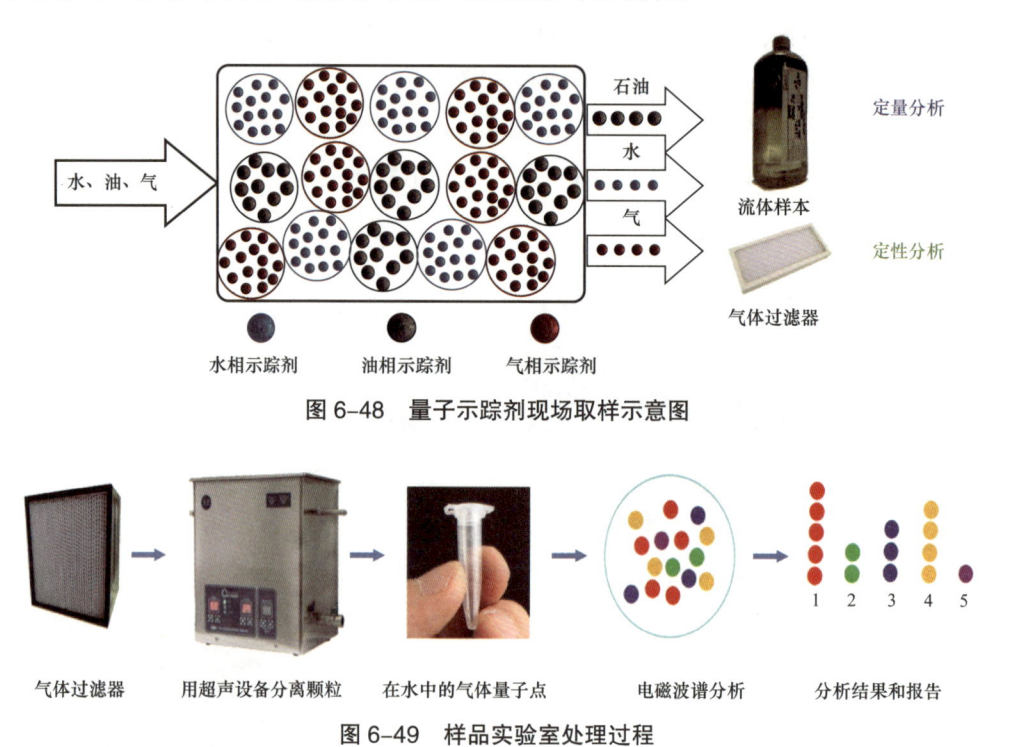

图 6-48　量子示踪剂现场取样示意图

图 6-49　样品实验室处理过程

二、生产测井监测

常规的生产测井技术难以满足页岩气多段压裂水平井测试的需要，具体表现在如下几个方面：（1）页岩气水平井井眼轨迹复杂、井身结构特殊，常规测试工艺无法实现测井工具组合在水平段顺利起下作业；（2）由于页岩气井气液同产，受井筒轨迹起伏、完井方式、井径变化的影响，在重力分异效应的作用下，产出液往往会分布在高度较低的位置以及水平井筒的下部，形成气液分层流动，气液之间存在滑脱效应，常规的生产测井仪器在井筒居中测量，无法准确测量气液分层流动的情况；（3）常规的生产测井解释模型不适用于水平段气液两相流动的分析[15, 16]。

1. 水平井生产测井技术

近年来，为了满足页岩气水平井产出剖面测试的需要，发展形成了采用 Sondex

电缆牵引器或光纤—连续油管输送的流体扫描成像（Flow Scanner Image，简称为FSI）测井技术，实现了对大斜度井、水平井以及复杂轨迹井产出剖面测试。

FSI 仪器组合主要利用电缆下入井下，在直井段依靠重力作用下放，在水平井段依靠爬行器实现仪器沿水平井筒移动，仪器组合包括：一个仪器臂上有 4 个微转子流量计，用来测量气相流动速度剖面；另一个臂上有 5 个电子探针和 5 个光学探针，分别用来测量持液率和持气率。另外，仪器壳体上还有第 5 个转子流量计、第 6 对电子探针和光学探针，用来测量井筒底端的流动（图 6-50）。

图 6-50　FSI 流体扫描成像测井仪示意图

FSI 工具组合为偏心仪器，测量时仪器主体位于井筒的下部。测量臂可展开，最大可展开到井筒的内径，实现井筒内全范围测量。FSI 外径较小，一般为 49.2mm，可测量的井筒内径范围为 73.0～228.6mm。另外，FSI 仪器组合长度较短，仅为 4.9m，即使狗腿度严重的气井也可达到较好测试效果。FSI 仪器组合具有如下技术优势。

1）建立多相流的速度剖面

FSI 测量的是沿井筒径向的剖面，可克服常规测量仪器因单个转子居中而测不出流体流速变化的技术难题。可满足多种流态的测量，并可实现水平井筒内多相流条件下单独测量气相流速。每个微型转子均可分别测量流经其位置的流体速度，从而建立多相流的速度剖面。

2）识别多相流的流态

因为水导电性强，而气相导电性差，FSI 仪器组合通过 6 个低频探针测量流体的阻抗来识别流体属性。即设定一个门限值可使仪器能辨别出气和水，当连续水相中的气泡，或连续气相的水滴接触探针针尖时，探针会产生一个二进制信号，并根据电路接通的时间计算持水率，进而根据井筒内不同位置的持水率建立井筒内的流态剖面。

3）识别流体属性

由于气的折射率接近 1，而水的折射率约为 1.35，FSI 仪器组合上设置了 6 个对流体光学折射系数敏感的 GHOST 持气率光学探针，可以从液体中辨别出气体。

2. 水平井生产测井解释

水平井生产测井解释流程如图 6-51 所示，一般采用 Emeraude 软件处理 FSI 数据，最核心的技术在于阵列仪器测井数据 FSI 的处理。Emeraude 中的 MPT 数据处理可以利用离散测量值计算出任何深度的一个居中值，基于二维持率和速度模型可以重建探头测量值，二维模型参数可以利用非线性回归的方法对测试数据和重建数据拟合获得。

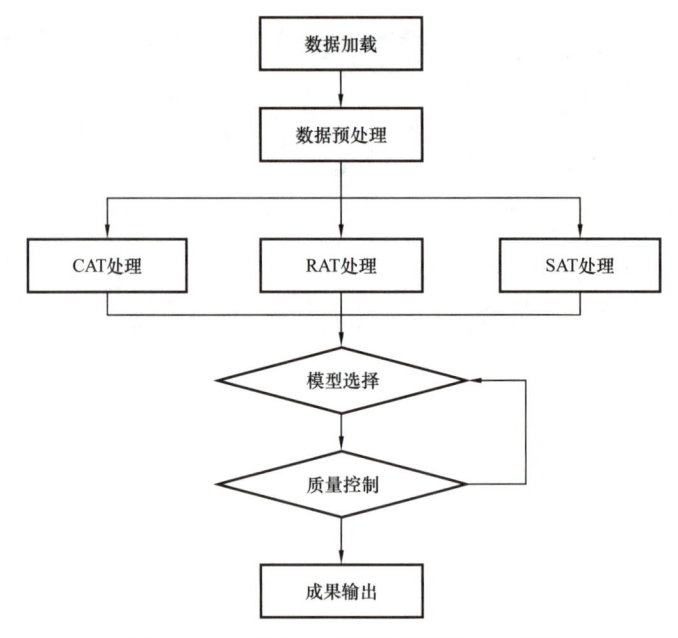

图 6-51 水平井生产测井解释基本流程图

1）SAT 数据处理

SAT 数据很难实现单个涡轮速度的刻度。一般所有涡轮采用门槛值为 30ft/min，斜率为 0.08r/（s·ft·min）。因此，使用 SAT 常数刻度（无需刻度段）。如果处理 SAT 数据时，需要使用 ILS 和 CFB 涡轮流量计数据，则需要定义相应的刻度段。

2）CAT 和 RAT 数据处理

阵列电容式持水率 CAT 和阵列电阻式持水率 RAT 处理，需要在处理前输入正确的刻度数值。为了从探头读数获得持率数据，CAT 必须在纯气、水、油中进行刻度，标准化仪器的读数为：100% 的气的读数为 0，100% 的水的读数为 1，100% 的油读数为 0.2~1。为了区别水和烃，RAT 需要刻度并且 100% 水的典型值为 0.5，100% 烃典型值为 1。

在解释处理时，CAT 和 RAT 获得的阵列持率数据可以单独使用，也可以同时使用,但每一次的数据并不是全部使用。一般来说,可以选择某一次测量效果较好的数据进行计算。一般采取两次的组合,即对测量结果基本一致,反映了相同流型相态的两次组合,相当于有 24 个可测量探头,可以起到较好的效果。

3. 生产测井模型

Emeraude 生产测井解释软件中气—液两相流动关系模型共有 11 种,其中有三种水平井模型,分别是 Petalas & Aziz 模型、Beggs&Brill 模型和 Artep 模型。Beggs & Brill 模型是针对不同管子的倾角、在对气—水两相流研究的基础上建立的;Artep 模型是在三相流实验室完成的,管子的倾角可在 0~90° 变化;Petalas & Aziz 模型适用所有套管倾角、尺寸和流体特性的流体力学模型。

4. 生产测井现场应用

Z201 井是评价志留系龙马溪组页岩分布及含气性的一口评价井,水平段长度 1300m,穿层龙一$_1^1$(3867~4711m)、龙一$_1^2$(4711~4872m)、龙一$_1^3$(4872.8~4946.7m、5130~5167m)、龙一$_1^4$(4946.7~5130m)小层(图 6-52),压裂长度 1177.4m,分段段数 18 段,加砂强度 1.27t/m,用液强度 31.2m^3/m。为了掌握各小层产能贡献,为优化靶体设计提供依据,开展了生产测井(图 6-53)。第 1 小层产气量占总产气量 85.37%,平均每段产气量占总产气量 7.11%,明显高于其他小层,证实第 1 小层为主力靶体(表 6-2)。

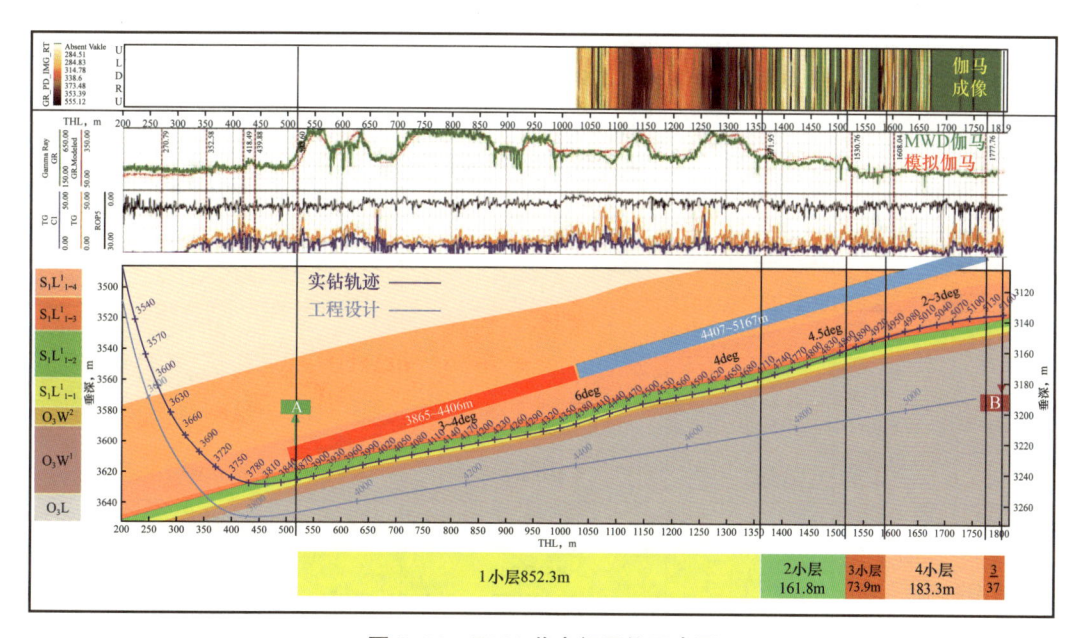

图 6-52 Z201 井穿行层位示意图

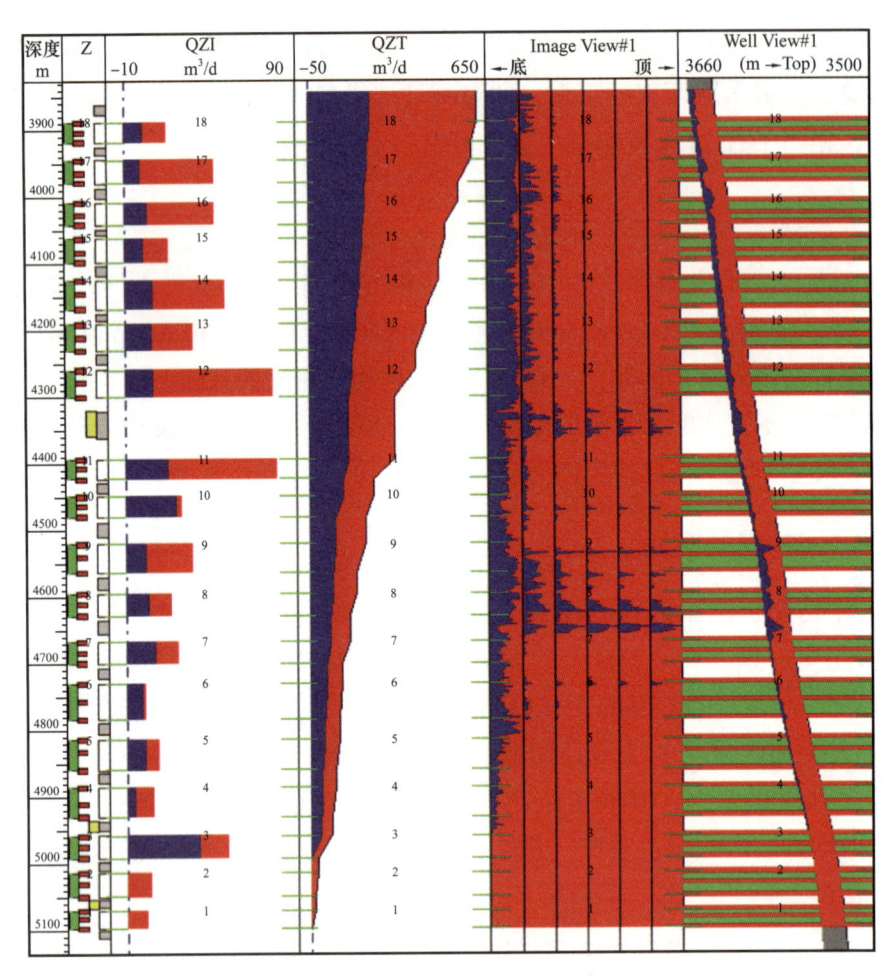

图 6-53 Z201 井产出剖面分布图

表 6-2 Z201 井各段产出气量分布表

压裂段数	小层	各段产气量，m³/d	各段产量占全部产量百分比，%
1	4	4069.72	2.71
2	4	4817.36	3.21
3	4	6194.55	4.13
4	3	3879.65	2.59
5	2	2513.05	1.68
6	2	460.466	0.31
7	1	4445.92	2.96
8	1	4617.24	3.08
9	1	9490.01	6.33
10	1	1416.86	0.94

续表

压裂段数	小层	各段产气量，m³/d	各段产量占全部产量百分比，%
11	1	22281.5	14.84
12	1	24451.8	16.3
13	1	8151.97	5.43
14	1	14578.6	9.72
15	1	5276.6	3.52
16	1	13743.8	9.16
17	1	14876.7	9.92
18	1	4750.16	3.17

为了掌握不同生产制度条件下，各段的产出能力，分别对Z201井开展了$9\times10^4m^3/d$、$15\times10^4m^3/d$两种产量制度条件下的生产测井，从测试结果可以看出，第9、第11、第12、第14、第16、第17段在不同制度下单段的产气能力均有明显变化（图6–54）。

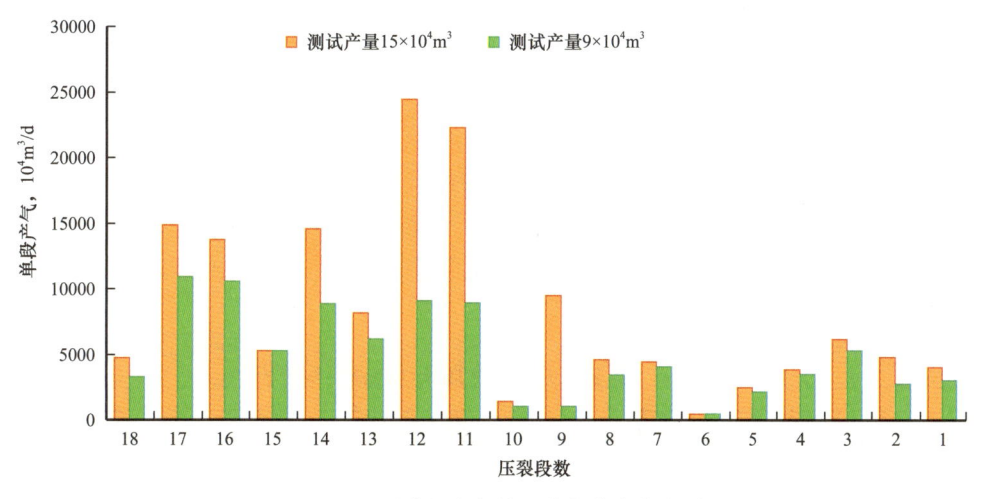

图6–54 不同测试制度条件下单段产出能力对比图

第五节　页岩气井全生命周期动态监测设计

动态监测是气田开发过程中一项日常的基础工作，贯穿气田开发的全生命周期，是不断深化气藏认识，把握气藏开采特征和开发规律，不断挖掘气藏开发潜力，提升开发效果的重要手段。为了深化页岩气开发规律的认识，尽可能取全取准各项动态数据资料，针对不同阶段制定相应的动态监测方案，形成全生命周期的动态监测技术系列。

页岩气田的勘探开发可以划分为评层选区、评价井实施、先导试验、规模上产四个阶段，部署的页岩气井不仅仅只是用于生产，还要开展储层评价、开发技术政策论证等任务。根据页岩气井部署的目的可以分为三类：评价井、先导试验井和建产井。评价井的主要作用是认识地质特征，评价开发潜力，因此需要通过动态监测确定储层压力、基本参数等一系列信息；先导试验井的目的是深化地质认识，评价气井产能，优选主体工艺，确定技术政策，需要通过动态监测手段监测井间干扰、缝网延展情况，同时录取先导试验过程中的各项生产数据，为试验评价提供数据支持；建产井的目的是精细刻画甜点区，掌握生产规律，明确高产模式，提高气藏采收率，要求动态监测以录取生产数据为主，包括压力、产水、产气等一系列生产数据资料，为动态跟踪与分析提供全面支撑。

页岩气井全生命周期可以分为四个阶段：压裂前、压裂中、排采和生产。压裂前需要录取破裂压力、闭合压力等参数，评价地层可压性；压裂中需要在井下布置温度压力监测装置和开展微地震监测；排采阶段需要开展水样分析、井间窜通等方面的监测；生产阶段需要开展全面的生产动态监测，包括了压力、温度、产量等一系列数据。

通过评价各类动态监测方法对页岩气井的适应性，根据不同类型及不同阶段页岩气井的特性，形成了页岩气井动态监测技术，制定了针对评价井、先导试验井和建产井在不同阶段的动态监测技术系列。

动态监测技术主要包括：试井（产能试井、压力恢复试井、压降试井、干扰试井等）、流体取样分析、数据监测（压力剖面、产量剖面、井底流温流压、井底静温静压、微地震、碳同位素分析等）、试验监测（微注测试、气/液相示踪剂注入监测、生产测井）等，见表6-3。

表6-3 页岩气井全生命周期动态监测实施表

阶段	监测方式	监测频次	测试条件或要求	目的及作用
压裂前	DFIT	一次	压裂施工阶段	测定原始地层压力和基质渗透率、破裂闭合压力
	回流辅助地应力测试	一次	压裂施工阶段	
压裂中	微地震监测、广域电磁法	一次	整个压裂过程	获取压裂事件，评价压裂改造效果
	井下分布式光纤	一次	—	定性分析有效裂缝起裂点、压裂效率和裂缝展布
	流体监测	每增加一定累计产量，监测一次	流体按取样标准采集	掌握流体组分
	示踪剂监测	一次	—	掌握每簇压裂裂缝对气井产能贡献，绘制产气剖面图

续表

阶段	监测方式	监测频次	测试条件或要求	目的及作用
生产阶段	生产测井	一次	—	掌握每簇压裂裂缝对气井产能贡献，绘制产气剖面图
	梯度监测	每增加一定累计产量，监测一次	流体按取样标准采集，梯度监测停点时间不少于 10min	掌握井底流体压力—流体温度、静压静温，判断气井携液生产能力及积液情况
	流体监测	每增加一定累计产量，监测一次	流体按取样标准采集	掌握流体组分
	压力恢复试井	定产后 2 个月、1 年、2 年和 3 年各一次	压力恢复时间不少于 15d，测试前后开展相关流体和井筒梯度测试	诊断气井渗流特征，评价压裂效果
	干扰试井	一次	周围井保持生产稳定	评价井间连通性

一、评价井全生命周期动态监测

页岩气评价井动态监测的主要目的是收集储层参数信息，认识区块地质特征，为后续先导试验井和建产井的部署提供依据，为储量申报提供支撑。在压裂前主要安排微注测试和回流辅助地应力测试，在压裂中主要安排微地震监测、井下分布式光纤和碳同位素分析，在排采阶段则安排流体取样分析和碳同位素分析，在生产阶段安排生产测井、压力恢复试井和流体取样（图 6-55）。

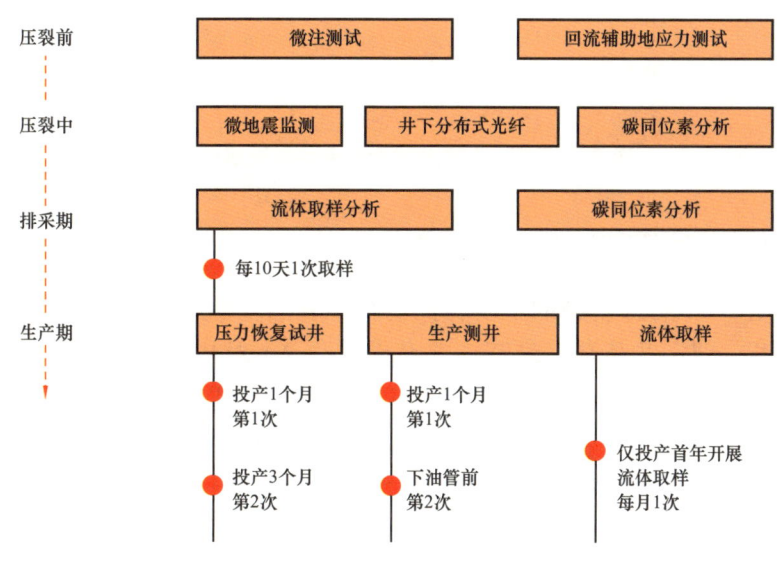

图 6-55 页岩气评价井全生命周期动态监测

二、先导试验井全生命周期动态监测

页岩气先导试验井动态监测的目的主要有四点：(1) 获取先导试验区地质特征参数，深化区域储层认识，为评层选区编制提供依据；(2) 获得与体积压裂相关的地层参数和压裂监测数据，评价储层可压性；(3) 监测井组内井间连通情况，优化压裂设计，制定区域合理开发技术政策；(4) 持续监测先导试验井组生产动态，明确井组生产效果，判断生产潜力，制定生产制度调整方案。

在动态监测安排方面将侧重于开发技术政策试验论证，明确最优部署模式、巷道方位、间距等关键参数，加强井间干扰监测和分析。因此在压裂前主要安排微注测试和回流辅助地应力测试，在压裂中主要安排微地震监测、井下分布式光纤、碳同位素分析、液相示踪剂注入监测，在排采阶段则安排流体取样分析和碳同位素分析，最后在生产阶段安排生产测井、压力恢复试井、干扰试井、流体取样和井筒梯度测试（图6-56）。

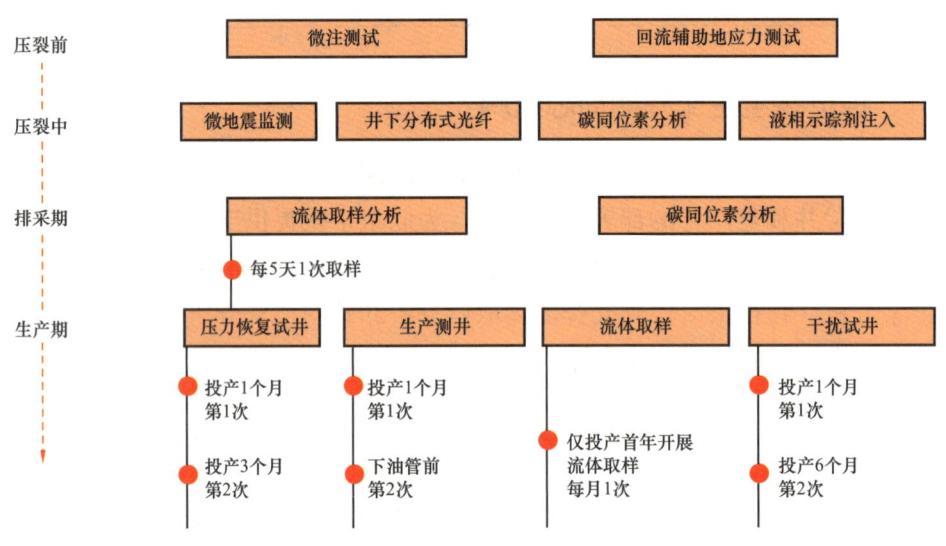

图6-56 页岩气先导试验井全生命周期动态监测

三、建产井全生命周期动态监测

页岩气建产井动态监测的主要目的有两点：(1) 收集井距监测解释数据，验证先导试验结果，进一步优化区域开发技术政策；(2) 对建产井组生产动态开展持续监测，根据监测解释结果及时调整生产制度和采取采气工艺措施，提高单井生产潜力。

在动态监测安排方面将侧重于生产数据录取和开发效果论证，持续加强井间干扰监测，在生产过程中录全产液产气动态数据。因此在压裂前不安排动态监测，在压裂中主要安排微地震监测、井下分布式光纤、液相示踪剂注入监测，在排采阶段则安排流体取样分析，在生产阶段安排生产测井、压力恢复试井、干扰试井流体取样和井筒梯度测试（图6-57）。

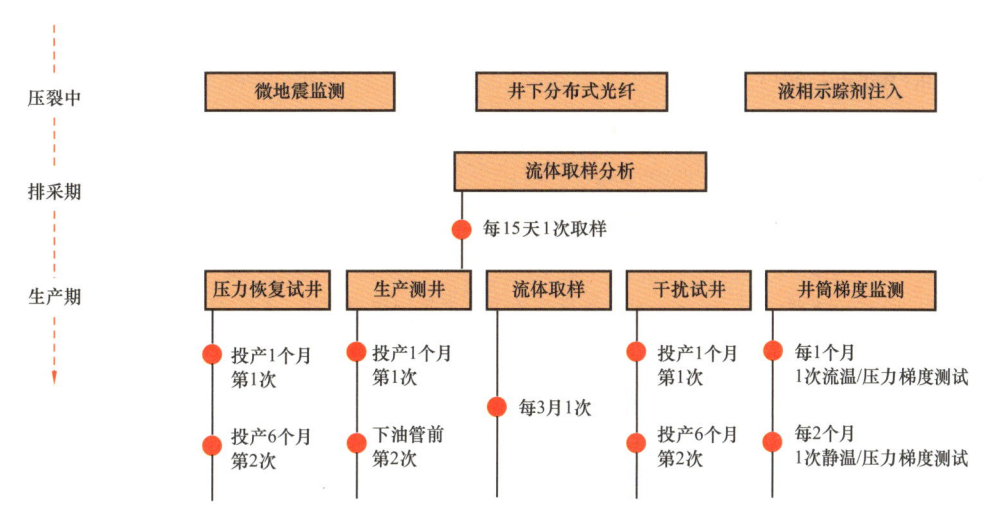

图 6-57　页岩气建产井全生命周期动态监测

参 考 文 献

[1] 杨海微. 油水井动态监测资料在油田开发动态分析中的应用[J]. 化学工程与装备，2020（4）：58-59.

[2] 朱光普，姚军，樊冬艳，等. 页岩气藏压裂水平井试井分析[J]. 力学学报，2015，47（6）：945-954.

[3] 樊冬艳，姚军，孙海，等. 页岩气藏分段压裂水平井不稳定渗流模型[J]. 中国石油大学学报（自然科学版），2014，38（5）：116-123.

[4] 王镜惠，梅明华，梁正中，等. 水平井多段压裂非常规裂缝压力动态特征[J]. 新疆石油地质，2018，39（1）：97-103.

[5] 虞绍永，刘尉宁. 计算机自动拟合分析 DST 压力历史曲线[J]. 石油大学学报（自然科学版），1991，15（3）：57-62.

[6] 邹顺良. 微注压降测试在涪陵页岩气井的应用[J]. 江汉石油职工大学学报，2017，30（1）：34-37.

[7] 唐梅荣，卜向前，王成旺. DFIT 测试在长庆气田开发中的应用[J]. 油气井测试，2006，15（5）：43-45，48.

[8] 杨晓丁，梁华庆，耿敏，等. 基于 Comsol 的电位法压裂裂缝监测正演研究[J]. 计算机测量与控制，2016，24（9）：54-57.

[9] 贾利春，陈勉，金衍. 国外页岩气井水力压裂裂缝监测技术进展[J]. 天然气与石油，2012，30（1）：44-47.

[10] 王树军，张坚平，陈钢，等. 水力压裂裂缝监测技术[J]. 吐哈油气，2010，15（3）：270-273，278.

[11] 王治中，邓金根，赵振峰，等. 井下微地震裂缝监测设计及压裂效果评价[J]. 大庆石油地质与开发，2006，25（6）：76-78，124.

［12］Fred P. Wang, Ursula Hammes, Qinghui Li. Overview of Haynesville shale properties and production[J], AAPG Bulletin, 2013, 105: 155–177.

［13］Xueying Xie, Michael D.Fairbanks, Kevin S.Fox, et al. A new method for earlier and more accurate EUR prediction of Haynesville shale gas wells. SPE1159273, 2012.

［14］梁顺, 彭茜, 李旖旎, 等. 水平井分段压裂示踪剂监测技术应用研究［J］. 能源化工, 2017, 38（4）: 32–36.

［15］黄斌, 许瑞, 傅程, 等. 注采井间优势通道的多层次模糊识别方法［J］. 岩性油气藏, 2018, 30（4）: 105–112.

［16］赵辉, 姚军, 吕爱民, 等. 利用注采开发数据反演油藏井间动态连通性［J］. 中国石油大学学报（自然科学版）, 2010, 34（6）: 91–94, 98.

第七章
页岩气井全生命周期动态分析技术

页岩气主要通过地质工程一体化手段进行动态分析，因此其对从钻井、压裂、测试、生产各个阶段的数据录取均有较高的要求，国内外均提出了页岩气井全生命周期这一概念，旨在页岩气井生产不同阶段录取相关参数，采用多种分析方法综合分析气井生产动态，制定产能评价的指标，把握气井生产规律，预测气井产能，为及时明确气井生产潜力、储量申报及开发方案编制提供重要支撑[1,2]。

第一节 排采与试气

页岩气井生产早中期气水同产对于生产动态分析和产能评价带来了巨大的影响。无论是国内还是国外，页岩气井在正式投产前都会经历压裂液返排测试阶段，在该阶段，气井通过变换油嘴大小测试其产气和产液能力，所获得的早期返排测试数据在一定程度上表征了储层物性和压裂改造效果，然而国内外却少有利用返排资料评价页岩气井产能的相关研究。通常认为返排不合理的原因有两点：首先是返排时间选择不合理，造成支撑剂回流或破碎、裂缝导流能力损失过快；其次是返排流量控制不好，超过临界流量的返排使支撑剂回流，破坏井筒与地面管线，流量不足又会造成压裂液长时间的滞留，使地层在长时间浸泡后受到伤害。

国内页岩气的排采及试气还处在探索阶段，还需要通过广泛学习国外先进技术和经验摸索出一套适用于国内各大区块页岩气田的排采试气技术方法。接下来就以川南页岩气为例，介绍投产井排采试气规范、特征和认识。

一、排采试气规范

根据中华人民共和国能源行业标准 NB/T 14016—2016《页岩气开发评价资料录取技术要求》，在测试期间，每口井应录取的压裂参数包括压裂段数与段距、簇数、压裂规模、排量及泵压，以及压裂过程实时记录；记录每一次的排采数据，包括每一次的排液量、排液时的天然气产量、排液时的套压、排液期间的累计放空气量、排液后的关井最高压力；根据开发评价需求，或针对特殊疑难问题，选井开展井下测压试井，以及井底生产流压和关井静压、井筒压力梯度的定期监测。试采评价周期5～6个月。试采期应避免改变生产制度掩盖产量自然递减关系；各井应单独记录生产制度、气液产量、井口压力和温度，每小时记录一次；每一个月定期做一次产出流体取样分析；试采期开始前和结束时，应测井底压力。

基于该行业标准，目前国内建立了一套页岩气井排采试气规范制度，保障支撑剂的稳定支撑，保持气液流通通道畅通，确定气井测试产量，为投产做好基础准备。

根据业内共识，排采试气阶段是指在压裂结束后开始排液到确定测试产量期间，在此期间需要明确排液作业的原则、操作流程和要求，以及测试求产中井口压力、日产气量波动范围等条件。

页岩气井排采试气规范制度包括焖井、小油嘴控制排液、逐级放大、调整稳定和测试求产五个步骤。

（1）焖井：页岩气井焖井是指压裂施工完成后至开始钻塞之间的关井操作，焖井可以使储层在压裂后暂时保持一个稳定的压力系统，保证人工裂缝得到支撑剂的良好支撑作用，增加储层内裂缝间沟通持续时间，保障气井产量。

（2）控制排液：焖井后初期宜采用不大于3mm油嘴开井控制排液，控制排液及压力下降速度，至井口压力30MPa左右，观察井口压力、排液、出砂及见气等情况，每级油嘴应保持井口压力、产气量及产水量相对稳定，没有明显出砂，再逐步放大油嘴。每级油嘴连续排液时间不宜小于24h。

（3）逐级放大：逐级放大油嘴至7～10mm排液，保持井口压力缓慢下降，气产量持续增大，排液速度相对稳定，若因特殊情况排液中断再次开井时，则宜用不大于关井前的油嘴尺寸开井排液，再逐步调整油嘴。

（4）调整稳定：根据压力、产量变化情况逐步调整油嘴大小，使产气量、排液速度、液气比相对稳定，井口压力缓慢下降。若因特殊情况排液中断再次开井时，则宜用不大于关井前的油嘴尺寸开井排液，再逐步调整油嘴。

（5）测试求产：排液至日产气量达到峰值，在井口套压、产气量及产液量相对稳定的时候，以严格的测试标准，确定气井初始产气能力。测试求产过程中，要求日产气量波动范围小于5%；当日产气量不小于$50 \times 10^4 m^3/d$时，井口压力平均日波动幅度不大于0.7MPa；当日产气量在$50 \times 10^4 \sim 20 \times 10^4 m^3/d$时，井口压力平均日波动幅度不大于0.5MPa；当日产气量小于$20 \times 10^4 m^3/d$时，井口压力平均日波动幅度不大于0.3MPa；井口压力和产量稳定时间要求不小于5d，见表7-1。

表 7-1　页岩气井排采试气规范参数表

日产气量波动范围		<5%
井口压力日波动范围	$q \geqslant 50 \times 10^4 m^3/d$	≤0.7MPa
	$20 \times 10^4 m^3/d < q < 50 \times 10^4 m^3/d$	≤0.5MPa
	$q \leqslant 20 \times 10^4 m^3/d$	≤0.3MPa
井口压力和产量稳定时间		≥5d

页岩气井最终生产动态对返排期间气井生产管理非常敏感，因此，压裂液返排过程的设计十分重要，与完井设计同样值得重视（尤其是在超压地层中）。非常规页岩气井压裂后还存在支撑剂破碎、地质力学效应（超压储层）、细粒移动、循环应力、近井地带储层伤害和非达西效应等诸多问题。因此，必须采取适当措施防止压裂后储层中的支撑剂损坏，长时间的保持生产井生产能力。

随着压裂技术不断创新升级，可溶桥塞逐渐代替传统可钻式桥塞。可溶桥塞耐高温高压，强度高，在压裂施工作业后可自行溶解，无须钻磨，溶解完全后可直接开井返排，极大地降低了井控风险。返排程序通常由采气工程师或完井工程师设计，由油藏工程师提供反馈建议。具体方式是根据储层特征和孔隙压力，确保支撑剂不受到损坏。即返排期间保持生产压降不超过临界压降，临界压降定义为"闭合压力—储层压力"[3,4]。

二、页岩气井排采特征及效果评价指标

页岩气井正式投产之前会经历排采，持续时间 1～4 个月不等，期间将会返排大量液体，并确定气井测试产量。

1. 页岩气井排采特征

页岩气井排采试气过程可分为五个阶段（图 7-1）：

（1）井筒及大裂缝早期线性流动阶段：此阶段持续 0～20d，井口产液量迅速增加，但尚未出现明显气流（阶段①）；

（2）微裂缝早期线性流动阶段：此阶段持续 5～30d，井口产液量与产气量同时增加，产液量逐渐达到峰值（阶段②）；

（3）微裂缝晚期线性流动阶段：此阶段持续 20～50d，产液量从峰值开始下降，产气量继续增加（阶段③）；

（4）以游离气为主的基质补充流动阶段：此阶段持续时间较长，产液量已经降低到一个相对稳定的值，而产气量开始下降（阶段④）；

（5）基质解吸气与游离气共同补充流动阶段：此阶段持续时间较长，产液量与产气量皆趋于稳定（阶段⑤）。

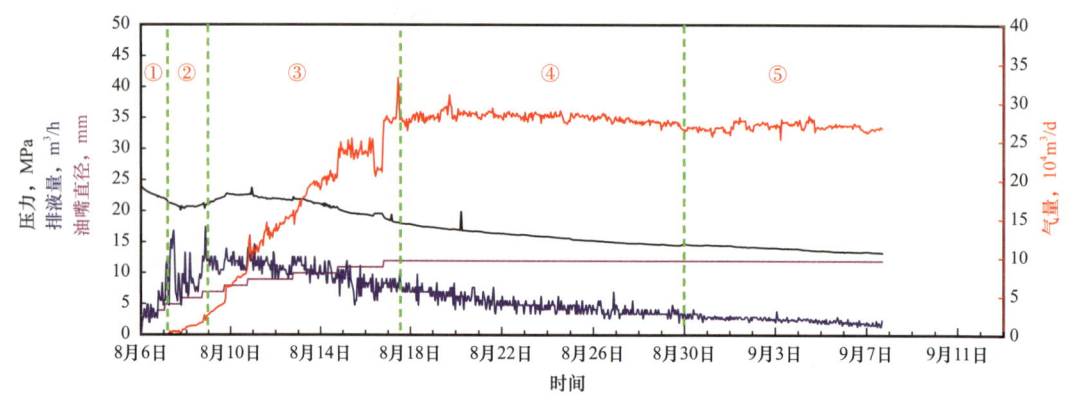

图 7-1　页岩气压裂水平井排液采气流动阶段曲线

总体来说，页岩气井返排特征表现为：产液早于产气，早期产液量大，产气量小，随着返排的进行，产液量呈现下降趋势，产气量迅速增长，到返排中后期，返排率增速明显放缓，产液量和产气量皆呈现稳定状态。

返排率是表征页岩气井返排效果的最重要指标之一，大部分页岩储层压裂液的返排率小于50%。例如，美国EagleFord盆地的返排率为20%，Mississippi盆地为48%，Barnett盆地为50%，Marcellus盆地为27%，Niobrara盆地为31%，有些储层甚至小于5%，如美国Haynesville盆地为5%。

目前的研究结果表明，主要有以下机理导致压裂液返排率较低：

（1）致密储层巨大的毛细管压力使得压裂液渗吸入储层中；

（2）未支撑的闭合裂缝和高流度比的气驱水（重力分异）导致压裂液束缚在裂缝中；

（3）压裂液低矿化度与地层水高矿化度产生的渗透力作用吸收了部分水；

（4）黏土的表面水化作用；

（5）水分在储层中的蒸发作用。

总体来讲，如果压裂施工形成的缝网越复杂，在渗透率提高区以外被圈闭的压裂液越多，返排量较小；形成的缝网越简单，被圈闭的压裂液越少，返排量较大。

这一现象与压后的压力梯度有很好的对应性。压力梯度较低的井生产效果更好。在页岩气井中注入的压裂液体积相似，当改造的体积更大时压力梯度更低。换言之，当形成的缝网更复杂时，返排率越低，压力梯度越低，气井的生产效果越好[5]。

2. 页岩气排采效果评价指标

页岩气井在排采初期能够监测记录到大量数据，包括油压、套压、温度、排液量、油嘴大小、瞬时气量、返排率等，有效利用如此海量的数据在返排阶段评价气井生产能力成了研究热点。基于对川南页岩气返排特征及规律的认识，通常根据以下四个方面来评价返排情况。

1）见气时间

见气时间是指从气井开井排液到出现明显气流的时间，通常认为是反映气井压裂后大裂缝导流效果以及衡量压裂缝网展布的重要评价参数。宁 201 井区见气时间为 0~10d。根据见气时间将气井分为三类，分别为见气时间早、中、晚（表 7-2），见气时间早的井中高产气井的比例最大，而见气时间晚的井中低产气井的比例最大，由此可见气井见气时间越早，生产效果越好（图 7-2）。见气时间与气井生产效果呈较好相关性，可以作为评价页岩气井返排指标之一。

表 7-2 宁 201 井区见气时间分类评价指标

分类	早	中	晚
见气时间，d	≤1	1~2	>2

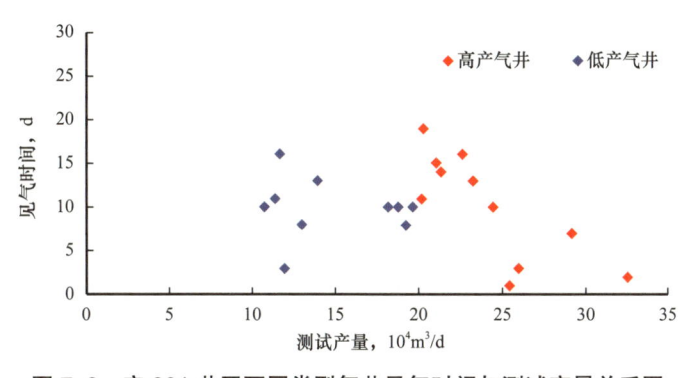

图 7-2 宁 201 井区不同类型气井见气时间与测试产量关系图

2）见气返排率

见气返排率是指页岩气井出现明显气流时的返排率，该参数可以表征气井投产后产出水量，通常认为可以说明储层供给能力。见气返排率与见气时间相辅相成，具有强正相关关系。宁 201 井区见气返排率一般介于 1%~3%。根据见气返排率将气井分为三类，分别为见气返排率低、中、高（表 7-3）。见气返排率与气井生产效果呈较强相关性，可以作为评价页岩气井返排指标之一（图 7-3）。

表 7-3 宁 201 井区见气返排率分类评价指标

分类	低	中	高
见气返排率，%	≤0.5	0.5～2	>2

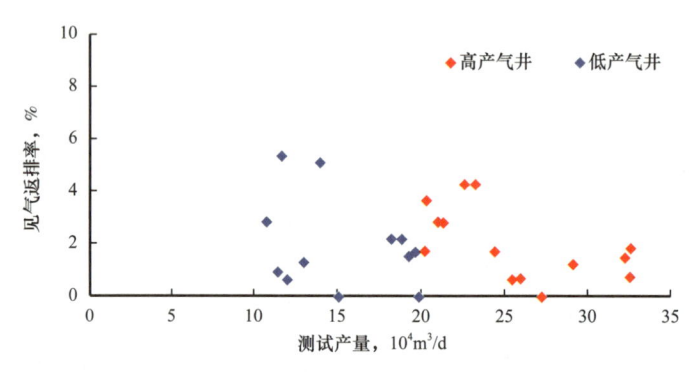

图 7-3 宁 201 井区不同类型气井见气返排率与测试产量关系图

3）30d 返排率

30d 返排率指气井开井排液测试 30d 后的返排率，各个单井返排时间不等，通常认为 30d 返排率可以较好地反映单井压裂施工后的返排效果。宁 201 井区单井 30d 返排率为 5%～20%。根据 30d 返排率将气井分为三类，分别为 30d 返排率低、中、高（表 7-4），宁 201 井区气井逐批测试产量提高，30d 返排率逐批降低，由此可见气井 30d 返排率越低，生产效果越好。30d 返排率与气井生产效果呈明显相关性，可以作为评价页岩气井返排指标之一（图 7-4）。

表 7-4 宁 201 井区 30d 返排率分类评价指标

分类	低	中	高
30d 返排率，%	<10	10～15	>15

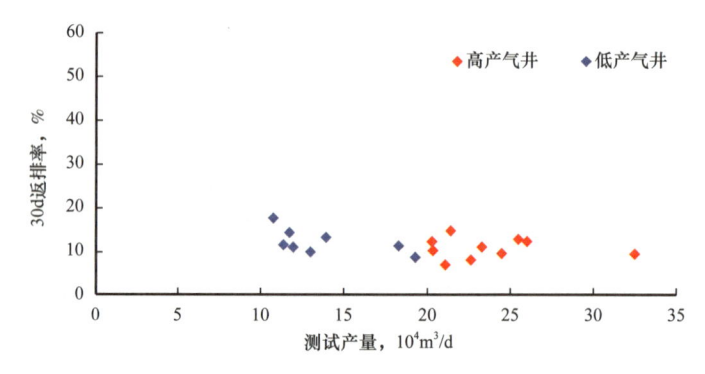

图 7-4 宁 201 井区不同类型气井 30d 返排率与测试产量关系图

4）最大产气量返排率

最大产气量返排率指气井排采过程中出现最大气产量时所对应的返排率，该参数主要表征了气井排液能力与产气能力的平衡，可用于衡量气井带液产气能力大小。宁201井区气井随着工艺技术的进步，其达到最大产气量时的返排率随投产批次依次降低，一般介于5%～25%，气井生产效果也依次变好。根据达到最大产气量时的返排率将气井分为三类，分别为达到最大产气量时的返排率低、中、高（表7-5）。达到最大产气量时的返排率与气井生产效果呈较好相关性，可以作为评价页岩气井返排指标之一（图7-5）。

表7-5 宁201井区达到最大产气量时返排率分类评价指标

分类	低	中	高
达到最大产气量时的返排率，%	≤10	10～20	>20

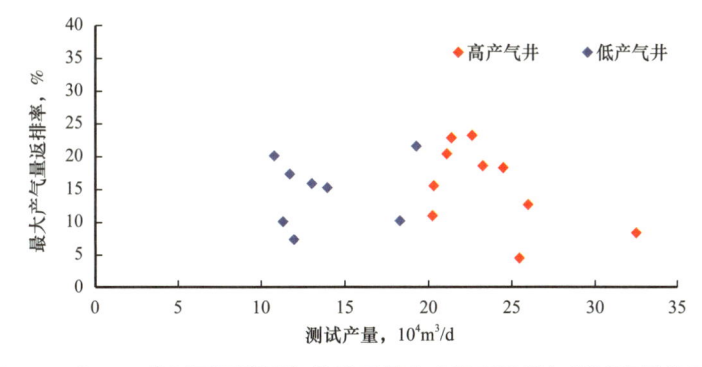

图7-5 宁201井区不同类型气井达到最大产量返排率与测试产量关系图

基于见气时间、见气返排率、30d返排率、达到最大产气量时的返排率这四项评价指标，结合宁201井区单井开发效果分类，利用见气时间、见气返排率、30天返排率、最大产气量返排率这四项返排评价指标，建立宁201井区单井排采效果评价体系，见表7-6。

表7-6 宁201井区气井排采效果评价指标表

分类	Ⅰ（好）	Ⅱ（中）	Ⅲ（差）
见气时间，d	≤1	1～2	>2
见气返排率，%	≤0.5	0.5～2	>2
30d返排率，%	<10	10～15	>15
达到最大产气量时的返排率，%	≤10	10～20	>20

基于上述四项关键指标，可以实现在气井排采阶段初步判断气井生产能力，但针对不同区块的地质工程条件应针对性地选择返排指标，建立与之相适应的评价体系，形成返排测试阶段动态分析技术。

第二节　页岩气井全生命周期动态分析及 EUR 预测

页岩气井从钻完井到废弃被称为其全生命周期，共可分为四个阶段：钻井阶段、压裂阶段、排采测试阶段、生产阶段。由于页岩气井产能需要不断验证和修正，因此需要在各个阶段充分开展产能评价工作，通常采用 EUR 来评价气井产能[6,7]。

一、页岩气井全生命周期动态分析方法

1. 钻井阶段动态分析

页岩气井在钻井阶段能够获取的参数较少，主要包括储层孔隙度、含气量、温度、TOC、靶体位置、1+2 小层钻遇长度、优质储层钻遇率等一系列储层物性、钻井工程参数和压裂设计参数。经过近年来的认识深化和技术进步，逐步发现靶体位置、1+2 小层钻遇长度、储层孔隙度、水平段长度、压裂段数与页岩气井生产效果具有明显的相关关系。由于页岩气井的生产效果是一个多因素影响的结果，只考虑单因素的影响难以获得有效的动态分析结果，目前通过神经网络算法、多元回归法等方法可以弥补单因素分析的缺陷，进一步明确各个因素对气井生产效果的影响程度[8,9]。

钻井阶段主要通过"层次分析—神经网络算法"的大数据分析方法对气井进行多因素分析（图 7-6），从超过 30 种地质和钻井参数中找出与气井生产效果最相关的影响因素（图 7-7），是该阶段的主要动态分析手段。

$$\Delta w_{ij} = \eta \sum_{p=1}^{P} \sum_{k=1}^{L} \left(T_k^p - o_k^p \right) \cdot \psi'(net_k) \cdot w_{ki} \cdot \phi'(net_i) \cdot x_j$$

$$\Delta \theta_i = \eta \sum_{p=1}^{P} \sum_{k=1}^{L} \left(T_k^p - o_k^p \right) \cdot \psi'(net_k) \cdot w_{ki} \cdot \phi'(net_i)$$

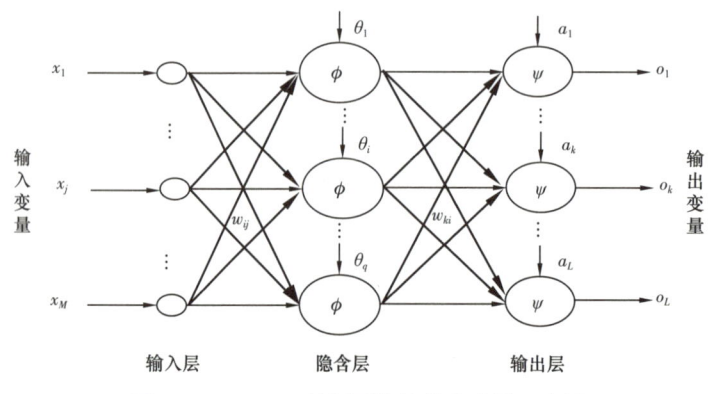

图 7-6　GA-BP 神经网络计算公式及示意图

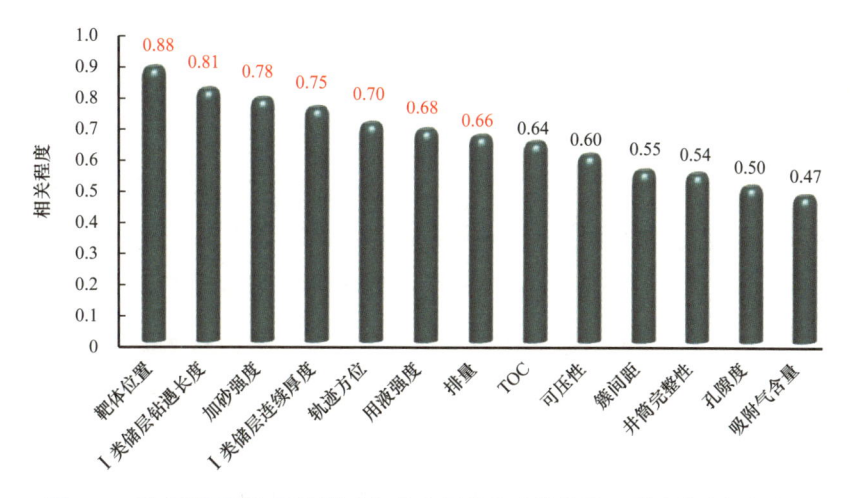

图 7-7 川南某页岩气区块影响气井产量参数（钻井及压裂设计阶段）排序

相关程度柱状图数据：靶体位置 0.88；Ⅰ类储层钻遇长度 0.81；加砂强度 0.78；Ⅰ类储层连续厚度 0.75；轨迹方位 0.70；用液强度 0.68；排量 0.66；TOC 0.64；可压性 0.60；簇间距 0.55；井筒完整性 0.54；孔隙度 0.50；吸附气含量 0.47。

通过多元回归法建立页岩气井生产效果与钻井阶段主要参数的相关关系式，计算气井测试产量，并通过井区典型气井测试产量与 EUR 的相关关系图版进一步确定气井 EUR，从而获得钻井压裂阶段的气井 EUR 预测结果。

川南某井区多因素产能预测公式：

$$Q = -35.35 \times \ln T + 5.343L + 0.0156H^3 - 1.58H^2 + 0.93H + 6.424A + 2.687W + 3.121S + 35.63$$

式中　Q——测试产量；

　　　T——靶体；

　　　L——Ⅰ类储层钻遇长度；

　　　H——Ⅰ类储层连续厚度；

　　　A——井轨迹方位；

　　　W——用液强度；

　　　S——加砂强度。

2. 压裂阶段动态分析

页岩气井在压裂阶段能够获取的参数包括气井实际水平井长度、压裂段数/簇数、加砂量、加液量、排量等一系列地质工程参数。综合对比发现单段加砂量、井筒完整性和排量与气井生产效果有明显的相关关系。

通过多元回归法可以进一步将钻井阶段和压裂阶段各项关键参数联系起来，确定各项参数与气井生产效果的相关性，优选出主控因素，建立相关关系式，预测气井测试产量，并通过井区典型气井测试产量与 EUR 的相关关系图进一步确定气井 EUR，获得压裂阶段的气井 EUR 预测结果，但受多因素影响缘故，多元回归法预测结果存在差异性[10-12]。

目前在压裂阶段进行页岩气井动态分析的主流方法是地质工程一体化数值模拟法，该方法建立在已有精细地质模型基础上，通过复杂裂缝网络建模和定量表征，模拟出近似于实际体积压裂缝网形态，实现了裂缝几何形态的精细刻画，而后运用非结构化网络剖分技术表征任意几何形态的复杂缝网（图7-8），基于生产数据、动态监测成果开展水平井历史拟合，实现页岩气井生产效果的高精度动态预测（图7-9）。

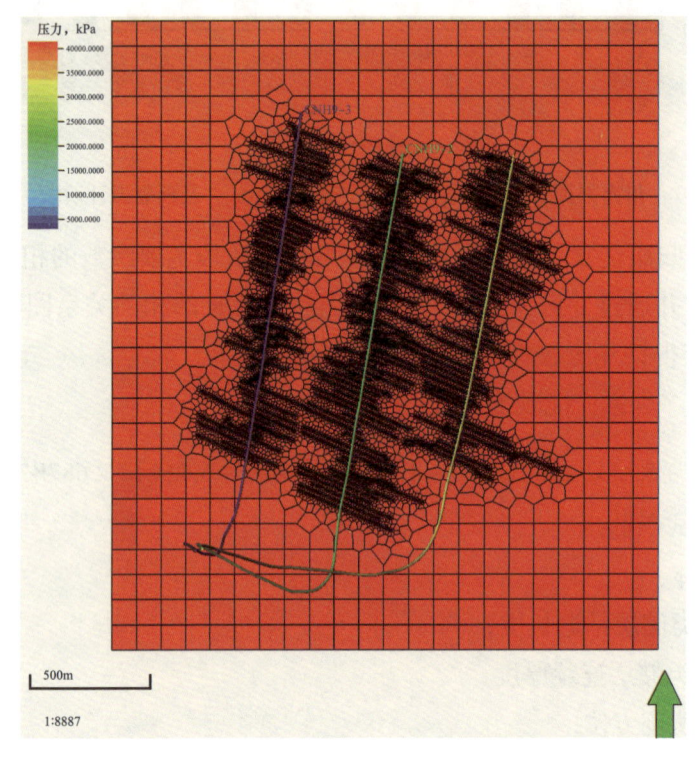

图7-8　地质工程一体化复杂裂缝网络模拟

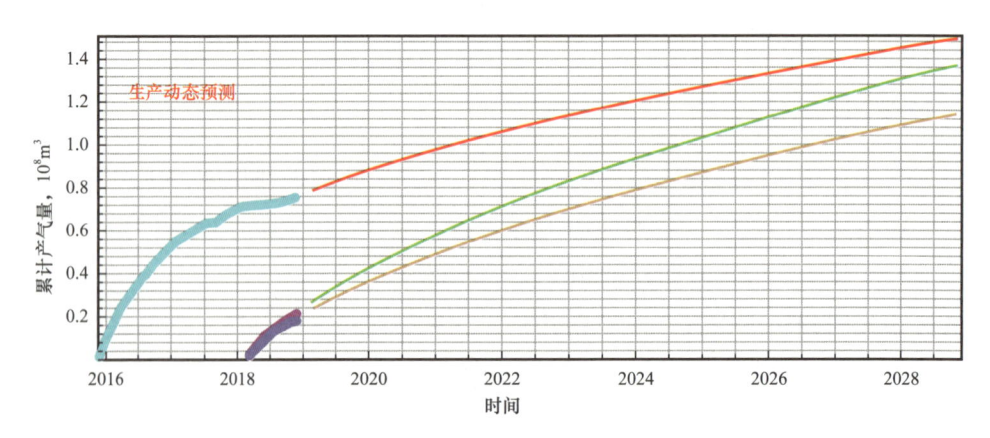

图7-9　页岩气投产平台生产历史拟合

3. 排采测试阶段动态分析

页岩气井排采测试阶段主要通过油嘴制度控制实现气井初期排液及产能测试，获得测试产量。测试产量是通过严格的测试规范获得的（详见本章第一节），具有统一性和普适性。测试产量代表了页岩气井在井筒通畅的情况下能够达到的最大产气量值，与预测 EUR 有良好的相关关系（图 7–10），是排采测试阶段进行动态分析的主要参数和技术手段[13]。

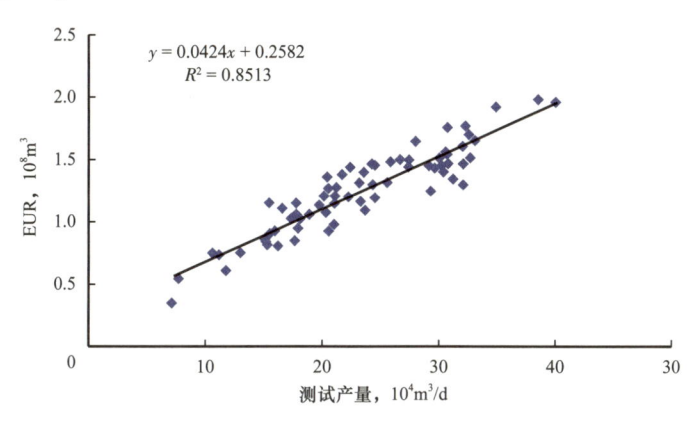

图 7–10　页岩气井测试产量与 EUR 相关关系图

4. 生产阶段动态分析

页岩气井完成排采测试后将正式进入生产阶段。按照目前川南页岩气广泛采用的放压生产制度，生产阶段呈现较为明显的阶段特征：（1）快速递减阶段，呈现产量和压力快速递减的特征，普遍在持续生产 1 年后产量和压力递减逐渐趋于稳定；（2）低压小产阶段，呈现产量和压力保持低值稳定生产，持续时间长[14-16]。

1）快速递减阶段

快速递减阶段主要通过解析模型法进行气井动态分析和产能预测。解析模型法需建立分段压裂水平井解析模型（图 7–11），并考虑吸附气解吸附效应，调整储层参数，对气井全生命周期的产量和压力历史进行拟合，进而预测气井未来产量和压力（图 7–12）。该方法适用于不同流态和各种生产制度的气井，适用范围广。

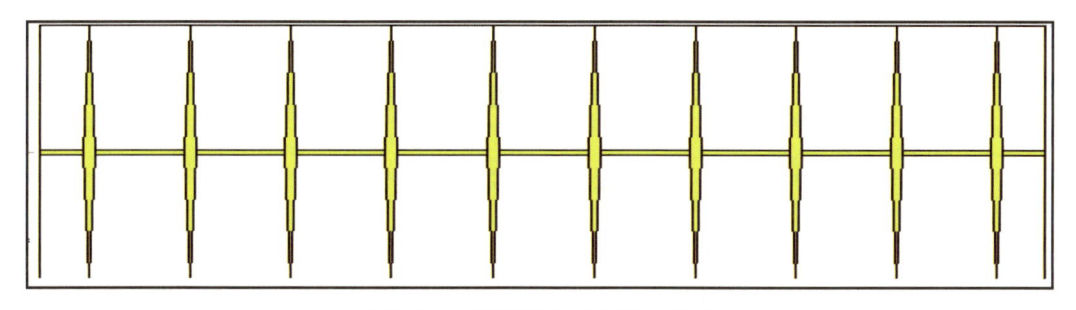

图 7–11　多段压裂水平井物理模型

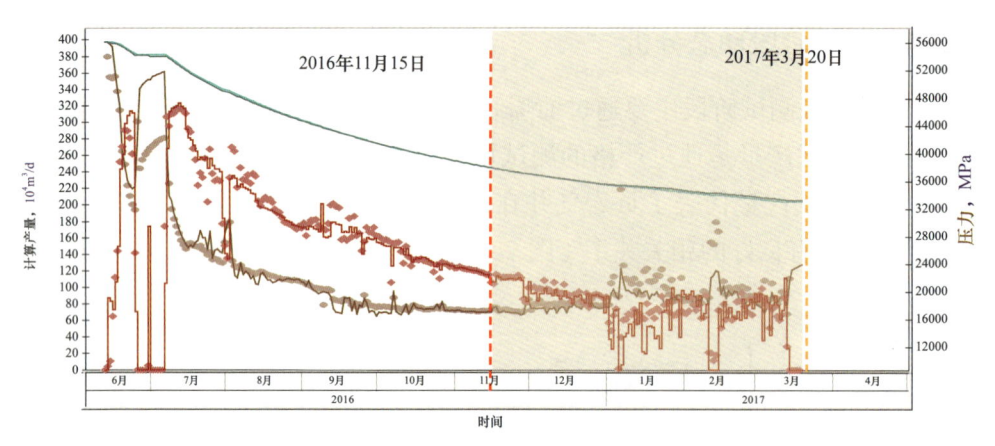

图 7-12　川南某井通过解析模型法拟合生产数据

2）低压小产阶段

低压小产阶段的主要特征是井口压力、产气量和产液量均处于相对稳定、低值、长期的过程，在此阶段进行动态分析和 EUR 计算主要通过现代产量递减分析法实现。

通过现代产量递减分析法分析低压小产阶段气井的最大优势就是快速、准确及工厂化。

各方法有其各自的适用条件，但对于在低压小产阶段生产较为稳定的气井均可以达到较好的预测效果。根据现代产量递减法编制的软件程序能够批量化、快速而准确地模拟预测大量页岩气井生产效果，预测结果与气井实际生产效果符合率可达到 95% 以上（图 7-13）。

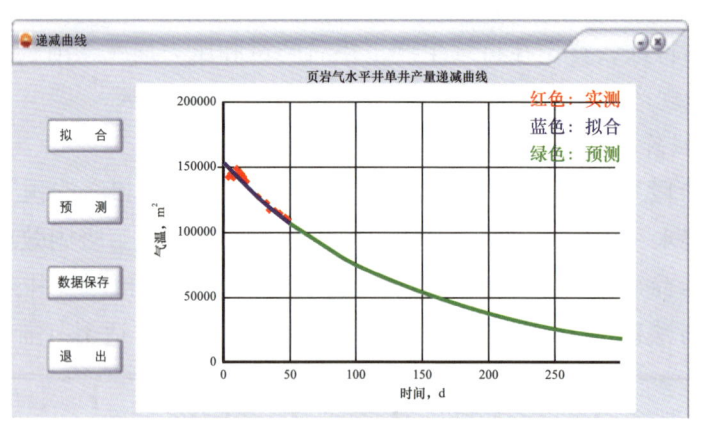

图 7-13　气井产量递减曲线拟合

二、通过流态判断的页岩气井 EUR 核算方法

解析模型法建立在流体渗流力学的基础上，计算结果受流体流动状态和边界条件影响较大，因此在不同时段的气井 EUR 计算结果差异较大。但当气井流体流动到达

边界流时 EUR 计算结果差异不大，EUR 计算结果较为准确，因此判断气井生产是否到达边界流则是准确计算 EUR 的关键[17]。

根据现代产量递减法的图版识别，判定气井是否达到拟边界流，主要包括 Fetkovish 图版法、Blasingame 图版法、NPI 图版法、Agarwal-Gardner 图版法、Wattenbarger 图版法及流动物质平衡法（FMB）等[18]。

1. Blasingame 图版法

Blasingame 以定产生产井定解问题为基础，引入物质平衡拟时间的概念，建立了规整化产量与物质平衡拟时间的关系曲线图版。由于物质平衡拟时间概念的引入，使得变产量解可以等效成定产量解，即此方法既适用于变井底流压情况也适用于变产量的情况。为了增加数据曲线的平滑度以及更好地拟合，Blasingame 图版还增加了规整化产量积分和规整化产量积分导数两曲线。对实际生产数据进行拟合分析时，三条曲线可同时或单独使用。

Blasingame 法应用于页岩气井时的优点是既可用于定压力生产的气井，也可用于变压力生产的气井，适用性广，可以利用 Blasingame 曲线进行流态识别，判断气井是否达到边界流。同时，Blasingame 图版法存在的缺陷也比较明显，对于未达到边界流的气井，曲线特征不明显，拟合时偏差较大，容易导致 EUR 产生较大的误差。

2. Agarwal-Gardner 图版法

Agarwal-Gardner 等在建立图版时，直接利用了拟压力规整化产量、物质平衡拟时间和不稳定试井分析中无量纲参数的关系。与 Blasingame 典型图版相似，Agarwal-Gardner 图版左边部分是不稳定流阶段，到边界控制流动阶段逐渐变成一条调和递减曲线，此方法既适用于变井底流压情况也适用于变产量的情况。

3. Wattenbarger 图版法

Wattenbarger 典型图版主要用来分析线性流动，页岩气井在到达边界流或者拟边界流之前需要经历很长一段时间的线性流，所以对于页岩气井分析来说非常有用。图版中的曲线最后也是变成了一条调和递减曲线，用来确定是否到达边界流，此方法既适用于变井底流压情况也适用于变产量的情况。

4. 流动物质平衡法（FMB）

流动物质平衡法最早由 Mattar 于 1998 年提出，2005 年引入物质平衡拟时间进行了改进，使之能够处理变产量的情况。其理论基础基于气井流动达到拟稳态后，井控范围内地层压力均匀下降，根据气井产能方程中井底流压、地层压力、产量三者的关系，利用井底流压与产量推算地层压力，代入压降方程，计算气井最终可采储量。

FMB曲线法的优点是没有定压生产条件的限制，可以进行流态的识别，判断气井是否达到了边界流。其局限性是气井必须达到边界流，否则无法得到相应的线性关系，也无法计算出准确的EUR。

当页岩气井生产时间较长时，可运用规整化压力—物质平衡时间平方根的关系（图7-14和图7-15）判定气井达到边界流的时间，确定生产达到边界拟稳定流时间。

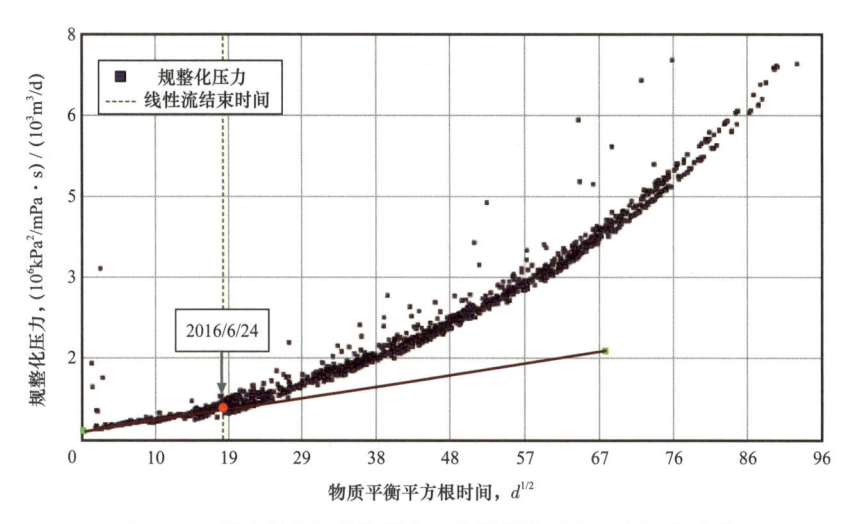

图7-14 川南某井规整化压力—物质平衡时间平方根关系图

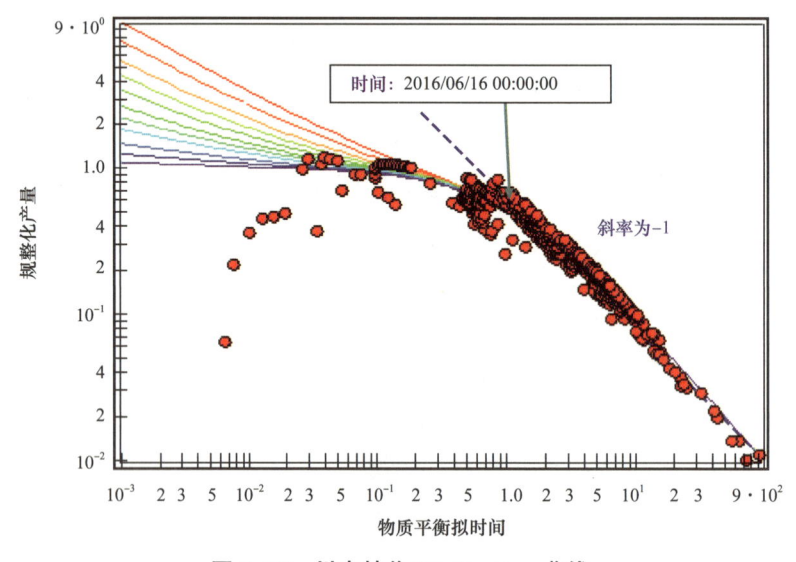

图7-15 川南某井Blasingame曲线

以川南某区块为例，根据多段压裂水平井解析模型预测气井EUR，计算结果表明该区块高产气井在生产满6个月后流动即达到拟边界流，计算的EUR相对可靠，生产满 1 年后 EUR 计算结果差异不大。因此，确定流动表现出边界拟径向流出现时间是准确计算单井 EUR 重要依据。

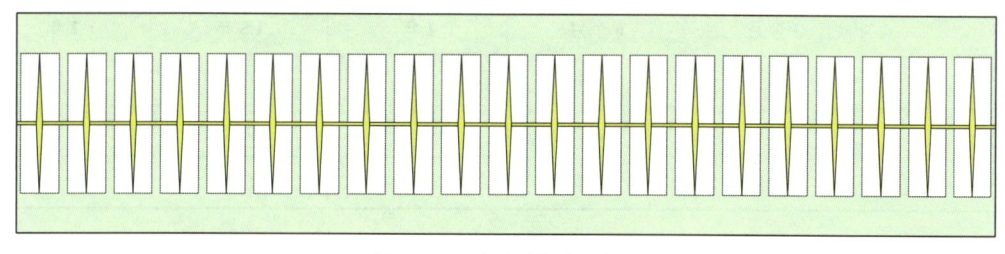

图 7-16　解析模型示意图

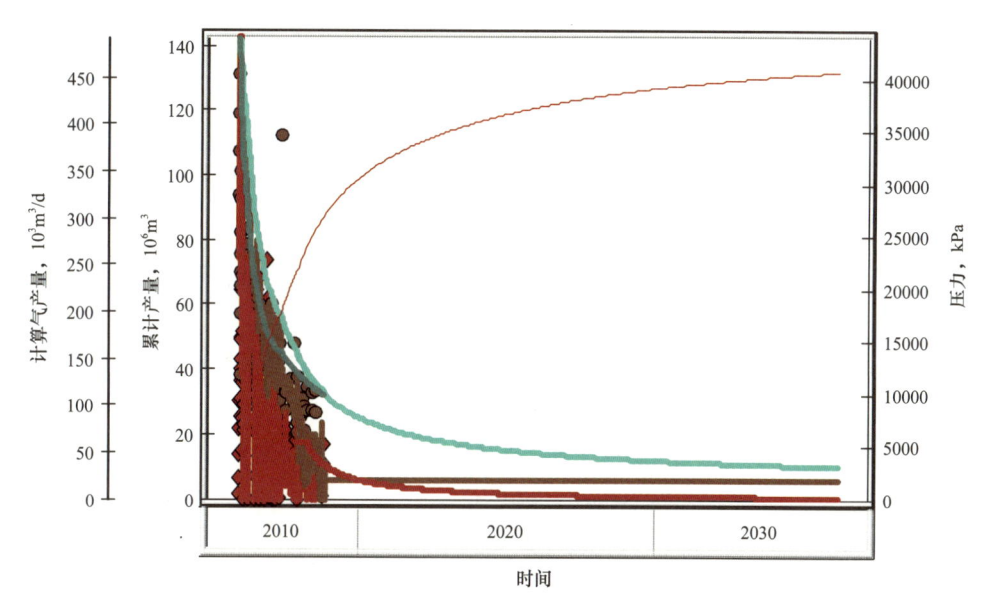

图 7-17　川南某井产量拟合及预测曲线

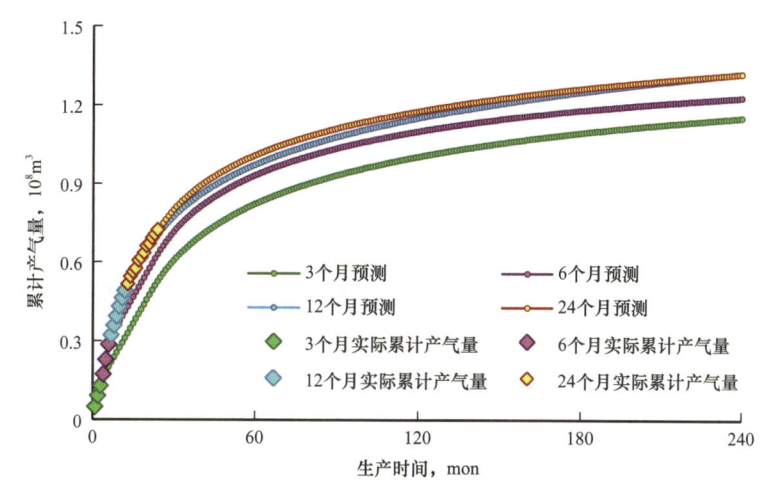

图 7-18　川南某井不同生产史预测累计产气量

表 7-7 根据不同生产史预测气井 EUR 结果统计表

井名	EUR, $10^8 m^3$				
	3 个月	6 个月	1 年	1.5 年	2 年
1 井	1.15	1.23	1.32	1.32	1.32
2 井	0.73	0.82	0.84	0.86	0.86
3 井	0.88	1.08	1.17	1.17	1.17

参 考 文 献

［1］李庆辉, 陈勉, 金衍, 等. 工程因素对页岩气产量的影响［J］. 天然气工业, 2012, 32（4）: 43–46.

［2］朱彤, 曹艳, 张快. 美国典型页岩气藏类型及勘探开发启示［J］. 石油实验地质, 2014, 36（6）: 718–724.

［3］周克明, 张清秀, 王勤, 等. 利用分形模型计算气水相对渗透率［J］. 天然气工业, 2007, 27（10）: 88–89.

［4］郭小哲, 王晶, 刘学锋. 页岩气储层压裂水平井气—水两相渗流模型［J］. 石油学报, 2016, 9（37）: 1165–1170.

［5］张涛, 李相方, 王永辉, 等. 页岩储层特殊性质对压裂液返排率和产能的影响［J］. 天然气地球科学, 2017, 28（6）: 828–838.

［6］姚猛, 胡嘉, 李勇, 等. 页岩气藏生产井产量递减规律研究［J］. 天然气与石油, 2014, 32（1）: 63–66.

［7］张荻萩, 李治平, 苏皓. 页岩气产量递减规律研究［J］. 岩性油气藏, 2015, 27（6）: 138–144.

［8］Viannet Okouma Mangha, Fleur Guillot, M.Sarfare, et al. Estimated ultimate recovery (EUR) as a function of production practices in the Haynesville shale. SPE147623, 2011.

［9］何俊, 陈小凡, 乐平, 等. 线性回归方法在油气产量递减分析中的应用［J］. 岩性油气藏, 2009, 21（2）: 103–105.

［10］Fred P. Wang, Ursula Hammes, Qinghui Li. Overview of Haynesville shale properties and production［J］. AAPG Bulletin, 2013, 105: 155–177.

［11］Viannet Okouma Mangha, Fleur Guillot, M.Sarfare, et al. Estimated ultimate recovery (EUR) as a function of production practices in the Haynesville shale. SPE147623, 2011.

［12］Xueying Xie, Michael D.Fairbanks, Kevin S.Fox, et al. A new method for earlier and more accurate EUR prediction of Haynesville shale gas wells. SPE1159273, 2012.

［13］李建秋, 曹建红, 段永刚, 等. 页岩气井渗流机理及产能递减分析［J］. 天然气勘探与开发, 2011, 34（2）: 34–37.

［14］张小涛, 吴建发, 冯曦, 等. 页岩气藏水平井分段压裂渗流特征数值模拟［J］. 天然气工业, 2013,

33（3）：47-52.

[15] Guo J J, Zhang L H, Wang H T, et al.Pressure transient analysis for multi-stage fractured horizontal well in shale gas reservoirs［J］.Transport in Porous Media, 2012, 106（3）: 635-653.

[16] Eric S C, James C M.Devonian shale gas production: mechanisms and simple models［C］.Paper SPE 19311 presented at the 1989 SPE Eastern Regional Meeting held in Morgantown, WV, USA, 21-23 October, 1989.

[17] Medeiros F, Kurtoglu B, Ozkan E.Analysis of Production Data From Hydraulically Fractured Horizontal Wells in Shale Reservoirs［C］.Paper SPE 110848 presented at the SPE Annual Technical Conference and Exhibition held in Anaheim, California, USA, 11-14 November, 2012.

[18] 鲁文婷, 谢希, 汪敏, 等.页岩气开发的关键技术［J］.石油化工应用, 2012, 31（6）: 17-19.

第八章
页岩气采气工艺技术

采气工艺技术是维持页岩气井持续稳定生产的重要手段，它贯穿页岩气井全生命周期。合理的采气工艺技术有助于延长页岩气井的稳产期、提高单井 EUR、降低生产成本、确保页岩气井经济有效的开采。近年来，通过大量技术攻关与试验，在川南地区中浅层形成一套页岩气井采气工艺技术系列，系统地指导了辖区内各页岩气井采气工艺技术的实施。本章重点介绍了页岩气井采气工艺选型、工艺实施时机、工具配套、现场应用及效果分析等。形成的川南地区中浅层采气工艺技术系列，已逐步趋于推广应用，为提高页岩气井最终采收率提供了有效保障。

第一节 页岩气采气工艺面临的问题

页岩气井采用衰竭式开发，初期压力高、产气量大，用套管生产，随着气井生产时间不断延长，地层能量不断衰减，很快进入低压小产量阶段，届时气井自身能量无法将井筒内液体带到地面，造成井筒积液，增加井筒压力损失，影响气井正常生产，需要采用人工举升工艺维护气井生产。按照页岩气井的生产过程，可将其分为自喷生产阶段和人工举升阶段（图 8-1）。

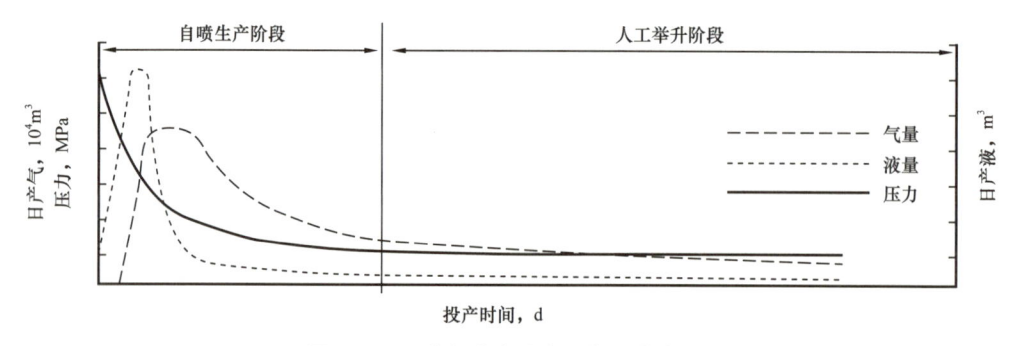

图 8-1 页岩气井全生命周期生产曲线

与常规气井不同，川南页岩气井产出液基本为压裂返排液，地层本身不产水，能量衰减快，后期长期处于低压小产生产状态，能够带出的井筒液量也有限，单井日产水量大多在 1~3m³。

页岩气井几乎都采用水平井，气井直井段、斜井段、水平井内流动规律差异大，滑脱现象主要出现在斜井段，因此斜井段是排水采气工艺措施重点关注的井段。垂直管一般以环状流的形式携带液体，越接近临界携液点，液膜厚度越厚，液滴直径越大；倾斜管中管底液膜存在明显的滑脱现象，呈现来回下降又上升的过程，部分液体直接被携带至垂直管，而部分管底厚液膜会回流至倾斜管末端，然后重新被携带上升；水平管则以波动液膜携液为主，形成的液滴较少，水平管内的临界携液流量最低。生产测井和回声仪液面现场监测结果表明积液回流主要发生在井斜60°左右，液面位置大部分在井斜60°~90°[1]。

一、页岩气井自喷生产阶段

2012年以前，由于对高压页岩气地层的认知不够，为了增加初始产量和效益，北美主要采取钻完桥塞后直接套管放喷的方式生产，但经过后期的评估，这种生产方式具有明显的劣势：排液量大，携砂量高，对地面设备负荷增加，产量递减速度快，出砂量高，裂缝闭合速度快，单井EUR降低，受二氧化碳影响，套管腐蚀可能性大等。基于评估认识，2012年以后，北美大部分作业公司停止了套管放喷的生产方式，改为钻完桥塞后带压作业下油管生产。通过下油管时机的改变，钻完桥塞后带压下油管生产的气井相较于套管放喷生产和套管放喷生产一定时间后再下油管生产的气井，能获得更大的初期累计产气量。

国内页岩气在投入规模开发之初也是采用空套管生产，产出液基本为压裂返排液，地层本身不产水，能量衰减很快，后期长期处于低压小产生产状态。在实践中发现，早下入油管的井，生产更稳定。

由此表明，在自喷生产阶段，合理确立页岩气井的完井生产方式，有利于气井更好的生产。

二、页岩气井人工举升阶段

国外大部分油公司预测页岩气井生产时间多数为30~50年，而多数井在生产3~5年后就需要人工举升，否则无法正常生产。经预测，认为超过40%的EUR都来自人工举升的贡献。

国内随着页岩气井勘探开发快速推进，平台井数量、页岩气产量都快速递增，在主体地质工程技术攻关取得巨大进展后，单井产量递减快的现象十分突出，如何维护气井产能成为新的重要课题。国内不同生产主体，面对生产现场日益紧迫的技术需求，积极参考北美经验，结合所管气田实际，在各自技术支撑团队的指导下，都开展了系列采气工艺技术工作。

由此表明，在人工举升阶段，合理配套采气工艺技术，有利于页岩气井中后期的稳定生产。

第二节 页岩气主要采气工艺技术措施

采气工艺措施的主要目的是处理井筒积液问题，减少井筒压力损失，扩大生产压差，维持气井稳定生产。

美国主流的采气工艺措施包括井口增压，优选管柱，泡沫排液和柱塞举升。柱塞举升工艺相对于其他的采气工艺来讲，最明显的优势是可以一劳永逸地解决水平井的排水采气问题，且柱塞的使用寿命更长，后期维护成本低，持续运行费用也相对较低，是国外人工举升首选的工艺措施。在国内，主流的工艺包括优选管柱、柱塞举升、泡沫排水、气举以及自动化开关井工艺技术。

一、优选管柱工艺

随着气井生产状态变化，压力和产气量降低，气井压力和产气量出现较大波动，需要对生产管柱进行优化，优选管柱就是采用更小尺寸的生产管柱下入井筒合适位置，通过增加生产通道内的气体流速，将井筒中积液带出至地面，从而使气井恢复稳定生产，延长气井自喷携液周期。针对页岩气井井身结构特点以及地层产气特征，在实施优选管柱工艺过程中，管柱尺寸、管柱下入深度、管柱下入时机、管柱配套结构等是重点关注参数。

1. 优选管柱工艺原理

优选管柱排水采气工艺是在目前地层压力和产水气井产气量维持不变的前提下，通过缩小产水气井生产油管的尺寸，提高天然气流速，使之高于产水气井连续携液流量，改善产水气井的带水能力，最终恢复产水气井的正常生产。该工艺设备配套简单、成本低，能最大限度地利用气藏能量稳定生产。

2. 生产管柱尺寸优选

页岩气常用生产管柱外径有 ϕ88.9mm、ϕ73mm、ϕ60.3mm，综合分析不同尺寸生产管柱理论最大产气量、井筒压力损失、抗气体冲蚀能力、携液能力，并从辅助带水、稳定生产、经济效益考虑，川南区块中浅层页岩气主要选用内径 50mm 的油管作为生产管柱。

图 8-2 中，IPR 曲线代表地层流入曲线，其余曲线为不同油管尺寸下的流出曲线，图中把 IPR 曲线与不同油管尺寸流出曲线的交点处的流量，判定为该油管下气井能够连续带液的临界流量。由图可见，$Q_1 > Q_2 > Q_3$，在同一井底压力下，油管尺寸越小，临界携液流量越小。

油管内任意点的临界携液理论公式可表示为：

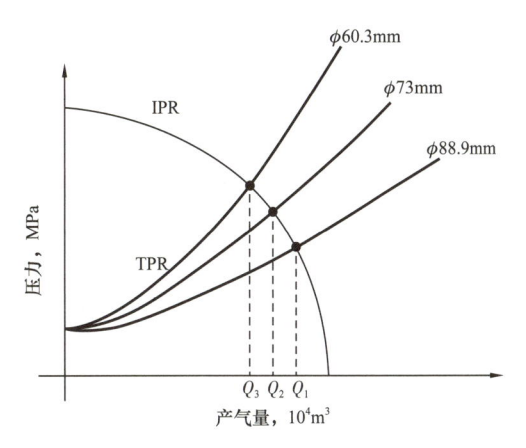

图 8-2 不同油管尺寸下流入流出特征曲线

$$Q_g = \frac{\pi d^2}{4} \times v \tag{8-1}$$

式中 Q_g——管径内临界点携液流量，m³/s；
d——油管直径，m；
v——气体临界流速，m/s。

在气井生产中，以井口的临界携液流量进行参照，通常所说的气井携液临界流量为气井井口位置携液临界流速对应的流量，考虑压缩系数，公式为：

$$q_{cr} = \frac{Av_{cr}t}{B_g} = \frac{Av_{cr} \times 86400}{3.458 \times 10^{-4} \times ZT/p} = 2.5 \times 10^8 \times \frac{Apv_{cr}}{ZT} \tag{8-2}$$

式中 q_{cr}——气井携液临界流量（标准状态），m³/d；
A——油管横截面积，m²；
t——时间，s；
p——压力，MPa；
v_{cr}——携液临界流速，m/s；
T——温度，K；
Z——气体偏差系数。

临界携液流量与油管横截面积成正比。

对于新近投产的页岩气井，应综合考虑区块单井产能特征、油管下深等因素进行不同规格油管的比选，目前主要推选 2³⁄₈in 油管，2in 连续油管。在气井生产状况发生较大变化时，可考虑在油管内下入更小尺寸的连续油管[2-3]。

3. 生产管柱下入深度

页岩气井为了保证尽可能钻遇地层，全部采用长水平井的井身结构设计，根据地层的倾向，页岩气水平井可以分为上倾井和下倾井。现阶段研究成果认为，上倾井油管下至 A 点以上，且套管鞋垂深应高于射孔最大垂深 10～20m，井斜宜不超过 80°（图 8-3）；下倾井油管下至射孔段顶部以上 10m 左右，井斜宜不超过 80°（图 8-4），并结合油管的钢级和抗压强度确定下入深度[4-5]（表 8-1）。

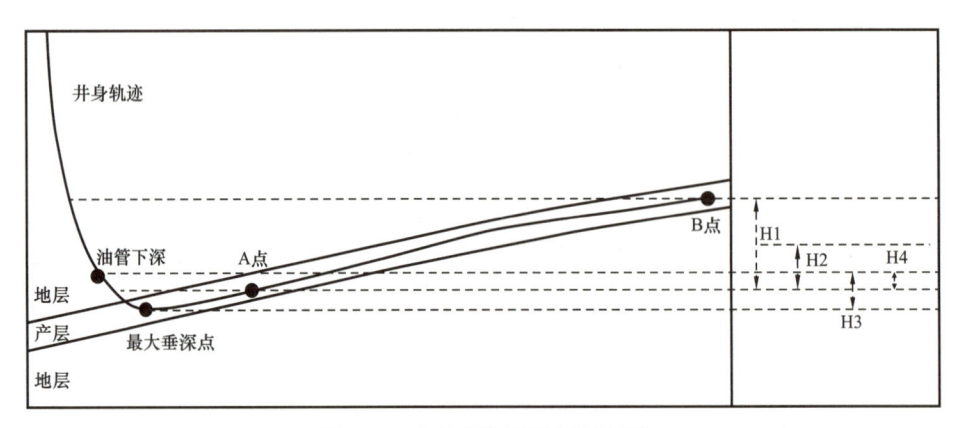

图 8-3 上倾井油管下深示意图

注：H1—A 点到 B 点垂深的距离，m；
　　H2—A 点到 B 点垂深的一半的距离，m；
　　H3—油管下深距离最大垂深点的距离，m；
　　H4—油管下深距离 A 点垂深的距离，m。

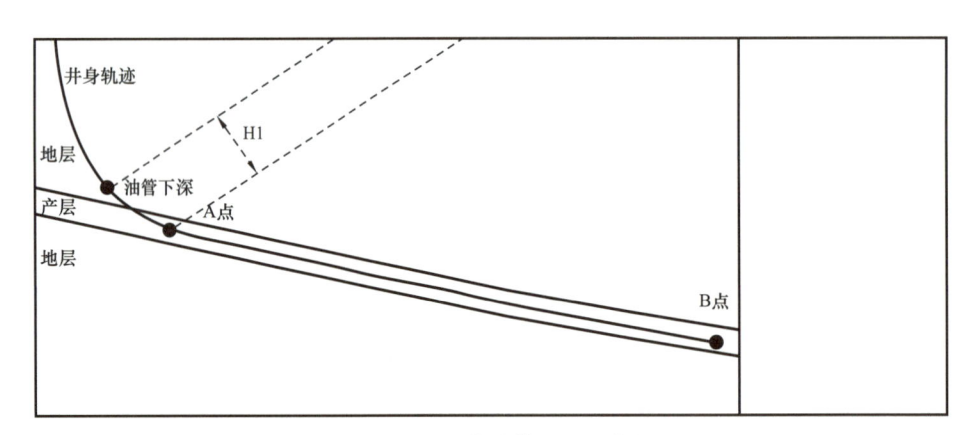

图 8-4 下倾井油管下深示意图

表 8-1 单级管柱可下入深度

钢级	公称直径 mm	壁厚 mm	公称重量 kg/m	抗压强度 抗内压 MPa	抗压强度 抗外挤 MPa	抗拉 kN	可下深度，m 选用安全系数 1.6	1.7	1.8
80	60.32	4.83	6.99	77.2	81.2	645	4840	4230	3970
90				86.9	91.4	726	4750	4450	4200
95				91.7	96.4	766	5050	4740	4470

4. 生产管柱下入时机的确定

页岩气井生产初期采用油层套管进行排采生产,当井底压力大于静液柱压力时,气井能够自喷带液生产。当井底压力小于静液柱压力,计算套管临界携液流量,并结合气井产量预测气井可能出现井筒积液的时间,在气井开始出现积液之前尽早下入油管以提高携液能力稳定生产。为了避免压井对地层造成伤害,采用不压井带压作业下入生产管柱,下油管时要确保带压作业的安全[6-7]。目前也正开展高压下油管对气井 EUR 的影响分析。

5. 管柱配套结构

为确保后期工艺实施,采气树与油管挂、油管、双公短节内通径一致,采气树生产侧翼预置三通,便于后期柱塞工艺流程的快速安装。

(1)推荐油管柱上带回音标,下深为油管下入深度的 2/3 位置附近;可解决回声仪测试液面解释精度难题,通过建立数据库,指导环空及油管内测试解释,辅助试井测试解释(图 8-5)。

图 8-5 回音标

(2)油管柱上宜预置柱塞工作筒,柱塞工作筒下深尽可能接近管鞋,井斜角 75° 左右;可降低在大斜度段钢丝作业坐放卡定器缓冲弹簧的风险,保障柱塞有效沉没度(图 8-6)。

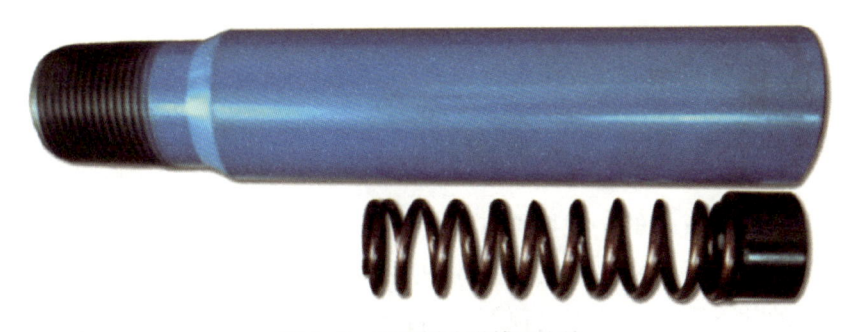

图 8-6 预置缓冲弹簧工作筒

二、柱塞举升工艺

柱塞作为一种固体的密封界面，将举升气和被举升液体分开，减少气体穿过液体段塞所造成的滑脱损失和液体回落，提高举升气体的效率。柱塞工艺流程图如图8-7所示。

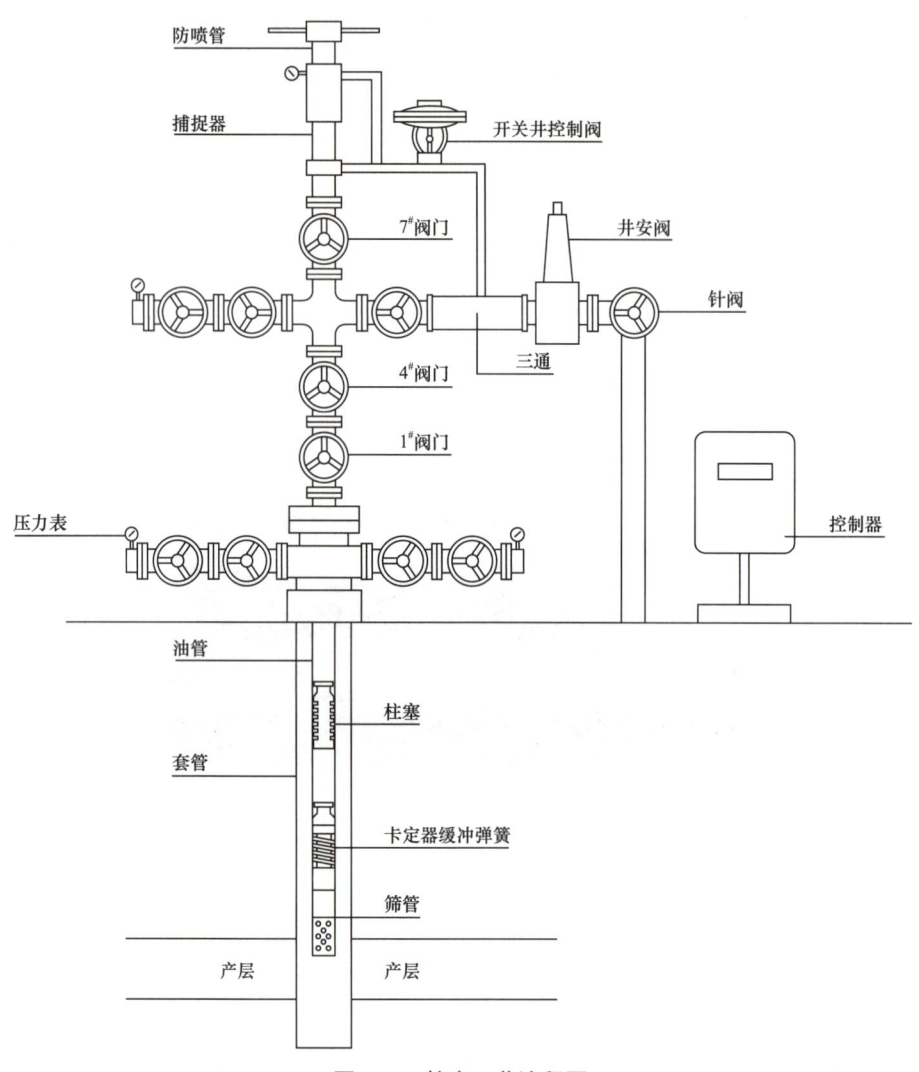

图 8-7 柱塞工艺流程图

1. 柱塞举升工艺原理

柱塞举升是间歇气举的一种特殊方式，柱塞类似于井下活塞，在井下和井口之间周期运动。关井状态下，将柱塞投入井筒中后，柱塞在自身重力的作用下下落到安装在生产管柱内的井下限位缓冲工具顶部，随着天然气的聚集，井筒压力恢复到一定程度，井口开关井控制阀自动打开，在天然气的推动作用下，柱塞和其上方的液体一同向上举升，液体被举出井口后，柱塞下方的天然气得以释放，完成一个举升过程；气井续流生产一段时间后，井口开关井控制阀自动关闭，柱塞重新回落到井下限位缓冲工具顶部，待井筒压力恢复后井口开关井控制阀自动打开，而后重复上述步骤，柱塞在井下和井口之间周期运动，辅助气井携液生产。

柱塞举升工艺可延长气井携液生产周期，一定条件下可替代泡排工艺；设备投资少，施工作业方便；无须其他附加能量；地面设备自动化程度高，可远传远控，易于管理操作；柱塞的往复运行可有效减少蜡、盐或垢物在油管内壁的形成；能提高气举井间歇气举的举升效率等优点[8-9]。

2. 柱塞工艺井参数设计方法

1）最小关井套压

最小关井套压，即柱塞刚好能推动井内液体运行到井口的最小压力，此时，油套管中出于压力平衡状态，即油管折算到井底的压力等于套管折算到井底的压力。

可以得出平衡公式：最小套压 + 油套环空气柱压力 + 气体摩擦阻力 = 最小油压 + 柱塞以上的静液柱压力和摩擦阻力 + 柱塞运动的摩擦阻力 + 柱塞自身重力 + 柱塞以下气液两相流的液柱压力和摩擦阻力 + 当地大气压[10]。

上述平衡公式中，环空中的气体流速低，摩擦阻力可以忽略，柱塞运动过程中的摩擦阻力也很小，对其忽略。并假设柱塞下方主要以气体推动为主，并根据实测对比，考虑修正系数后，可以将平衡公式简化为：最小套压 = （最小油压 + 柱塞以上的静液柱压力 + 柱塞以上的静液柱摩擦阻力 + 柱塞自身重力 + 当地大气压）× 修正系数。

$$p_{c\min} = \left[p_{t\min} + (p_{LH} + p_{LF}) \times q_L + p_p + p_a \right] \times \left(1 + \frac{H_z}{K} \right) \quad (8-3)$$

式中　$p_{c\min}$——最小井口套压，柱塞到达井口时的套压，MPa；

$p_{t\min}$——柱塞到达井口后的油压，MPa；

p_{LH}——举升每立方米液体所需压力，MPa/m³；

p_{LF}——举升每立方米液体产生的摩擦阻力，MPa/m³；

q_L——单循环举升液量，m³；

p_p——举升柱塞本身所需压力，MPa；

p_a——当地大气压，MPa。

H_z——井下限位器位置，m；

K——与油管尺寸有关的常数。

计算时，通常假定流体温度和流速都是恒定的，对于一定尺寸的油管和液体类型，$(p_{LH} + p_{LF})$是恒定的。

2）最大关井套压

根据气体定律可计算最大关井套压。

$$p_{c\max} = p_{c\min} \times \left(1 + \frac{A_t}{A_c}\right) \quad (8-4)$$

式中 $p_{c\max}$——最大关井套压，MPa；
A_t——油管截面积，m²；
A_c——环空面积，m²。

3）平均关井套压

平均套压即为最大套压与最小套压的平均值。

$$p_{c\text{avg}} = \frac{p_{c\min} + p_{c\max}}{2} = p_{c\min} \times \left(1 + \frac{A_t}{2A_c}\right) \quad (8-5)$$

式中 $p_{c\text{avg}}$——平均井口套压，MPa。

4）举升所需气量的确定

每个举升周期的气量包括：开井前油管中的气量、柱塞上升过程中滑脱的气量。

$$q_{g\text{cyc}} = p_{c\text{avg}} \times H_z \times C \quad (8-6)$$

$$R = q_{g\text{cyc}} / q_L \quad (8-7)$$

式中 C——与油管尺寸有关的常数；
$q_{g\text{cyc}}$——举升所需气量，m³；
R——举升气液比，m³/m³；
q_L——单循环举升液量，m³。

5）运行周期的确定

柱塞运行周期包括两个部分：开井时间和关井时间。其中开井时间包括柱塞上行时间、柱塞到达井口后的续流时间。关井时间包括柱塞在气体中的下落时间、柱塞在液体中的下落时间以及套管恢复压力时间。

$$C_y = \frac{1440}{t_{dg} + t_{dl} + t_{up} + t_{fl} + t_{cb}} \quad (8-8)$$

$$Q_L = C_y \times q_L \quad (8-9)$$

$$t_{dl} = \frac{H_z - H_f}{v_{fl}} \quad (8-10)$$

$$t_{dg} = \frac{H_f}{v_{fg}} \quad (8-11)$$

$$t_{\text{dg}} = \frac{H_{\text{f}}}{v_{\text{fg}}} \tag{8-12}$$

$$t_{\text{up}} = \frac{H_{\text{z}}}{v_{\text{r}}} \tag{8-13}$$

式中　C_y——柱塞每天循环次数，次/d；

Q_L——油井产液量，m³/d；

t_{dg}——柱塞在气体中的下落时间，min；

t_{dl}——柱塞在液体中的下落时间，min；

t_{up}——柱塞上行时间，min；

t_{fl}——续流时间，即柱塞到达井口后继续开井的生产时间，min；

t_{cb}——套管恢复压力时间，min；

H_{f}——关井时液面恢复深度，m；

v_{fg}——柱塞在气体中的下落速度，m/min，经验值60～150m/min；

v_{fl}——柱塞在液体中的下落速度，m/min，经验值15～40m/min；

v_{r}——柱塞平均上升速度，m/min，经验值150～300m/min。

3. 柱塞类型的选择

柱塞提供的是一种水和气之间的机械界面，能确保油气井生产过程中具有更好的排液效率。开井时柱塞将其上端的液柱带到地面，减少井筒积液对气井生产的影响，当油气井重新开始积聚液体时，开关井控制阀则关闭，柱塞落入井底缓冲弹簧上，待开关井控制阀开启后又开始新的一个举升循环[11-12]。作为柱塞工艺井的运动部件，在生产过程中，柱塞具备：（1）在井下天然气压力恢复的作用下以段塞方式将液体举出井口（具有极小液体回流特点）；（2）作为液柱和举升天然气之间的隔离面；（3）防止在油管内壁形成盐结晶，结蜡或结垢等功能。在页岩气气井中需要考虑柱塞偏磨、大斜度井段的漏失等问题。通过调研、室内实验和现场试验验证，目前适合于页岩气井主要有以下几种柱塞。

1）弹块柱塞

该柱塞是将若干弹簧加载的金属弹块固定在一个心轴上，因为弹簧力向外延伸与油管壁紧密贴合，可增加柱塞的耐用性和密封性，图8-8展示了不同公司的弹块柱塞系列。各公司弹块柱塞虽然外形有些不同，但是总体应用效果相当，同时弹块柱塞最新产品在柱塞本体上增加了螺旋槽，降

图8-8　弹块柱塞

低了柱塞出现阻卡的风险。针对页岩气井柱塞都设计有水力喷射口,上下运行时可高速旋转减少衬垫下的流体漏失,并提供额外机械密封,可通过大斜度井及狗腿度较大的井。应用在气井产量较低,出砂较少或不出砂气井中。

2)柱状柱塞

该柱塞是一种实心或空心金属体,在柱塞表面有凹槽、螺旋或其他形状(图8-9)。这些形状嵌入柱塞内部,使柱塞内部形成湍流,这些湍流的形成是保证柱塞和油管壁之间密封的重要因素。该型柱塞可清除油管内壁毛刺,清洁油管,确保后期其他类型柱塞的稳定运行。针对页岩气水平井的特点,柱塞在大斜度井段运行时因重力原因偏向一边,造成液体滑脱严重,且柱塞容易加速磨损。因此在普通棒状柱塞的基础上,研发了喷射旋转型棒状柱塞,可以更好地解决柱塞居中问题,在大斜度井中易于启动,减少滑脱和磨损的发生,同时上升阶段可提高柱塞携液效率(图8-10)。可应用在产量相对较高的气井中,气井出砂对柱塞运行不影响。

图8-9 常规柱状柱塞与旋转柱塞对照　　图8-10 柱塞喷射旋转原理图

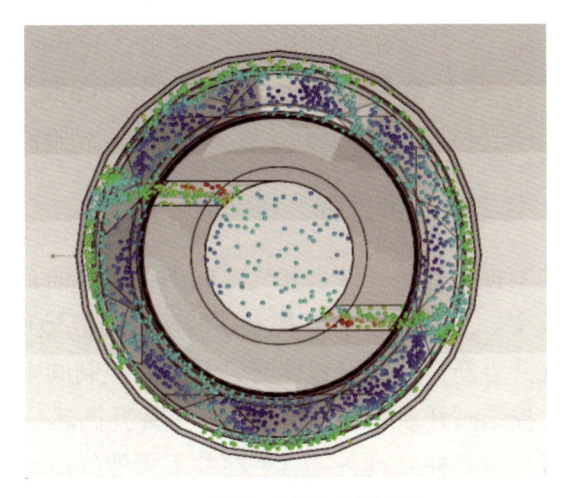

3)刷式柱塞

该柱塞主要应用在柱塞投运初期,清洁油管内壁,或者后期产量较低的情况下。该柱塞由毛刷和柱塞本体组合而成,主要应用于出砂,结蜡及杂质多无法使用弹块柱塞的井中。该柱塞对井筒清洁效果较好,如图8-11所示,该类型柱塞结构设计上大致相同,没有太大的差别,功能作用也基本相同。

4)文丘里柱塞

文丘里柱塞适合于产量相对较高的气井,该柱塞在气体通过柱塞内部喷射孔时可加速达到临界流速,有效增强密封性,同时高速气体降低了携载液体密度,增强载液能力;旋转除垢凹槽可在下降过程中切削碎屑并引导气体流向油管壁,缓解对油管壁磨损并减少流体回落(图8-12)。

5）快降柱塞

针对高气液比气井，目的是尽量缩短关井时间，甚至不关井，通过旁通减小下降阻力，加快下降速度，减少气井关井时间（图8-13）。

图8-11　刷式柱塞　　　图8-12　文丘里柱塞　　　图8-13　快降柱塞

4. 卡定器类型的选择

1）卡定油管接箍或油管壁式卡定器缓冲弹簧

卡定器起限位作用，确定柱塞能下落的最大深度，一般安装在油气井生产油管的底部位置。缓冲器弹簧主要作用是防止柱塞下落硬性冲击油管内坐落的卡定器，同时吸收柱塞下落到缓冲弹簧顶部的冲击力。常规卡定器缓冲弹簧总成主要依靠绳索作业投放至井下油管合适的位置，受绳索作业投放能力限制，目前坐放井斜65°左右。这种情况下井下限位缓冲装置一般距离产层还有一定垂向高差，关井过程中，油管内液体可能会全部退回水平段，使柱塞上端没有液体，造成柱塞举升效率很低。同时由于页岩气后期产水较低，现阶段研究成果认为，需要一种实现液体接力的井下工具，带单流阀缓冲弹簧卡定器总成避免井筒液体回落，该井下限位缓冲装置可以根据现场内置弹簧的值来设置打开压力，确保油管液柱达到一定高度时自动回落，防止出现油管内液柱压力高于地层压力，导致水淹（图8-14）。目前广泛应用在产水量小于1m³/d的气井中。

图8-14　带单流阀缓冲弹簧结构图

2）工作筒式限位工具

工作筒式限位工具主要应用于需要开展修井作业的产水气井，修井作业将带弹簧的工作筒下至设计深度，投运柱塞工艺前仅需要通过绳索作业通井至工作筒位置，解决了绳索作业在斜井、深井中施工难度大、风险高、投捞成功率低等问题，工艺实施井斜已近 70°，钢丝通井能力已超 72°。

三、泡沫排水采气工艺

1. 泡沫排水原理

泡沫排水采气是针对产水气田开发而研究的一项助排工艺，它具有设备简单、施工容易、见效快、成本低等优点。泡排剂能显著降低水的表面张力或界面张力，当与井筒内的水相遇后，借助天然气流的搅动，泡排剂与井底积液充分接触，把水分散并生成大量较稳定的低密度含水泡沫，从而改变了井筒内的气水两相流态。而泡排剂的助排作用是通过泡沫效应、分散效应、减阻效应和洗涤效应来实现的[13]。

2. 工艺流程

泡沫排水采气工艺基本工艺流程如图 8-15 所示，起泡剂从井口注入，与井下液体混合，在气流搅动下产生泡沫，从而将液体带出井筒，在分离器入口前加注消泡剂，达到消泡和抑制泡沫再生的目的，便于气水分离。根据现场条件和工艺需求，泡排药剂加注发展了平衡罐、泡排车、柱塞泵、泡排棒投入筒等不同工艺；加注通道有环空加注、油管加注、毛细管加注等不同方式。目前工艺向自动化、智能化方向发展。

页岩气开发采用丛式井平台开发的模式，在一个平台上同时布置 3~8 口水平井，每口井进行大规模压裂增产改造获得工业气流后投产。如长宁页岩气井生产初期压力较高，用套管生产，待压力降低后下油管生产。由于压裂增产改造注入液体量大，随着气井的开采，产气量下降，出现带液困难，无法依靠自身能量自喷生产，需要采取泡排辅助气井以实现稳产。

在长宁区块形成的集输工艺流程有两种，一种是 2018 年以前对于多口井的平台采用一套计量分离器、一套生产分离器、轮换式计量的橇装流程；另一种是 2018 年以后一口井采用一套计量分离器的单井计量分离橇装流程。

为了满足平台标准化及一个平台多口井同时泡排的要求，起泡剂和消泡剂加注装置的结构需要与现场泡排工艺流程配套，具备自动配液、自动加注控制、故障报警等功能，满足橇装化、无人值守、远程控制的要求。

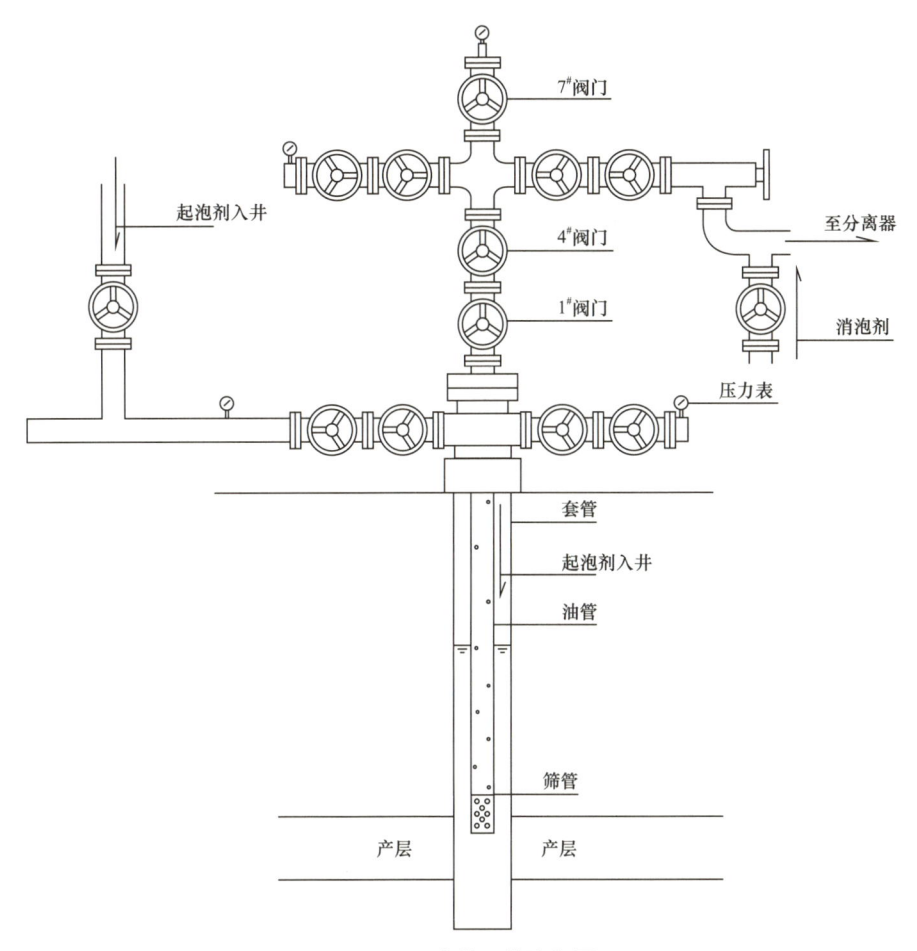

图 8-15　泡排工艺流程图

3. 药剂的选择

起泡剂的形态分为液体和固体两种形态，页岩气平台适合采用液体起泡剂连续加注，在页岩气井泡排工艺实施中，需要起泡剂具有以下几方面功能。

（1）较强的起泡能力。泡沫排水剂加入井底后，依靠气流扰动产生大量含水泡沫，依靠气把低密度的含水泡沫携带到地面，达到排出井筒积液的目的，含泡沫排水剂的液体起泡能力越强，含水泡沫密度越低，就越容易达到排水采气的目的。

（2）泡沫携液量大。泡沫排水剂遇到水后，会定向排列在气液表面，其中亲水基团留在液相，憎水基团指向气相，当气泡的周围所吸附的泡沫排水剂分子达到一定浓度时，气泡壁就会形成一层比较牢固的水膜，泡沫的水膜越厚，单位体积的泡沫含水量就越高，泡沫的携液能力就越强。

（3）较好的泡沫稳定性。当泡沫的稳定性较差时，泡沫从井底至井口几千米的行程中，很有可能在中途泡沫破裂使得水分落失，达不到把液体携带至地面的目的。

（4）与生产用的其他油田助剂配伍性好。在页岩气的开发过程中，常常会加入消泡剂、杀菌缓蚀剂等其他助剂，这就要求泡沫排水剂与其他助剂具有良好的配伍性，既不影响泡沫排水剂自身的性能，也不能影响其他药剂发挥性能，当出现不配伍的情况，就会引发很多问题，从而影响药剂的正常使用，进而影响气井的正常生产，所以要求起泡剂与其他油田助剂有着较好的配伍性。

4. 平台整体泡排加注装置

页岩气平台生产工艺流程有轮换式集中计量和单井计量两种。针对两种生产工艺流程的泡排，均使用一套起泡剂加注装置和一套消泡剂加注装置。起泡剂用起泡剂加注装置分别轮流从各井的油套管环空注入，消泡剂用消泡剂加注装置通过雾化装置连续注入各井一级针阀后的管线中，同时对所有井带出泡沫进行消泡。泡排现场药剂加注工艺流程如图 8-16、图 8-17 所示。

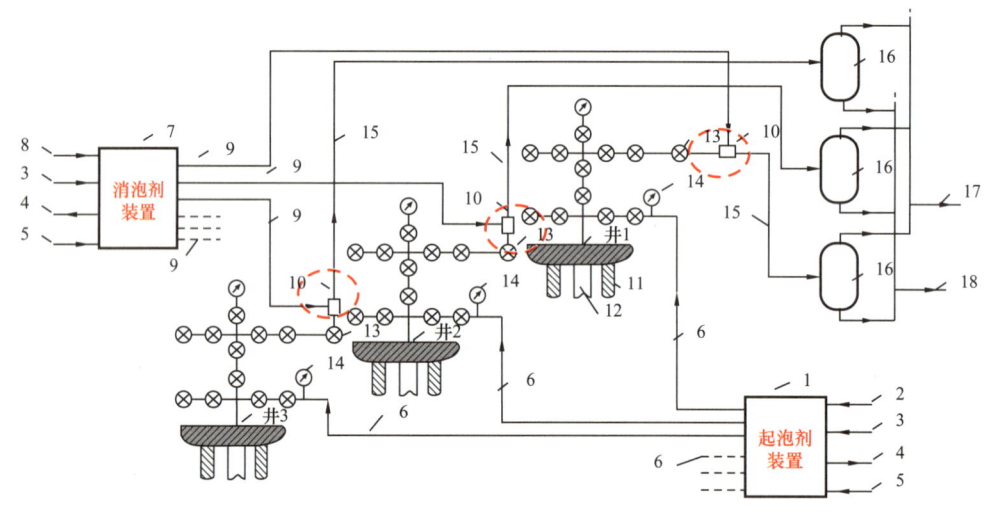

图 8-16 单井计量流程起泡剂、消泡剂加注工艺流程

1—起泡剂加注装置；2—起泡剂管线；3—清水管线；4—信号线；5—电源线；6—起泡剂加注管线；7—消泡剂加注装置；8—消泡剂管线；9—消泡剂加注管线；10—雾化装置；11—套管；12—油管；13—针阀；14—套压表；15—生产管线；16—分离器；17—天然气管线；18—排污管线

5. 实施调整技术

现场药剂用量的确定，起泡剂用量确定方法：根据实际产水量按 1.5～2.0g/L 计算起泡剂用量。消泡剂加注制度确定方法：根据各平台情况确定各井消泡剂用量为起泡剂用量的倍数，偏远、无增压机平台取 2.0 倍，距离中心站近、无增压机平台取 2.5 倍、有增压机平台取 3.0 倍。

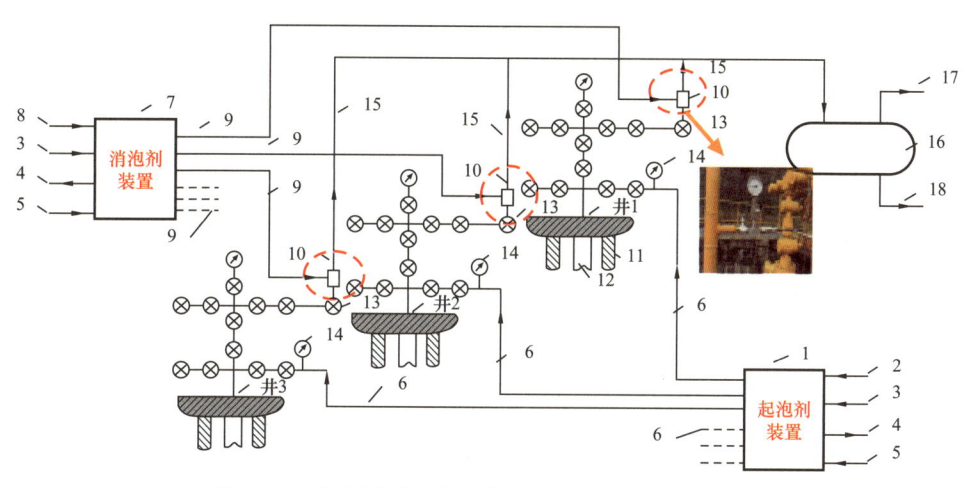

图 8-17 集中计量流程起泡剂、消泡剂加注工艺流程

1—起泡剂加注装置；2—起泡剂管线；3—清水管线；4—信号线；5—电源线；6—起泡剂加注管线；
7—消泡剂加注装置；8—消泡剂管线；9—消泡剂加注管线；10—雾化装置；11—套管；12—油管；13—针阀；
14—套压表；15—生产管线；16—分离器；17—天然气管线；18—排污管线

现场药剂加注制度的确定，根据形成的药剂加注工艺和研制的自动药剂加注装置功能，起泡剂的加注制度包括：起泡剂用量、配制比例、泵排量、循环时间、每口井加注时间。消泡剂的加注制度包括：消泡剂用量、配制比例、每口井对应的泵排量。

起泡剂稀释比例根据起泡剂用量、起泡剂加注泵排量、每口井注入液体量综合考虑确定，起泡剂加注泵排量最大 30L/h、每口井注入液体量 60~240L/d、循环时间为 120~180min、每口井加注时间 15~90min。消泡剂稀释比例根据消泡剂用量、各井消泡泵排量综合考虑确定，消泡泵排量最大 15L/h、每口井注入液体量 144~360L/d。起泡剂加注制度计算方法见表 8-2、消泡剂加注制度计算方法见表 8-3、药剂加注制度见表 8-4。

表 8-2 起泡剂加注制度计算方法

序号	设定及计算
1	设置循环时间、每口井用量、最低注入液量；循环时间根据平台井数及各井加注时间取合适的值，各井加注时间 15~90min；每口井用量按产水量计算，1.5~2.0kg/m³ 水
2	以起泡剂最低注入量计算起泡剂配制比例
3	以每口井用量和配制比例计算每口井注入液量
4	以每口井注入液量计算起泡剂注入总液量
5	以注入总液量计算泵排量及泵头百分比；根据泵排量手动调整起泡剂泵头排量，泵排量控制在 15~30L/h。如果计算出泵排量高于 30 则调低最小注入液量，如果泵排量低于 15L/h 则调高最小注入液量
6	以循环周期、注入液量、泵排量计算每井加注时间

表 8-3 消泡剂加注制度计算方法

序号	设定及计算
1	设定消泡剂用量为起泡剂用量的倍数（2.0~3.0倍）、单井最大注入液量（≤360L）
2	用起泡剂用量和消泡剂用量为起泡剂用量的倍数计算单井消泡剂用量：单井起泡剂用量·消泡剂用量为起泡剂用量的倍数
3	用最大注入液量和最大用量计算配制比例
4	用每口井用量和配制比例计算每口井注入溶液量
5	用每口井注入溶液量计算每口井泵排量及泵头百分比，根据泵排量调整消泡剂泵头排量，每口井泵排量控制在6~15L/h，最大用量井的泵排量为15L/h，如果最小用量井泵排量低于6L/h则该井按6L/h加注

表 8-4 药剂加注制度表

井号	起泡剂加量 kg/d	循环时间 min	配制比例	泵排量 L/h	泵头百分比 %	加注时间 min	消泡剂加量 kg/d	配制比例	泵排量 L/h	泵头百分比 %
1	16	180	5	26	86.66	27	48	3	8	53.33
2	18					31	54		9	60
3	20					35	60		10	66.66
4	30					52	90		15	100
5	0					0	0		0	0
6	20					35	60		10	66.66

根据各泡排井生产油压、套压、产气量、产水量等数据的跟踪分析评估，实时调整起泡剂和消泡剂用量，并相应调整起泡剂配制比例、泵排量、循环时间、每口井加注时间，以及消泡剂配制比例、每口井对应的泵排量。

四、气举排水采气工艺

利用压缩机将地面增压气注入气井油套环空或油管，使气体在液体中膨胀，从而降低混气液密度改变井底流动压力，利用井筒能力将液体从生产管柱举升至地面。

1. 气举的基本原理

气举工艺就是通过高压气源向井筒内注入高压气，降低注气点以上的流动压力梯度，减少举升过程中的滑脱损失，排出井底积液，增大生产压差，恢复或提高气井生产能力的一种人工举升工艺。气举排水采气工艺原理如图8-18所示，设A是气井水淹后的静液面位置，当从套管注入高压气时，高压气促使套管液面下降而油管液面上升。当套管液面降低到第一只气举阀入口B时，高压气经气举阀进入油管，在气体膨胀力作用下，B界面以上的液体被举升到地面。同时，由于高压气大量进入油管，油管内的B界面以上流体梯度下降，压力下降，高压气又迫使套管液面下降，当套管液面降低到第二只气举阀入口C时，把C界面以上的液体举升到地面，注气点如此连续不断地降低，直到举升至油管鞋或注气目标点[14-15]。

图8-18 气举排水采气工艺原理图

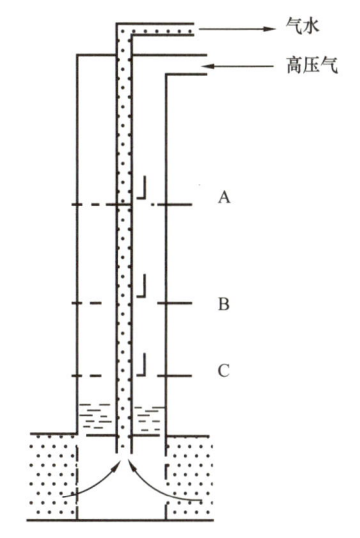

与其他排水采气工艺相比，气举具有以下主要特点：
（1）气举能适应深度和产率范围大；
（2）能适应斜井、含砂井以及含蜡井；
（3）井下没有运动部件，工具使用寿命长；
（4）操作管理简单，改变工作制度灵活；
（5）举升高度高，能适应深井、超深井的排水采气；
（6）需要高压气源，主要是天然气、氮气或二氧化碳。

2. 气举的分类

（1）从注气时间是否连续可分为连续气举和间歇气举。所谓连续气举就是长时间向井筒内连续注入高压气，排出井筒中液体的一种举升方式，其适应于供液能力较好、水量较高的气水井。间歇气举则是向井筒周期性地注入高压气体，间歇举升井筒及井底附近流体至地面的一种举升方式，主要用于供液能力差、水量小的气水井[16]。

（2）从管柱类型上可分为开式气举、半闭式气举和闭式气举。开式气举就是井下油管柱不带封隔器和单流阀的气举工艺，开式气举停举后液体会返回环空，下次启动需重新卸载，气举注气压力直接作用于地层，形成回压，如图8-19（a）所示。

半闭式气举是在井下油管柱中有封隔器的气举工艺，与开式气举相比，注气压力不再直接作用于产层，理论上讲可比开式气举形成更低的井底流压，优点在于一旦生产井卸载，油套环空中的液体将无法回到油套环空，下次气举更容易启动，如图8-19（b）所示。

闭式气举是井下油管柱带封隔器和单流阀的气举工艺，常用于间歇气举，优点是能够有效避免注入气体对产层造成回压，能降低下次启动压力与启动时间，如图8-19（c）所示。

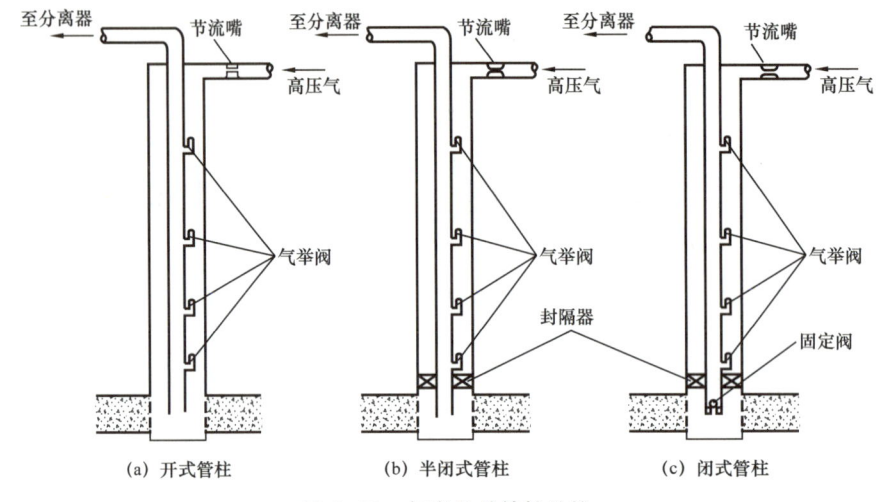

图 8-19　气举井单管柱结构
(a) 开式管柱　(b) 半闭式管柱　(c) 闭式管柱

（3）从油管或套管环空注气方式上可分为正举和反举。所谓正举就是注入气体从油套环空注入，产液自油管举出；反之注入气体从油管注入，液体自油套环空举出为反举。反举主要针对产水量较大的气水井，一般情况下水量超过 300~400m³/d 时就需采用反举以降低压力损失。

（4）从气举阀的安装方式分为投捞式气举和固定式气举两大类。所谓投捞式气举是指可通过绳索作业完成气举阀在井下油管配套短节内的安装和取出；而固定式气举阀与油管相连，通过起油管柱作业检阀。投捞式气举的优点是更换气举阀时不需要修井作业，可在一定程度上节约投资成本。

（5）从采用的气举阀类型上可分为注气压力操作阀气举和生产压力操作阀气举。注气压力操作阀对注气压力比较敏感，气举阀开关主要是受注气压力作用，生产压力操作阀则对生产压力相对敏感，气举阀开关主要靠生产压力的作用。

（6）从地面流程可分为常规单井气举、集中增压气举、循环气举。一台压缩机为单井提供气举气源就是单井气举，一台压缩机为多口井提供气举气源为集中气举，气举气源的来源主要是通过气举产出气分离后的天然气作为气源则为循环气举。

3. 平台化气举工艺

气举压缩机为页岩气井提供循环气举的动力，配合平台内部连接多口井的注气管线，通过采油树阀门可以实现轮换注气。

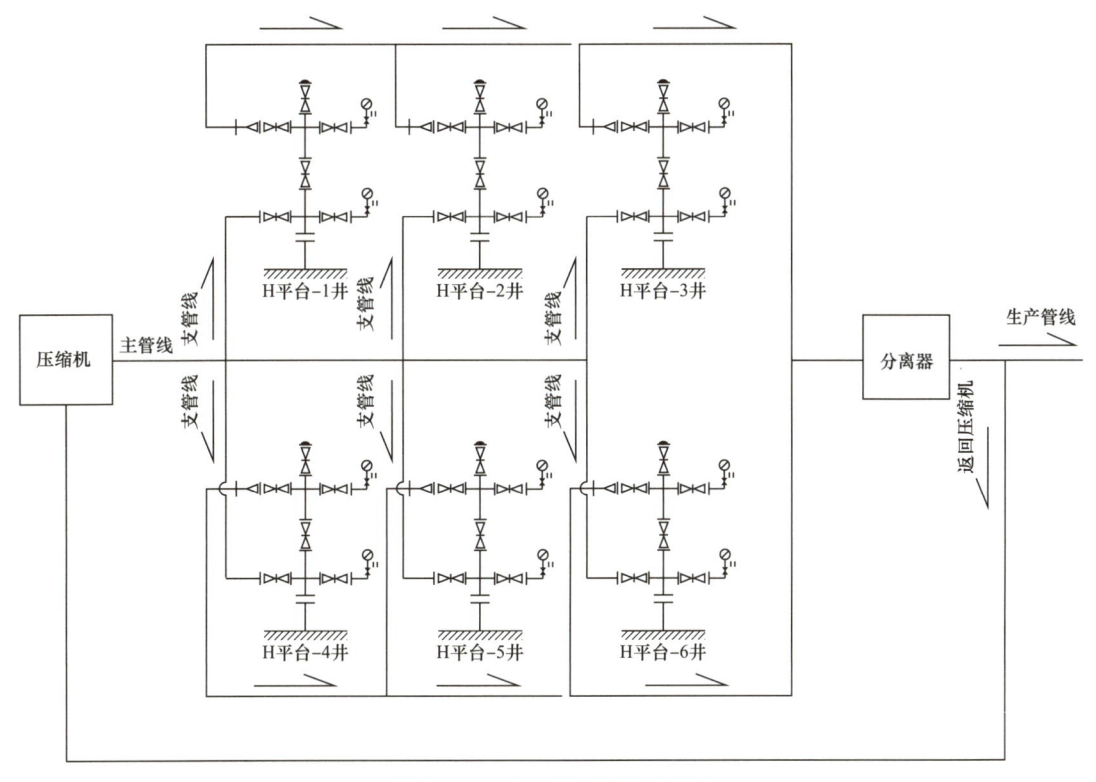

图 8-20　平台循环气举示意图

五、自动化开关井工艺

从技术角度来看，间歇生产气井的管理属于按照既有生产制度实施机械重复动作的工作。而自动化开关井工艺控制技术本身具有准确度高、快速、操作频率低、信息量小、对象少等方面的优势，通过采用该技术，能够实现按照既定的程序或者计划自动的运行，显著地改善劳动条件，提高劳动效率、运行的经济性以及工作的可靠性，将人从繁重、危险的工作环境中解放出来。

1. 自动化开关井工艺技术现状

近年来，自动化控制技术逐渐应用于石油天然气开发领域，特别是天然气集输中，采用自动控制阀控制天然气输送。以中国石油土库曼斯坦阿姆河右岸巴格德雷合同区 A 区为例，该区域采用大量自动化控制技术，对压缩机运行和集气站外输进行控制。目前西南油气田大力打造的数字化气田已初现成效，自动化控制技术也作为数字化气田建设中的重要组成部分，应用于集气管网输配和重点气井的生产管理中，提高了管理水平和生产效率。

2. 常用自动化开关井技术

1）电动阀型自动化开关井技术

该系统由智能控制器、电动机、节流调节阀门等组成（图8-21），依靠控制器控制电动机运行，带动节流调节阀的阀杆上下运行，从而达到控制阀开关和开度的作用。其中，节流调节阀门可手动开启，亦可电动开启；压力等级最高可达32MPa，最大阀通径50mm、阀芯行程98mm，主体材料为35CrMo（也可根据要求选用其他材质）；阀芯阀座304喷涂镍基合金。在控制器方面，可接受12V直流电源、平均功率40W；控制阀芯行程精度0.05~0.1mm，可在环境温度 –30~70℃正常工作，防爆等级达到 ExdⅡBT4。以阀通径32mm设备为例，每天开、关井各一次，功耗≤6AH，按电池容量200AH，保证可连续工作20天以上。

图8-21 电动阀型设备

整套系统安装在油管生产流程上，可以直接替换现有井口针阀。可采集阀门上游气井油压、阀门下游管道压力，按油田的要求设定参数，开井时控制管道的设定压力，按照预置的开井控制程序，完成开井。控制方式灵活，能实现就地、远程智能开/关井，可设置定时开/关井、定压开/关井等功能。利用油田的远程通信系统或专门配置的GPRS实现远程控制，也可接受油田供电系统供电。适用各种井况（高压井、低压井），尤其适用于间歇井、开关井频繁的井，替代频繁的人工开关井，减轻人工劳动强度，优化采气管理，提高产气量。

2）电磁阀型自动化开关井技术

该技术主体设备由高压防爆电磁阀、控制系统组成（图8-22）。高压防爆电磁阀开启时，通过先导的方式使主阀芯内部形成上低下高的压差，电动机给主阀芯提供提升扭矩，将主阀芯提升至最高位置使阀门完全开启，实现弱电强动作；阀门自带位移传感器，具有阀位状态显示及反馈功能。为全开全闭阀，不能控制开度。该技术在现场应用时，可按照气井生产规律制定适应的智能控制条件，对气井实施控制。当气井生产状态满足设定条件时，控制系统发送控制指令，驱动井口电磁阀执行开关井操作，实现气井生产控制。

该设备可在环境温度 –40℃~80℃下进行工作，防爆等级 ExdmbⅡb T4Gb，能在3s内完成电磁阀的开关。按照一天开关15次，配套30AH的充电电池可在无太阳能充电情况连续工作时间达到7天。

3）电液阀型自动化开关井技术

该设备由复合截止阀、电液控制器、安全压力传感器组成（图 8-23）；其中复合截止阀为调节式薄膜阀，利用 EHA 液动执行技术，接受自动控制电气信号，依靠电动机驱动液压马达，输出液压动力信号至薄膜腔，开启、关闭或保持阀口位置，可控制开度。

图 8-22　电磁阀型设备　　图 8-23　电液阀型设备

第三节　页岩气井采气工艺现场应用效果

川南页岩气自 2012 年投产以来，近 10 年的时间投产井数达到 1000 余口。采气工艺作为伴随页岩气井开采全生命周期的措施，优选管柱实施率达到 100%；柱塞和泡排随着开发的深入越来越多地介入气井生产中去，实施率逐年递增；气举作为水淹井复产和带液困难井助排，临时气举次数增多；自动化开关井工艺技术适合后期低压、低产量、小水量、无人值守边缘井的长期稳定生产，逐渐加大推广力度（表 8-5）。

表 8-5　页岩气井工艺实施情况表

工艺类型	实施井数，口	工艺占比，%
优选管柱	400	65.04
间开	10	1.63
柱塞	73	11.87
泡排	132	21.46

一、优选管柱

优选管柱工艺是页岩气井生产早期必做的工艺措施，能够有效提高带液能力，稳定生产。不同时机下入油管对气井的影响不尽相同，气井在套管生产出现不稳定后下入油管能有效改善带液效果，增加带液生产稳定性，普遍有一定的产能恢复；在套管未出现不稳定时下入油管虽无产量增加，但油管生产更稳定，几乎能达到稳产状态；在套管平输压时下入油管，可能出现水淹停产风险，复产后采用油管生产能有效改善带液效果，增加带液生产稳定性。长宁区块累计实施优选管柱238口，尺寸以$2\frac{3}{8}$in油管为主，在投产5~12个月后下入油管，实施优选管柱后，基本可实现稳定气井生产、提高气井携液能力、减缓产量递减速度、有效缩小油套压差。

1. 套管生产不稳定后下入油管

1）基本情况

长宁H10-1井位于四川省宜宾市珙县上罗镇龙洞村4组，构造位置为长宁背斜构造中奥顶构造南翼，于2015年5月16日钻至井深4713.00m完钻（完钻层位：龙马溪组；井型：水平井），完井方式为139.7mm套管射孔完井。该井为上倾井，水平段长1413m，A、B靶点垂深相差114.71m。2016年7月2日下入ϕ73mm油管至井深3198.56m（垂深：2612m左右，井斜：84.4°左右）。

2）现场应用效果

长宁H10-1井在下油管前20d，日产气在（2.3~10.2）×10⁴m³、日产水在2~16m³之间大幅波动，放喷提液6次，平均日产气5.9×10⁴m³、平均日产水7m³。实施下油管后30d内，日产气最高达到18.9×10⁴m³，平均日产气15.5×10⁴m³，日产水稳定在4~5m³，产能恢复明显，如图8-24所示。

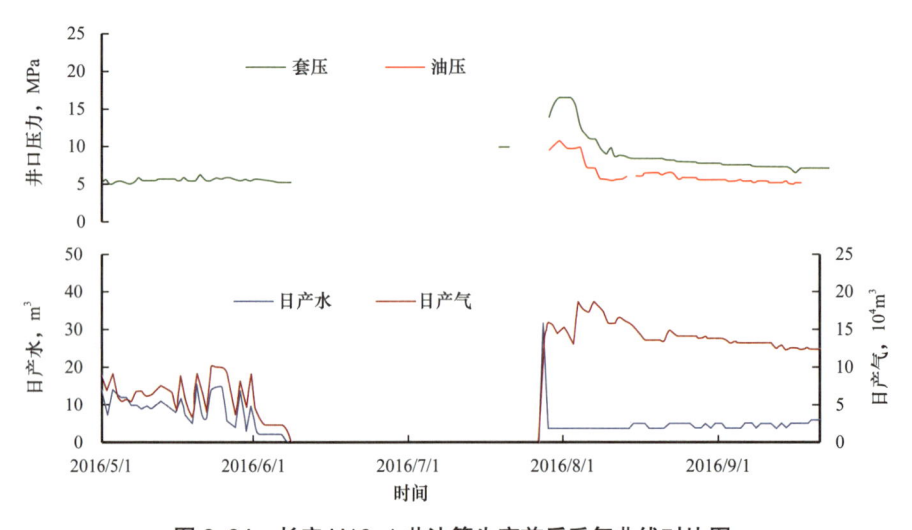

图8-24 长宁H10-1井油管生产前后采气曲线对比图

2. 套管生产未出现不稳时下入油管

1）基本情况

长宁 H5-1 井位于四川省宜宾市珙县上罗镇二龙村 2 组，构造位置为长宁背斜构造中奥顶构造南翼，于 2016 年 2 月 18 日钻至井深 5060.00m 完钻（完钻层位：龙马溪组；井型：水平井），完井方式为 139.7mm 套管射孔完井。该井为上倾井，水平段长 1500m，A、B 靶点垂深相差 121.77m。2018 年 2 月 4 日下 ϕ60.3mm 油管至井深 3282.29 m（垂深 3081.7m 左右，井斜 78.5° 左右）。

2）现场应用效果

长宁 H5-1 井在套管生产最后 30d，日产气量从 $18.7\times10^4\mathrm{m}^3$ 下降到 $14.5\times10^4\mathrm{m}^3$，产气量平均日递减 $0.14\times10^4\mathrm{m}^3$，油管生产 178d，日产气量从 $13\times10^4\mathrm{m}^3$ 下降到 $9\times10^4\mathrm{m}^3$，产气量平均日递减 $0.02\times10^4\mathrm{m}^3$，较好地延长了稳产状态，如图 8-25 所示。

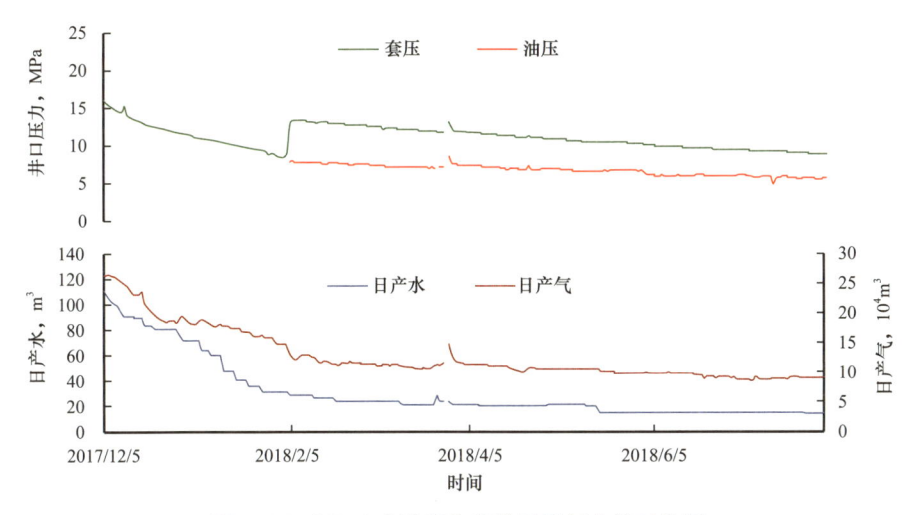

图 8-25 H5-1 井油管生产前后采气曲线对比图

3. 套压平输压时下入油管

1）基本情况

长宁 H9-5 井位于四川省宜宾市珙县上罗镇七星村 7 组，构造位置为长宁背斜构造中奥顶构造南翼，于 2015 年 9 月 7 日钻至井深 4560.00m 完钻（完钻层位：龙马溪组；井型：水平井），完井方式为 139.7mm 套管射孔完井。该井为下倾井，水平段长 1500m，A、B 靶点垂深相差 122.48m。2016 年 12 月 21 日下 ϕ60.3mm 油管至井深 2938.48 m（垂深 3081.7m 左右，井斜 78.5° 左右）。

2）现场应用效果

长宁 H9-5 井在套管生产期间，气产量周期性大幅下降，生产不稳定。带压下油管施工期间气井保持开井状态，一直未能排除井筒积液恢复生产，后被迫关井，井口压力无法恢复。经过 2d 气举复产成功，转油管生产后，产量稳定。油管生产的前 160d，阶段产气 $1138.80×10^4m^3$，平均日产气量为 $7.12×10^4m^3$；套管生产的后 160d，阶段产气 $1093.14×10^4m^3$，平均日产气量为 $6.83×10^4m^3$，油管生产明显优于套管生产，如图 8-26 所示。

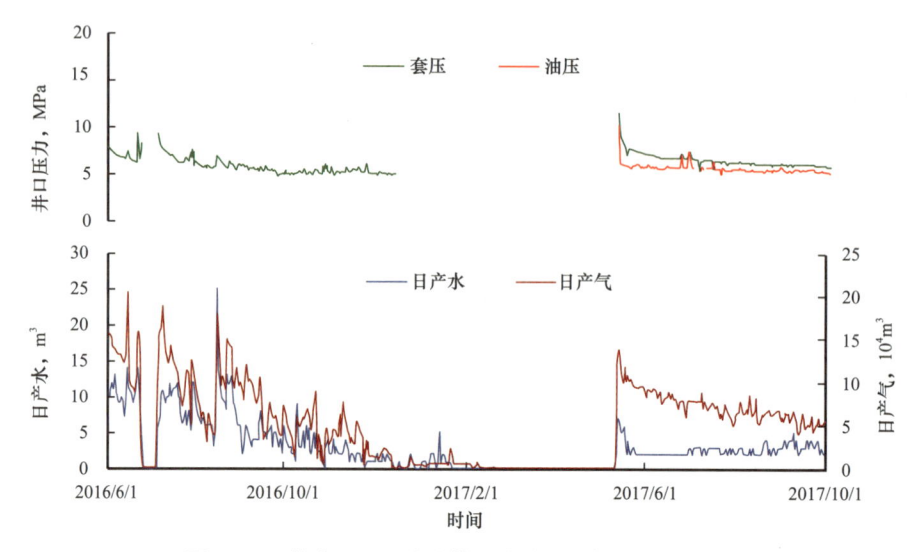

图 8-26　长宁 H9-5 井油管生产前后采气曲线对比图

二、柱塞

柱塞举升工艺是页岩气井中后期井筒采气工艺的优选，实施柱塞工艺能够有效改善气井中后期由于产量的持续递减造成携液能力降低的问题，有利于进一步稳定生产。柱塞工艺在长宁区块已实施 44 口井，实施柱塞工艺的气井油套压差持续降低，积液影响明显减少，柱塞带液的效果显著。该项工艺在长宁区块适用性强，对于输压变化较大气井，及时调整柱塞制度，避免气井水淹，保证柱塞稳定运行。

长宁 H13 平台实施平台柱塞举升工艺，优化平台各井开井时间，使高压井生产时间尽量错开。平台实施柱塞工艺后，有效代替长期泡排工艺和车载气举，气井保持稳定生产。

长宁 H13 平台 2020 年 6 月 15 日全面柱塞投运前，H13-3 井和 H13-6 井长期依赖气举助排工艺生产，且平台实施泡排工艺，平台总产量维持在（13~18）$×10^4m^3$/d。投运柱塞工艺生产后，目前各井采用固定时间模式生产，且错开开井时间，避免井间干扰和气量波动过大影响增压机运行。截至 2020 年 11 月，柱塞工艺稳产效果较好，日产气 $13×10^4m^3$，日产水 $14m^3$。

1. 气井概况

长宁 H13-5 井完钻井深 4520m，完井方式为 139.7mm 套管射孔完井，测试产量 $43.3\times10^4\text{m}^3/\text{d}$。该井于 2016 年 9 月 23 日投产，投产初期采用套管生产，套压 25.04MPa，初期产气 $25.7\times10^4\text{m}^3/\text{d}$，排液 $196\text{m}^3/\text{d}$。

页岩气井地层压力下降快，携液能力变差，套管生产不稳定，于 2017 年 11 月 3 日下 ϕ60.3mm 油管至井深 3095.52m 处，垂深 2857.24m，井斜 79.36°，完井管柱带缓冲弹簧工作筒，工作筒下入井深 3008.10m 处，垂深 2857.11m 左右，井斜 77.62° 左右，随后一直采用油管生产至今。2018 年 4 月生产油压逐渐下降，略高于输压，由于生产压差太小，采用人工关井复压生产，产量出现较大波动，于 2019 年 2 月开始实施增压措施，增压后井口油压由 4.86 MPa 降至 3.33MPa，油压 3.38MPa，套压 5.54MPa，输压 4.98MPa，产气 $4\times10^4\text{m}^3/\text{d}$，产液 $6\text{m}^3/\text{d}$，为了提高携液稳产能力，于 2019 年 3 月 17 日实施泡沫排水工艺，持续生产 1 年时间。

2. 实施目的

随着生产进行，气井产量下降，油套压差增加，井筒积液明显，辅助泡排工艺，气井携液效果有一定好转。但是泡排工艺经济成本更高、运维管理较频繁，因此，希望采用柱塞举升工艺排出井底积液，实现气井长期稳定生产。

3. 现场应用效果

该井下入定压截流式卡定器，于 2020 年 4 月 28 日投运柱塞举升工艺后成功取代原泡排工艺，产气量和排水量与泡排工艺相当，柱塞周期运行平稳，如图 8-27 所示。

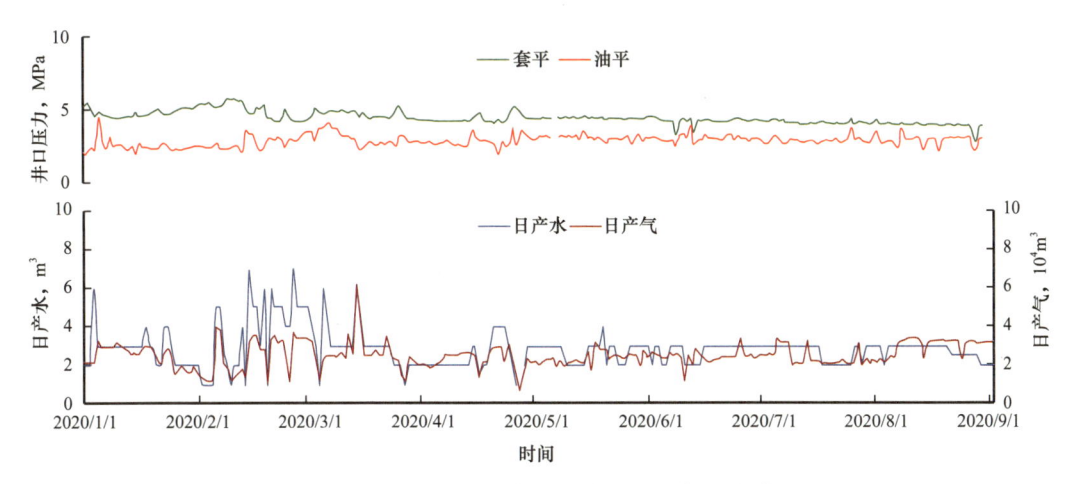

图 8-27 长宁 H13-5 井柱塞生产前后采气曲线对比图

三、泡排

泡排工艺是中后期井筒采气工艺的次优选择，平台整体加注、药剂配伍技术成熟。在长宁累计实施 23 个平台，起泡剂按设定制度自动轮换加注；消泡剂通过雾化器连续加注。实施泡排工艺后，压力波动、关井油套压差显著降低，气井产能恢复明显，生产稳定。

1. 单井泡排试验

1）基本情况

长宁 H3-2 井位于四川省宜宾市珙县上罗镇龙洞村 1 组，构造位置为长宁背斜构造中奥陶统顶部构造南翼，于 2013 年 7 月 1 日钻至井深 3877.00m 完钻（完钻层位：龙马溪组；井型：水平井／下倾井）。2013 年 12 月 3 日开始试油，顺利钻完桥塞后下入 ϕ60.3mm 油管至井深 2695.25m，于 2014 年 3 月 12 日完成试油。

该井于 2014 年 4 月 23 日投产，初期产气量在（9～12）×10^4m^3，初始套压 38.27MPa，油压 38.05MPa。气井生产从 2015 年 9 月开始不稳定，产量和井口压力持续波动性下降，到 2016 年底套压 5～11 MPa，油压 2～5MPa，产气量（0.6～1）×10^4m^3，产液量 1～3m^3，2017 年 1 月 13 日开始实施泡排工艺。

2）现场应用效果

长宁 H3-2 井在泡排工艺初期被带出大量积液，井口压力平稳，如图 8-28 所示。积液对生产的影响大幅降低，稳产气量 2.33×10^4m^3/d，增产气量 0.49×10^4m^3/d，增产 26.9%，产液量从 5.25m^3 增加到 11.39m^3，增加 117%。

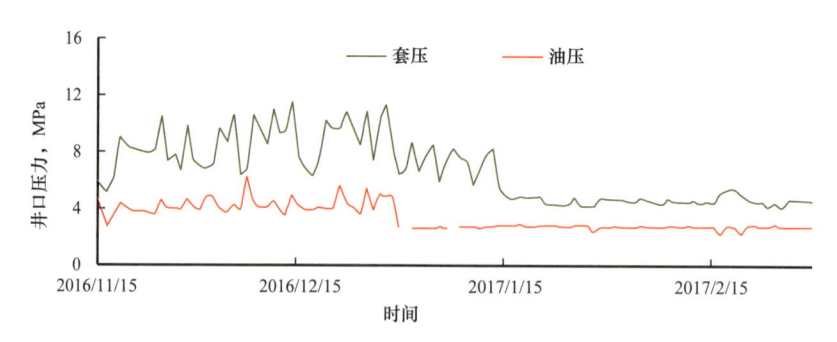

图 8-28　长宁 H3-2 井泡排前后井口压力变化对比

2. 平台泡排试验

长宁页岩气实施自动化泡排加注工艺技术期间，井口油套压差明显降低，日产气量、日排液量增加。部分平台泡排前后生产数据效果见表 8-6。

表 8-6 部分平台泡排前后生产数据

部分平台	泡排前产气 $10^4m^3/d$	泡排后产气 $10^4m^3/d$	增产气 $10^4m^3/d$	增加比例	泡排前产液 m^3/d	泡排后产液 m^3/d	增加产液量 m^3/d	增加比例
H6	12.8	17.3	4.5	35.20%	5.09	15.19	10.1	198%
H11	7.89	10.2	2.31	22.60%	7.88	8.83	0.95	10.60%
H7	26.68	35.32	8.64	32.38%	77.2	85.5	8.3	10.75%
H4	19.63	22.78	3.15	16%	19.68	20	0.32	1.63%
H8	26.1	28.8	2.7	10.30%	26	29.6	3.6	13.85%
H5	17.9	20	2.1	11.73%	41.9	43.4	1.5	3.58%
H2	9.7	13.5	3.8	39.18%	4	9	5	125.00%
合计	120.7	147.9	27.2	22.5%	181.75	211.52	29.77	16.4%

1）基本情况

H6 平台位于四川省宜宾市珙县上罗镇黄腊村 1 组，构造位置为长宁背斜构造中奥陶统顶部构造南翼。该平台共部署 6 口井，井型为水平井，完钻层位为龙马溪组，分别于 2015 年 6 月和 7 月投产，于 2017 年 2 月到 7 月下入油管。平台投产初期稳定产气量 $(50\sim60)\times10^4m^3/d$，初期稳定产液量 $70\sim90m^3$，到 2018 年初，产气量 $(8\sim20)\times10^4m^3/d$，产液量 $5\sim14m^3$，生产波动较大。2018 年 3 月 13 日对其中 4 口井开展了平台泡排试验。

2）现场应用效果

H6 平台 4 口井泡排前产气量为 $15.9\times10^4m^3/d$，泡排后稳产气量为 $22.95\times10^4m^3/d$，增产 44.3%；泡排前产液量 $7.11m^3$，泡排后稳产液量 $17.23m^3$，增加 142%，如图 8-29 所示。

图 8-29 H6 平台 4 口泡排井工艺前后产量变化对比图

四、气举

气举工艺在页岩气井中主要应用于水淹井复活，带液困难井助排，是临时消除生产中积液的有效手段。水淹井中，因本井产水所淹的气井实施气举工艺能 1～2d 快速复活，因疑似邻井压窜水淹的气井实施气举工艺复活周期较长，需 1～2 周。带液困难井实施气举工艺助排后油套压差减少，能够正常带液稳定生产，有效提高单井产量。

表 8-7 部分气举排水采气井效果表

平台	井号	气举天数 d	实施效果
H4	H4-1	23	产量 $5×10^4m^3/d$ 时实施间歇气举，气举期间产量上升，停举后产量 $7×10^4m^3/d$，稳定生产半个月
	H4-3	29	水淹停产，气举成功复产，产量 $(5～6)×10^4m^3/d$ 稳定生产 3 个月
H8	H8-1	6	产量下降至临界携液流量时气举助排，日产量维持在 $(5～6)×10^4m^3/d$ 正常生产
	H8-2	2	气井水淹停产，气举成功复产，产气量最高 $16×10^4m^3/d$
	H8-3	2	气井水淹停产，气举成功复产，产气量最高 $11×10^4m^3/d$
	H8-5	24	措施前日产气 $(4～5)×10^4m^3/d$，但仍不足以正常带液，采用气举后产水量增大，效果显著
	H8-6	35	措施前日产气 $(4～5)×10^4m^3/d$，但仍不足以正常带液，采用气举后产水量增大
H10	H10-1	48	油套压差增大，产气量下降至停产，气举成功复产
H11	H11-1	8	油套压差增大，产量下降至水淹停产，采用气举成功复产。稳产 2 个月后油套压差拉大，气举后油套压差减小，产量上升
	H11-3	5	油套压差拉大后，连续 3d 气举后，油套压差减小，日均产气量由 $6.23×10^4m^3$ 上升至 $9.05×10^4m^3$，增产 45.26%
H12	H12-2	7	气井产量下降至水淹停产，连续 3d 气举后成功复产，稳产一个半月后产量再次下降，进行间歇气举后产量上升

五、自动化开关井工艺

自动化开关井技术能高效代替人工开关井操作，提高生产的适应性，优化气井生产，让气井生产更加稳定。自动开关井工艺技术在长宁实施首批页岩气自动化开关井工艺井 10 口，通过远程操作开、关井及时调整制度，科学地避免气井水淹，保持气井稳定生产，提高气田数字化管理水平。

1. 气井概况

长宁 H3-6 井完钻井深 4522m，完井方式为 139.7mm 套管射孔完井，该井于 2015 年 1 月 26 日投产，投产初期采用套管生产，套压 30.5MPa，初期产气 $9.69×10^4m^3/d$，排液 $120m^3/d$，生产至 2017 年 9 月 2 日。2017 年 9 月 22 日至 2017 年

10月4日对该井进行了重复压裂，截至2017年10月18日，排液未完。

2017年11月25日，该井日产气$2.94\times10^4m^3$，日返排液$49.3m^3$，套压4.09MPa，输压5MPa。该井压力下降快，积液多，套管生产不稳定，于2017年11月26日下ϕ60.3mm油管至井深2924.74m处，垂深2536.65m，井斜86.74°，完井管柱带缓冲弹簧工作筒，工作筒下入井深2674.54m处，垂深2521.29m左右，井斜80.10°左右，随后一直采用油管生产至今。于2018年1月开始实施增压措施，增压后井口油压由4.87MPa降至3.20MPa，油压3.20MPa，套压5.77MPa，输压4.56MPa，产气$2.98\times10^4m^3/d$，产液$5m^3/d$。随着生产压力的降低，连续携液困难，采用人工关井恢复压力生产，由每月关井1次的生产制度到后面逐渐频繁至每4天关井1次，关井时间也由1天延长至3天。

2. 实施目的

随着气井进入中后期生产，压力低，井筒积液，人工手动开关井频繁导致员工劳动强度大，生产效率低下，H3平台属无人值守井站，通过自动流程配套实现间歇井自动化开关井生产，降低人工开关井的工作量，优化站外无人值守井管理模式，提高气井生产效率，降低生产成本。根据生产特征设置合理的开关井制度，排出井底积液，保障气井稳定生产，实现降本增效的目的。

3. 现场应用效果

该井于2020年5月18日采用自动化开关井工艺（图8-30），产气量和排水量都趋于平稳，后期跟踪生产情况，通过优化开关井制度，能够有效保障气井的平稳运行，如图8-31所示。

图8-30 长宁H3-6井自动化开关井工艺

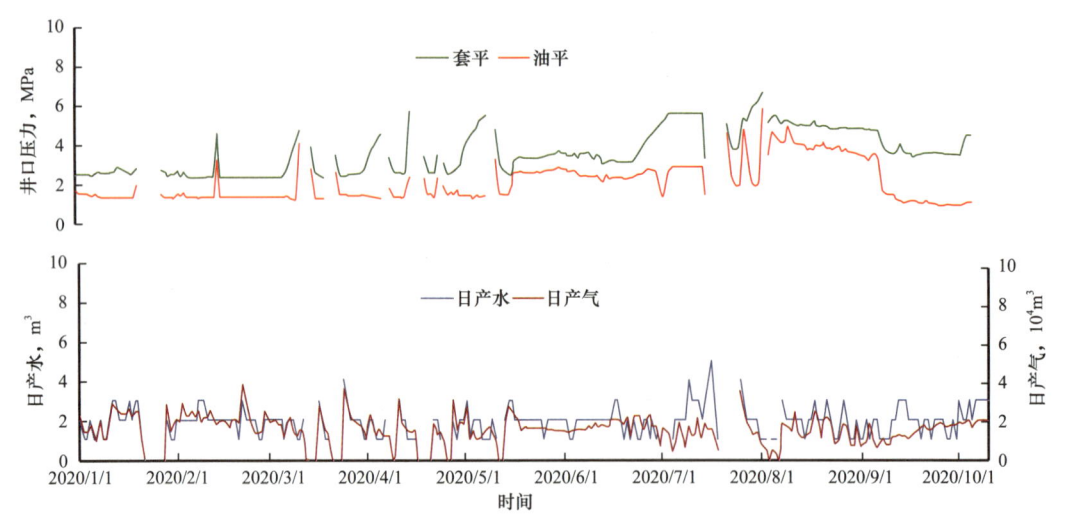

图 8-31 长宁 H3-6 井自动化开关井生产前后采气曲线对比图

参 考 文 献

[1] 金忠臣, 杨川东, 张守良. 采气工程 [M]. 北京: 石油工业出版社, 2004.

[2] 刘广峰. 气井排水采气携液临界流量模型研究 [D]. 北京: 中国石油大学（北京）, 2004.

[3] Orkiszewski J. Predicting Two-Phase Pressure Drops in Vertical Pipe [J]. Journal of Petroleum Technology, 2013, 19（6）: 829-838.

[4] 廖锐全, 曾庆恒, 杨玲. 采气工程 [M]. 北京: 石油工业出版社, 2012.

[5] Gajbhiye R N, Kam S I. Characterization of Foam Flow in Horizontal Pipes by using Two-Flow-Regime Concept [J]. Chemical Engineering Science, 2011, 66（8）: 1536-1549.

[6] 赵章明. 排水采气技术手册 [M]. 北京: 石油工业出版社, 2014.

[7] 乐宏, 唐建荣, 葛有琰. 排水采气工艺技术 [M]. 北京: 石油工业出版社, 2011.

[8] 冯国强, 隋义勇, 冯国勇. 柱塞举升优化设计及敏感性分析 [J]. 石油钻探技术, 2007, 35（5）: 104-107.

[9] 王贤君, 盖德林. 气井柱塞举升排液采气优化设计 [J]. 中国石油大学学报（自然科学版）, 2000, 24（2）: 36-39.

[10] Maggard J B, Wattenbarger R A, Scott S L. Modeling plunger lift for water removal from tight gas wells [C]. SPE/CERI Gas Technology Symposium. Society of Petroleum Engineers, 2000.

[11] 杨文军, 黄艳等. 柱塞气举技术规范. 中国石油天然气集团公司企业标准. 2017-06-28 发布. 2017-09-15 实施.

[12] O.L.Rowlan. Determining How Different Plunger Manufacture Features Affect Plunger Fall Velocity. SPE. 2003.

［13］Edrisi A R. Experimental and Modeling Study of Foam Flow in Pipes with Two Foam-Flow Regimes［J］. 2013.
［14］杨盛余. 气举阀气举排液技术研究［J］. 石油矿场机械, 2011, 40（7）: 18-21.
［15］孙永亮. 气举采油方案优化设计［D］. 北京: 中国地质大学（北京）, 2012.
［16］尹国君. 气举排水采气优化设计研究［D］. 东北石油大学, 2012.